普通高等院校材料工程类规划教材

水泥工业环境保护概论

主　编　李春燕　施寿芬

中国建材工业出版社

图书在版编目(CIP)数据

水泥工业环境保护概论 / 李春燕，施寿芬主编. —
北京 ：中国建材工业出版社，2015.4
普通高等院校材料工程类规划教材
ISBN 978-7-5160-1121-8

Ⅰ. ①水… Ⅱ. ①李… ②施… Ⅲ. ①水泥工业-环境保护-高等学校-教材 Ⅳ. ①X781.5

中国版本图书馆 CIP 数据核字（2015）第 017919 号

内容简介

本书阐述了水泥生产与环境保护的重要关系及环境保护措施与可持续发展的相互联系，系统介绍了水泥生产过程中污染物的产生及防治技术，重点介绍了大气污染中粉尘和有害气体的防治措施，同时通过典型案例介绍了清洁生产、循环经济及水泥工业“四零一负”等有关方向性、前瞻性的内容。

本书适合作为高等院校应用型本科、高职高专或中等职业学校的硅酸盐工程、材料工程技术、无机非金属材料等专业的教学用书，也可作为新型干法水泥企业技术人员的参考用书。

水泥工业环境保护概论
主　编　李春燕　施寿芬

出版发行：中国建材工业出版社
地　　址：北京市海淀区三里河路1号
邮　　编：100044
经　　销：全国各地新华书店
印　　刷：北京鑫正大印刷有限公司
开　　本：787mm×1092mm　1/16
印　　张：12.75
字　　数：318千字
版　　次：2015年4月第1版
印　　次：2015年4月第1次
定　　价：39.80元

本社网址：www.jccbs.com.cn　　微信公众号：zgjcgycbs
本书如出现印装质量问题，由我社市场营销部负责调换。联系电话：（010）88386906

前　言

水泥生产过程中产生的污染包括大气污染、噪声污染、水污染和固体废物污染，其中大气污染是最主要的环境污染。进入“十二五”后，环保形势的变化对水泥工业的大气污染防治，特别是对NO_x总量减排提出了更高要求。计划到2020年，水泥工业污染物排放得到全面控制，资源利用、能源消耗和污染排放指标达到国际先进水平。为了达到这一目标，环境保护部于2013年12月发布了严格的污染物排放标准，足见国家对治理环境污染的态度和决心。

本书的编写充分体现了现阶段水泥工业污染防治最佳可行技术，清洁生产、节能减排、协同处置城市生活垃圾和城市污泥等方面，反映了学科专业的最新进展，有较强的针对性和实用性。同时突出职业教育的特点，把问题教学、案例教学、项目实训引入教材中，强调“学生为主体、以职业能力培养为中心，以任务为导向”的教学理念；“小知识”“案例与事件”以及“阅读材料”等栏目的设置，既丰富了教材的内涵，又增强了教材的知识性、科普性、可读性和趣味性。

本书内容丰富、资料翔实、脉络清晰，结合新型干法水泥生产工艺技术的特点，论述了水泥工业环境保护的基本概念、基础理论和污染物的处理技术，基本反映了水泥工业环境保护领域的发展概况和发展趋势。

本书适合作为高等院校应用型本科、高职高专或中等职业学校的硅酸盐工程、材料工程技术、无机非金属材料等专业的教学用书，也可作为新型干法水泥企业技术人员的参考用书。

本书由重庆电子工程职业学院的李春燕和施寿芬主编。具体分工是：李春燕负责编写第1、2、3、7章；施寿芬负责编写第4、5、6章；全书由李春燕统稿。本书在编写过程中得到了重庆水泥协会、台泥（重庆）水泥有限公司的大力支持和关心，在此表示感谢。

本书参阅并引用了大量的国内外有关文献和资料，在此谨向诸位领导、专家及参考文献的作者表示衷心的感谢。

由于编者水平有限，疏漏和错误在所难免，敬请读者批评指正。

编　者

2015年3月

目　　录

第1章　水泥生产与环境保护

知识目标

了解环境的定义和分类；了解环境问题的发展、全球性环境问题及我国的环境问题；了解环境科学的研究对象、特点、基本任务及研究内容；熟悉人与环境的辩证关系以及环境污染对人体的危害；熟悉水泥工业污染的类型和污染物种类。

能力目标

掌握新型干法水泥生产工艺及产污环节；掌握《水泥工业大气污染物排放标准》（GB 4915—2013）的内涵和要求；掌握水泥工业发展趋势及特征。

1.1　环境

面对全球气候变化、酸雨、臭氧层耗竭、水污染和水资源短缺、水土流失等热点问题，人类必须把自己当作大自然中的一员，建立一个与大自然和谐相处的绿色文明。要完成这样一项艰巨的任务，就要彻底、广泛地通晓人类经济活动和社会行为对环境变化过程的影响，掌握其变化规律；提高对环境质量变化的识别力，培养分析和解决环境问题的技能，增强保护和改善环境的责任感和自觉性。为此，本节首先对环境、环境问题、环境科学做一概括介绍。

1.1.1　环境概述

1. 环境的涵义

环境就其义而言，是指周围的事物。但是当我们讲到周围的事物的时候，必然暗含着一个中心事物，否则，环境一词就失去了明确的含义。本书所涉及的是人类的环境，即以人类为中心事物，其他生物和非生命物质被视为环境要素，构成人类的生存环境。

小知识　　我国环境法中的环境

本法所称环境是指：大气、水、土地、矿藏、森林、草原、野生动物、野生植物、水生生物、名胜古迹、风景游览区、温泉、疗养区、自然保护区、生活居住区等。

2. 环境的分类

（1）按环境的要素分类

按照环境要素的不同，可以把环境分为自然环境和人为环境两大类。

空气、土壤、阳光、生物等构成了自然环境系统。

城市、居民点、水库、名胜古迹等是经过人类人为改造出来的人为环境。

(2) 按环境范围的大小分类

按环境范围的大小可以把环境分为院落环境、村落环境、城市环境、地理环境、地质环境和星际环境等。

(3) 按环境的功能分类

按环境功能的不同可把环境分为生活环境和生态环境。

3. 环境的特性

(1) 整体性与区域性

大气、水、土壤、生物等之间存在着确定的类量、空间位置的排布和相互作用关系，在一定空间内，构成了一个完整的系统。

沿海地区与黄土高原地区的环境有不同的整体特性。

整体性与区域性是同一环境特性在两个不同侧面上的表现。

(2) 变动性和稳定性

在火山喷发、地震、森林火灾、洪水、海啸等自然过程影响，以及矿业的开发和耗煤量的激增，科学、工业、交通的迅速发展等人类社会的共同作用下，环境的内部结构和外在状态始终处于变动之中。

环境可以凭借自我调节能力在一定限度内将人类活动引起的环境变化抵消，一定限度范围内保持稳定。

人类必须将自身活动对环境的影响控制在环境自我调节能力的限度内，使人类活动与环境变化的规律相适应，以使环境朝着有利于人类生存发展的方向变动。

(3) 资源性与价值性

水资源、土地资源、矿产资源等是人类生存发展不可缺少的物质资源和能量资源；草原地区的环境状态决定其适于发展牧业，而沿海地区的环境状态决定其适于发展渔业、旅游业、海上运输业等，环境状态就是一种非物质性资源。

环境的价值性源于环境的资源性，是由其生态价值和存在价值组成的。环境是人类社会生存和发展所不可缺少的，具有不可估量的价值。

1.1.2 环境问题

环境问题主要是由于人类活动作用于周围环境所产生的环境质量变化以及这种变化反过来对人类的生产、生活和健康产生影响的问题。

火山喷发、地震、森林火灾、洪水、海啸以及地方病、流行病等都属于第一环境问题。第一环境问题是由于自然界本身的变异造成的环境破坏，往往是区域性的或局部的。

洛杉矶烟雾事件、切尔诺贝利核电站泄漏、莱茵河污染、开封市饮用水污染、吉化集团双苯厂爆炸造成松花江流域严重水污染等人为因素造成的环境破坏或污染为第二环境问题。环境保护工作的主要对象是第二环境问题。

1. 环境问题的发展

从人类诞生开始就存在着人与环境的对立统一关系。人类在改造自然环境的过程中，由于认识能力和科学水平的限制，往往会产生意料不到的后果，造成对环境的污染与破坏。

（1）工业革命以前阶段

在远古时期，由于人类生活活动如制取火种、乱采乱捕、滥用资源等造成生活资料缺乏。随着刀耕火种、砍伐森林、盲目开荒、破坏草原及农牧业的发展，引起一系列水土流失、水旱灾害和沙漠化等环境问题，如图1-1所示。

图1-1　土地沙漠化

（2）环境的恶化阶段

工业革命至20世纪50年代前，是环境问题发展恶化阶段。在这一阶段，生产力的迅速发展、机器的广泛使用，大幅度提高劳动生产率，增强了人类利用和改造环境的能力，大规模地改变了环境的组成和结构，也改变了生态中的物质循环系统，扩大了人类活动领域。同时也带来了新的环境问题，大量废弃物污染环境，如1873～1892年，伦敦多次发生有毒烟雾事件。另外，大量矿物资源的开采利用，加大了“三废”的排放，造成环境问题的逐步恶化。

（3）环境问题的第一次爆发

进入20世纪，特别是40年代以后，科学技术、工业生产、交通运输都得到了迅猛发展，尤其是石油工业的崛起，工业分布过度集中，城市人口过度密集，环境污染由局部逐步扩大到区域，由单一的大气污染扩大到气体、水体、土壤和食品等各方面的污染，有的已酿成震惊世界的公害事件，见表1-1。

由于这些环节污染直接威胁着人们的生命和安全，成为重大的社会问题，激起广大人民的强烈不满，也影响了经济的顺利发展。例如美国1970年4月22日爆发了2000万人大游行，提出不能再走“先污染，后治理”的路子，必须实行预防为主的综合防治方法。这次游行也是1972年6月5日斯德哥尔摩联合国人类环境会议召开的背景，会议通过的《人类环境宣言》唤起了全世界对环境问题的注意。同年10月，联合国大会成立环境规划署，决定每年6月5日为“世界环境日”。工业发达国家把环境问题摆上国家议事日程，通过制定相关法律，建立相关机构，加强管理，采用新技术，使环境污染得到了有效控制。

表1-1　世界八大公害事件

序号	事件名称	发生时间	发生地点	污染类型	污染源/物
1	马斯河谷烟雾事件	1930年12月	比利时马斯河谷	大气污染	谷地中工厂密布，烟尘、SO_2排放量大
2	洛杉矶光化学烟雾事件	1943年5月至10月	美国洛杉矶市	大气污染光化学污染	该市350万辆汽车每天排放大量烃类、氮氧化物、一氧化碳
3	多诺拉烟雾事件	1948年10月	美国多诺拉镇	大气污染	河谷内工厂密集，排放大量烟尘和SO_2
4	伦敦烟雾事件	1952年12月	英国伦敦市	大气污染	燃煤中含硫量高，排放大量SO_2和烟尘

续表

序号	事件名称	发生时间	发生地点	污染类型	污染源/物
5	水俣病事件	1953年至1979年	日本熊本县水俣镇	海洋污染 汞污染	氮肥厂含汞催化剂随废水排入海湾
6	四日市哮喘事件	1955年以来	日本四日市	大气污染	工厂大量排放SO_2和重金属微粒
7	米糠油事件	1968年	日本爱知县等23个府县	食品污染 多氯联苯污染	米糠油生产中用多氯联苯作热载体
8	富山事件（骨痛病事件）	1955年至1972年	日本富山县神通川流域	水体污染 土壤污染 镉污染	锌、铅冶炼厂等未处理的含镉废水排入河中

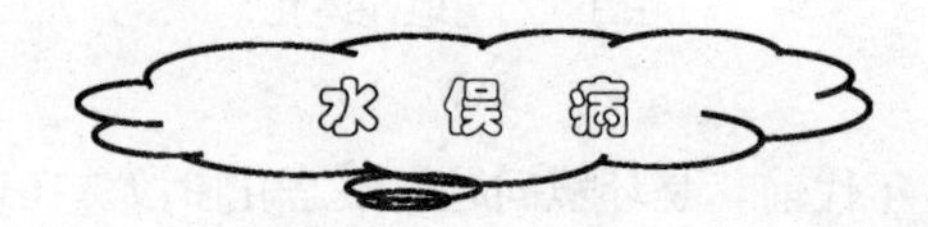

1954年，日本熊本县水俣湾地区开始出现一种病因不明的怪病，叫“水俣病”。患病的是猫和人，患病开始面部呆痴、全身麻木、口齿不清、步态不稳、抽搐、手足变形，进而耳聋失聪，最后精神失常、身体弯弓高叫，直至死亡。

截止1979年1月受害人数达1004人，死亡206人、直到1959年才揭开谜底。

从1949年起，位于日本熊本县水俣镇的日本氮肥公司开始制造氯乙烯和醋酸乙烯。由于制造过程要使用含汞（Hg）的催化剂，大量的汞便随着工厂未经处理的废水被排放到了水俣湾。汞被水生生物食用后在体内被转化成甲基汞，这种物质通过鱼虾进入人体和动物体内后，会侵害脑部和身体的其他部位，引起脑萎缩、小脑平衡系统被破坏等多种危害，毒性极大。在日本，食用了水俣湾中被甲基汞污染的鱼虾人数达数十万。

（4）环境问题的第二次高潮

20世纪80年代以后环境污染日趋严重和大范围生态破坏，是社会环境问题的第二次高潮。人们共同关心的影响范围大和危害严重的环境问题主要有三类：一是全球性的大气污染，如温室效应、臭氧层破坏和酸雨；二是大面积生态破坏，如大面积森林毁坏、草场退化、土壤侵蚀和沙漠化；三是突发性的严重污染事件频繁。见表1-2。

表1-2　20世纪80年代以来的典型公害事件

事件名称	发生地点	时间	影响情况
博帕尔农药泄漏事件	印度博帕尔市	1984年12月3日	博帕尔市美国联合碳化物公司印度公司的农药厂发生异氰酸甲酯罐爆裂外泄，进入大气约45t，受害面积$40km^2$
切尔诺贝利核电站泄漏事件	乌克兰基辅	1986年4月26日	切尔诺贝利核电站4号反应堆爆炸，引起大火，放射性物质大量扩散。周围13万居民被疏散，300多人受到严重辐射，死亡31人，经济损失35亿美元
上海甲肝事件	中国上海市	1988年1月	上海市部分居民食用被污染的毛蚶而中毒，然后迅速传染蔓延，有29万人患甲肝

续表

事件名称	发生地点	时间	影响情况
洛东江水源污染事件	韩国洛东江畔	1991 年 3 月	洛东江畔的大丘、釜山等城镇斗山电子公司擅自将 325t 含酚废料倾倒于江中。自 1980 年起已倾倒含酚废料 4000 多吨，洛东江已有 13 支支流变成了“死川”，1000 多万居民受到危害
海湾石油污染事件	海湾地区	1991 年 1 月 17 日～2 月 28 日	历时 6 周的海湾战争使科威特境内 900 多口油井被焚或损坏；伊拉克、科威特沿海两处输油设施被破坏，约有 15 亿升原油漂流；伊拉克境内大批炼油和储油设备、军火弹药库、制造化学武器和核武器的工厂起火爆炸，有毒有害气体排入大气中，随风飘移，危害其他国家或地区。海湾战争是有史以来使环境污染和生态破坏最严重的一次战争

这个时期环境问题表现出来的主要特点是危害的不可预见性、过程的不可逆性和规模的全球性。就污染源而言，以前较易通过污染源调查弄清产生环境问题的来龙去脉，但现在污染源和破坏源众多，分布广，来源复杂，既来自人类经济生产活动，也来自日常生活活动；既来自发达国家，也来自发展中国家。突发性事件的污染范围大、危害严重，经济损失巨大。

2. 全球性环境问题

1）人口问题

人口问题已成为当前人类环境的首要问题。人口的迅猛增长给社会带来许多困难，并对环境造成很大的压力。据统计，人类经历 100 万年至 1830 年达到 10 亿人口，到 1975 年达到 40 亿，到 1998 年达到 59 亿，2000 年已超过 60 亿，2010 年达到 69 亿。近百年来，世界人口的增长速度达到了人类历史最高峰！《2010 年世界人口状况报告》预测，到 2050 年，世界人口将超过 90 亿，人口过亿的国家将增至 17 个；印度将取代中国成为世界人口第一大国；其中非洲地区人口将从现在的 10.33 亿增至 19.85 亿，增幅最大；亚洲地区的人口也将有较大幅度的增长，将从目前的 41.67 亿增至 52.32 亿，而欧洲人口将从目前的 7.33 亿减至 6.91 亿，将是唯一人口减少的大洲。

为了供养如此大量人口，需要大量的自然资源来支持，如耕地、能源、矿产等资源的需求不断加大。同时，在生产过程中废物排放量也在不断加大。因此，随着人口的急剧增长，也引发了粮食问题、能源问题、资源问题和其他环境问题。

2）粮食问题

粮食问题实质上是人类的食物问题。人类的食物是由粮食、畜产品和水产品组成的，它们是由耕地、草原、森林和水域等生产出来的。在一定时期内，人类食物的产量总是有限的，因而，它的产量对人口的增长有较大的制约作用。

3）能源问题

工业的发展、人口激增以及人类生活水平的不断提高，极大地加快了能源的消耗速度。然而，地球上化石能源的供应是有限的，所以在节约消耗能源的同时应大力开发新能源，如因地制宜地利用水能、风能、太阳能，合理地使用核能等。

4）资源问题

能源、矿产、森林、草原、耕地、生物和水资源等都是资源。虽然人类在不断改进技术，科学地开发和利用自然资源。但像能源、矿产资源等不可再生能源是有限的，存在资源枯竭的问题。所以，要求我们在节约使用资源的同时，要不断开发新资源，如用合成材料代替金属材料等。

5）其他环境问题

人口的增长、粮食的紧张、能源的短缺、资源的枯竭最终均会引发其他环境问题。

温室效应、臭氧空洞、酸雨、海洋污染、核污染、电磁污染、森林减少、土地沙漠化等都会引起生态环境的恶化。

（1）温室效应

地球大气中存在一些微量气体，如二氧化碳、臭氧、氮氧化物、水蒸气、甲烷、氟利昂等，它们能让太阳短波辐射通过，同时吸收地面和空气放出的长波辐射（红外线），从而造成近地层增温，我们称这些微量气体为温室气体。

温室效应引起的危害是全球性气候变暖。气候变暖会造成以下后果：

① 海平面上升。海平面上升严重威胁着沿海地区人民的生命和财产，削弱现有港口设施的功能。根据联合国环境规划署的预计，如果对温室气体的排放不采取紧急的限制措施，那么从2000～2050年的50年里，由于全球变暖引发的频繁的热带气旋、海平面上升造成土地减少和渔业、农业及水力资源的破坏，每年将给全球造成的经济损失达3000多亿美元。这一数字将是今天全球变暖损失的7.5倍，将占一些沿海国家财富的10％以上。

② 影响农业和自然生态系统，造成大范围的危害。如果全球变暖的趋势得不到有效遏制，到2100年全世界将有1/3的动、植物栖息地发生根本性改变，这将导致大量物种因不能适应新的生存环境而灭绝。

③ 对人类可能造成传染病的流行。对地球升温最为敏感的当属一些居住在中纬度地区的人们，暑热天数延长以及高温高湿天气直接威胁着他们的健康；与此同时，气候增暖，“城市热岛”效应和空气污染更为显著，又给许多疾病的繁殖、传播提供了更为适宜的温床。

（2）臭氧空洞

由于向大气排放氯氟烃化合物过多，导致距地面约25km的臭氧层局部浓度降低，我们称此低浓度臭氧区为“臭氧空洞”，如图1-2所示。

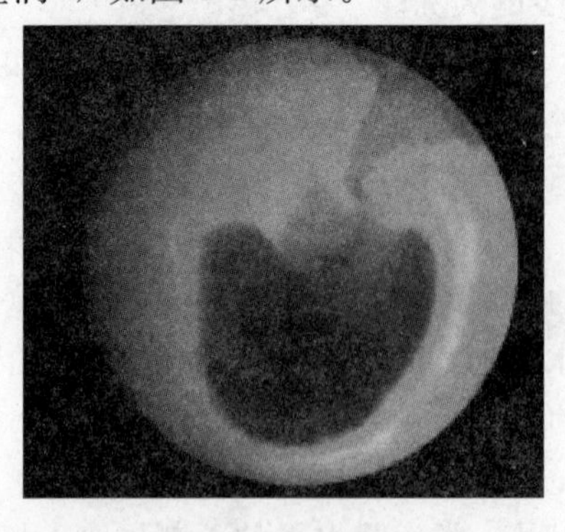

图1-2　臭氧空洞

经过跟踪、监测，科学家找到了臭氧空洞的成因：臭氧层。一种大量用作制冷剂、喷雾剂、发泡剂等化工制剂的氟氯烃是导致臭氧减少的直接原因。另外，寒冷也是臭氧层变薄的关键，这就是为什么首先在地球南北极最冷地区出现臭氧空洞的原因了。

人类活动排入大气中的一些物质进入平流层与那里的臭氧发生化学反应，就会导致臭氧耗损，使臭氧浓度减少。

人为消耗臭氧层的物质主要是：广泛用于冰箱和空调制冷、泡沫塑料发泡、电子器件清洗的氯氟烷烃（CF_xCl_{4-x}，又称 Freon），以及用于特殊场合灭火的溴氟烷烃（CF_xBr_{4-x}，又称 Halon 哈龙）等化学物质。

臭氧空洞的出现会造成以下后果：

① 人类皮肤癌和白内障的发病率提高。

② 农作物减产。

③ 光化学烟雾严重。

（3）酸沉降

酸雨又称酸沉降，它是指 pH 值低于 5.6 的降水（湿沉降）和酸性气体及颗粒物的沉降（干沉降）。酸雨中含有多种无机酸和有机酸，绝大部分是硫酸和硝酸，主要来源于工业生产和民用生活中燃烧煤炭排放的硫氧化物、燃烧石油及汽车尾气释放的氮氧化物等酸性物质。

酸沉降会产生以下后果：

① 水体酸化，水中生物面临灭绝的危险。

② 土壤酸化，破坏土壤结构，影响植物生长。

③ 森林受破坏，大片森林不正常死亡。

④ 对艺术雕塑、建筑物和桥梁的侵蚀等。

⑤ 直接或间接对人体健康造成危害。

3. 我国的环境问题

我国也同样面临上述五类环境问题，其中比较突出的问题有人口问题、水污染问题、大气污染问题、垃圾成灾问题和资源问题。

（1）人口问题

我国是一个人口大国，1949 年全国人口 5.4 亿，1969 年 8.1 亿，1989 年 11.3 亿，第六次人口普查（2010 年 11 月 1 日）登记的全国人口为 13.397 亿人。随着人口老龄化、分布不平衡、农村人口比重大、人口迁移及整体素质偏低的问题日益突出，严重阻碍了我国的经济发展。人口增长对环境造成的压力是不可争辩的事实。

（2）水污染问题

我国水资源短缺，洪涝灾害严重，水土流失严重，受水污染严重困扰。我国因洪涝灾害导致的损失平均为 100 亿美元，洪涝灾害发生区域主要集中在南方，而缺水又多集中在北方。基于这点，我国正在实施南水北调工程，就是把我国汉江流域丰盈的水资源抽调一部分送到华北和西北地区，从而改变我国南涝北旱和北方地区水资源严重短缺的局面。

2005 年 1 月对七大水系的 175 条河流、345 个断面的监测显示，长江、黄河、淮河等七

大江河水系劣Ⅴ类水质占28.4%。水污染已出现由支流向主干延伸、由城市向农村蔓延、由地表水向地下水渗透、由陆地向海域发展的趋势。七大水系主要污染指标是高锰酸盐指数、氨氮和石油类。按污染程度由轻到重的次序是珠江、长江、松花江、淮河、黄河、辽河和海河。

长江带入东海的泥沙每年达6亿t，输沙量已达黄河的1/3。水土流失最严重的是陕西省，年输沙量达9.2亿t，占全国年水土流失总量的1/5。

(3) 大气污染问题

我国大气污染的主要污染物是二氧化硫和烟尘，这是由我国的能源结构造成的。目前，煤炭约占我国能源消耗的75%。因此，燃煤是我国大气污染的主要来源，空气污染属煤烟型。

我国酸雨污染程度较为严重，酸雨污染地区是世界三大酸雨区之一。

2010年《中国环境状况公报》显示：全国酸雨分布区域主要集中在长江沿线及以南—青藏高原以东地区。主要包括浙江、江西、湖南、福建的大部分地区，长江三角洲、安徽南部、湖北西部、重庆南部、四川东南部、贵州东北部、广西东北部及广东中部地区。我国的酸雨分布地区面积达200多万平方公里。中国酸雨区，以德、法、英等国为中心波及大半个欧洲的北欧酸雨区，以及包括美国和加拿大在内的北美酸雨区是世界三大酸雨区。

酸雨频率较高，2010年环保部监测的494个市（县）中，出现酸雨的市（县）249个，占50.4%；酸雨发生频率在25%以上的160个，占32.4%；酸雨发生频率在75%以上的54个，占11.0%。

(4) 垃圾成灾问题

世界绿色和平组织的一份调查表明，发达国家每年以5000万t的规模向发展中国家转嫁危险废物，仅美国1995年就向海外输出了近1000万t垃圾。1996年北京平谷县发现630t美国“洋垃圾”。据统计，全世界数量惊人的电子垃圾，80%被运到亚洲，其中90%丢弃在中国，意味着我国每年要容纳全世界70%以上的电子垃圾。有害物的转移，造成全球环境更广泛的污染。在我国，城市垃圾的影响已日渐突出，固体废物的资源化处理是摆在环保工作者面前的一个重要课题。

(5) 资源问题

我国的森林覆盖率低，并且存在着病虫害、森林火灾及人为破坏等问题；草地资源人均占有量低；我国的矿产资源十分丰富，但在矿产资源的开发和利用上，存在利用率低、对环境污染破坏严重等问题。

你最有感触的环境问题是哪些？

1.1.3 环境科学

人类在与环境问题做斗争的过程中，对环境问题的认识逐渐深入，积累了丰富的经验和知识，促进了各学科对环境问题的研究。经过20世纪60年代的酝酿，到70年代初，才从零星、不系统的环境保护和科研工作汇集成一门独立的、应用广泛的新兴学科——环境科学。

1. 环境科学的研究对象

环境科学是以“人类—环境”系统作为研究对象，研究“人类—环境”生态系统的发生、发展、预测、调控以及改造和利用。“人类—环境”系统是人类与环境构成的对立统一体，是以人为中心的生态系统。

人类与环境的关系是通过生产和生活活动而表现出来的。无论人的生产活动，还是消费活动（生产消费与生活消费）无不受环境的影响，也无不影响环境，其影响的性质、深度和规模则是随着环境条件不同而不同，随人类社会的发展而发展。

2. 环境科学的特点

（1）综合性

环境科学形成的过程、特定的研究对象，以及广泛的学科基础和研究领域，决定了它是一门综合性很强的新兴科学。

（2）人类所处地位的特殊性

在“人类—环境”系统中，人与环境的对立统一关系具有共轭性，并成正相关。但是，由于人类有决策作用，人们可以及早地做出决策，采取有力措施，避免出现不利于人类的环境问题（环境的不良状态）。

（3）学科形成的独特性

在萌发阶段，是多种经典学科运用本学科的理论和方法研究相应的环境问题，经分化、重组，形成了环境化学、环境物理等交叉的分支学科，经过综合形成了多个交叉的分支学科组成的环境科学。而后，以“人类—环境”系统为特定研究对象，进行自然科学、社会科学、技术科学跨学科的综合研究，又创立了人类生态学、理论环境学的理论体系，逐渐形成了环境科学特有的学科体系。

3. 环境科学的基本任务

① 揭示人类活动与自然生态之间的对立统一关系。

② 探索全球范围内环境演化的规律。

③ 探索环境变化对人类的影响。

④ 研究区域环境污染综合防治的技术措施和管理措施。

4. 环境科学的研究内容

① 控制污染破坏，包括污染综合防治、自然保护和促进人类生态系统的良性循环。

② 改善环境质量，环境质量不仅要从化学环境质量和对人类健康的适宜程度来判断，而且要考虑到是否有利于经济发展，以及美学上令人愉快的要求。它既包括自然环境质量，也包括社会环境、经济环境等方面的内容。

环境科学研究的核心问题是环境质量的变化和发展。通过研究人类活动影响下环境质量的发展变化规律及其对人类的反作用，提出调控环境质量的变化和改善环境质量的有效措施。

1.2 人类与环境

1.2.1 人类与环境的关系

自然环境和生活环境是人类生存的必要条件，其组织和质量好坏与人体健康的关系极为密切。

人类是环境的组成部分。一方面，人类的生存和发展要占据一定的环境空间，从环境中获取物质和能量；另一方面，人类的新陈代谢和消费活动（包括生产消费和生活消费）的废弃物要排放到环境中，如图1-3所示。在人与环境的相互作用的过程中，人类对待自然的态度和行为，会得到环境不同的响应。

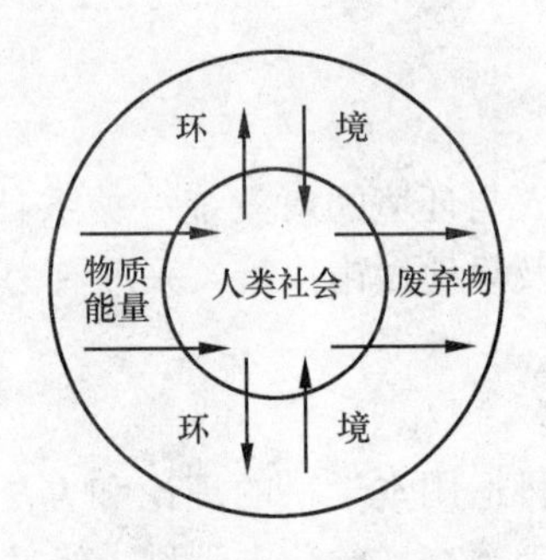

图1-3　人类与环境关系模式图

当人类向环境索取资源的速度超过了资源本身及其替代品的再生速度时，便会出现资源短缺、生态破坏等问题。20世纪以来，资源短缺已经成为社会发展的瓶颈之一，短缺的主要资源有水资源、土地资源、矿产资源和能源等。而生态破坏的表现主要是水土流失、土地荒漠化、生物多样性减少等。

环境对人类活动的响应，还主要表现在环境质量的高低上。环境对人类生产、生活的废弃物具有容纳和清除能力，叫做环境自净能力。人类向环境排放废弃物的数量如果超过了环境的自净能力，就会导致环境质量下降，形成环境污染。

人类在漫长的历史长河中，通过对自然环境的改造以及自然环境对人的反作用，形成了一种相互制约、相互作用的统一关系，使人与环境成为不可分割的对立统一体。

1.2.2 环境污染对人体的危害

人类活动排放各种污染物，使环境质量下降或恶化。污染物可以通过各种媒介侵入人体，使人体的各种器官组织功能失调，引发各种疾病，严重时导致死亡，这种状况称为“环境污染疾病”。

环境污染对人体健康的危害是极其复杂的过程，其影响具有广泛性、长期性和潜伏性等特点，具有致癌、致畸、致突变等作用，有的污染物潜伏期达十几年，甚至影响到子孙后代。

环境污染对人体的危害，按时间分为急性危害、慢性危害和远期危害。

（1）急性危害

污染物在短时间内浓度很高，或者几种污染物联合进入人体内引起的中毒。如 20 世纪 30～70 年代世界几次烟雾污染事件，都属于环境污染的急性危害。

（2）慢性危害

指小剂量的污染物经过长期的侵入人体所引起的中毒。如大气污染对呼吸道慢性炎症发病率的影响等。

（3）远期危害

环境污染对人体的危害，一般是经过一段较长的潜伏期后才表现出来，如环境因素的致癌作用等。环境中致癌因素主要有物理、化学和生物学因素。另外，污染物对遗传有很大影响。一切生物本身都具有遗传变异的特性，环境污染对人体遗传的危害，主要表现在致突变和致畸作用。

污染物在人体内的过程包括有毒物的侵入和吸收、分布和积累、生物转化及排泄。其对人体的危害性质和危害程度主要取决于污染物的剂量、作用时间、多种因素的联合作用、个体的敏感性等因素。主要应从以下几方面探讨污染物与疾病症状之间的相互关系：污染物对人体有无致癌作用；对人体有无致畸变作用；有无缩短寿命的作用；有无降低人体各种生理功能的作用等。

有毒污染物一般可以通过呼吸道系统、消化系统、皮肤等途径侵入人体。因此，加强预防是保证人体不受污染危害的重要措施。

1984 年 12 月 3 日凌晨，震惊世界的印度博帕尔公害事件发生了。

午夜，坐落在博帕尔市郊的“美国联合碳化物公司印度公司的农药厂”，一座存贮 45 吨异氰酸甲酯贮槽的钢罐发生爆炸。1 小时后有毒烟雾袭向这个城市，形成了一个方圆 40km 的毒雾笼罩区。首先是近邻的两个小镇上，有数百人在睡梦中死亡。随后，火车站里的一些乞丐死亡。毒雾扩散时，居民们有的以为是“瘟疫降临”，有的以为是“原子弹爆炸”，有的以为是“地震发生”，有的以为是“世界末日的来临”。“没有一个从工厂逃出来的人死亡，原因之一就是他们都被告知要朝相反的方向跑，逃离城市，并且用蘸水的湿布保持眼睛的湿润”，但是当灾难迫近的时候，公司却没有对当地居民做出任何警告。

印度博帕尔的这次公害事件是有史以来最严重的因事故性污染而造成的惨案，死伤者数以十万计，对环境更造成难以补救的破坏（图 1-4）。2009 年进行的一项环境检测显示：在当年爆炸工厂的周围依然有明显的化学残留物，这些有毒物质污染了地下水和土壤，导致当地很多人生病。虽然距毒气泄漏事件已有二十几年的时间，但时至今日那里的儿童一出生就遭受着各种病痛和身体畸形的困扰。

图 1-4　因农药厂毒气泄漏而致畸的儿童

人类与环境是怎样一种关系？如何才能保持两者关系的和谐？

1.3　水泥工业与环境保护

1.3.1　水泥工业与经济发展

水泥是指细磨成粉末状，加入一定量水后成为塑性浆体，既能在空气中硬化，又能在水中硬化，能将砂、石等颗粒或纤维材料牢固地胶结在一起，具有一定强度的水硬性无机胶凝材料。

水泥是国民经济建设的重要基础原材料，目前国内外尚无一种材料可以替代它的地位。

作为国民经济的重要基础产业，水泥工业已经成为国民经济社会发展水平和综合实力的重要标志。随着我国经济的高速发展，水泥在国民经济中的作用越来越大。

小资料　　我国水泥年产量统计

改革开放以来，我国水泥工业发展迅猛，已经成为世界上最大的水泥生产和消费国，1978 年我国水泥产量为 6524 万 t，2005 年我国水泥产量 10.6 亿 t，占世界总产量的 48%左右，2013 年我国水泥产量达 24.1 亿 t，占世界总产量的 58.6%。从 1985 年到 2013 年，我国水泥产量已连续 29 年位居世界第一位。

水泥是建筑工程的重要基础材料之一。在能源方面，水泥生产虽需消耗较多能源，但是水泥与砂、石等集料所制成的混凝土则是一种低能耗型建筑材料。每吨混凝土消耗的能量仅为红砖的 1/6、钢材的 1/20。在性能方面，水泥制品与普通钢材相比，它不生锈；与普通木材相比，它不腐朽；与普通塑料相比，它不老化。其耐久性好，维修量小，在代替钢材和木材方面，具有明显的技术经济上的优越性。水泥被广泛用于民用建筑、工业建筑、海港工程、水利工程、交通工程、核电工程、国防建设等新型工业和工程建设等领域，是国家工程建设和人民生活中不可缺少的重要基础材料。

水泥所具有的特殊性能使建筑工程多样化。水泥作为水硬性胶凝材料加水后具有可塑性，与砂、石拌和后能使混合物具有和易性，可浇筑成各种形状尺寸的构件，以满足工程设计的不同需要。水泥与钢筋、砂、石等材料混合制成的钢筋混凝土、预应力钢筋混凝土，其性能大大优于钢筋或混凝土本身，它的坚固性、耐久性、抗蚀性、适应性强，可用于海上、地下、深水或者干热、严寒地区，建设高层建筑、大型桥梁、巨型水坝、高速公路以及防辐射核电站等特殊工程。它对人类的物质和文化生活产生了积极的影响，对人类的文明和进步发挥着重要作用。

随着科学技术的进步，新工艺、新技术的发展必然会促进传统水泥工业的技术进步，新工艺的变革、新技术的发展和新品种的出现必将开拓新的应用领域。如宇航工业、核能工业以及其他新型工业的建设，也需要各种无机非金属材料，其中最为基本的都是以水泥基为主的新型复合材料。因此，水泥工业的发展对保证国家建设规划的顺利实施和国民经济的正常运行、人民物质和文化生活水平的提高，具有十分重要的意义，从而使其在国民经济中起到更为重要的作用。

1.3.2 水泥工业与环境污染

水泥是国民经济建设的重要材料，水泥工业也是国民经济的重要的基础产业。水泥工业的快速发展有力地支撑了国家经济、社会的建设。然而，作为传统的工业部门，水泥工业有着明显的高排放、高能耗、资源依赖型的生产工艺特性。水泥工业传统的发展和生产模式，使得资源、能源都难以为继，对生态环境带来沉重的压力。据统计，我国水泥工业颗粒物（PM）排放占全国排放量的15%～20%，二氧化硫（SO_2）排放占全国排放量的3%～5%，氮氧化物（NO_x）排放占全国排放量的8%～10%，属于污染控制的重点行业。

水泥行业在国家“十五”开始，通过宏观调控政策的影响，新型干法水泥的比重迅速提高，截止2010年底，国内新型干法水泥已占水泥生产总量的80%以上。目前，水泥行业正处于快速结构调整阶段，新型干法水泥生产线的数量、规模和比重都在急速的提高，产业集中度也在快速上升，有利于水泥工业的污染防治工作。

1. 水泥工业污染现状

水泥生产过程产生的污染包括大气污染、噪声污染、水污染和固体废物污染，其中大气污染是最主要环境污染。

（1）大气污染

我国水泥工业的主要污染物为颗粒物和有害气体，颗粒物主要是由于水泥生产过程中原料、燃料和水泥成品储运，物料的破碎、烘干、粉磨、煅烧等工序产生的废气排放或外逸而引起的。

对大气环境产生影响的有害气体主要是：二氧化硫（SO_2）、氮氧化物（NO_x）、二氧化碳（CO_2）、氟化氢（HF）等，近年来NO_x排放污染呈加重趋势，我国水泥工业硫化物、氮氧化物等有害气体排放远高于国际先进水平。近年来我国水泥行业主要污染排放量见表1-3。

表 1-3 我国水泥行业 2006～2008 年主要污染物排放量（中国水泥年鉴 2009）

年度	烟、粉尘排放量		SO_2排放量		NO_x排放量		CO_2排放量	
	排放量（万 t）	增长率（%）	排放量（万 t）	增长率（%）	排放量（万 t）	增长率（%）	排放量（亿 t）	增长率（%）
2006	515	−9.55	105.83	1.56	59.84	/	7.27	/
2007	444	−13.7	94.83	−10.39	68.48	14.44	7.98	1.1
2008	368	−17.03	86.37	−8.92	76.48	11.65	8.15	1.02

从表 1-3 中可以看出，氮氧化物排放量随水泥总产量的增加而增大，我国水泥行业氮氧化物排放量占全国总排放量的 10%，是排在电力和汽车尾气排放后的第三大行业，是氮氧化物的重要排放源；二氧化碳排的排放仅次于电力行业，位于全国第二；二氧化硫排放量占全国的 5%左右。

（2）噪声污染

水泥生产过程中的矿山开采，原料、生料制备，熟料烧成，水泥制成，水泥厂附属设施等环节均存在噪声污染，如磨机、破碎机、物料输送机工作时产生的机械噪声，风机、空压机工作时产生的空气动力噪声，电机工作时产生的电磁噪声等。水泥企业噪声源性质较复杂、噪声污染比较严重。

（3）水污染

水泥生成过程中只产生少量设备冷却水。如果水泥厂协同处置污泥或生活垃圾，会产生一定量的污泥干化污水或垃圾渗滤液。

（4）固体废物污染

水泥生产过程中产生的固体废物有窑灰、炉渣、粉尘、废旧耐火砖、废水泥袋、废油桶、油棉纱、废钢材、废滤袋、废水泥石块等。

2. 新型干法水泥生产工艺及产污环节

新型干法水泥生产工艺及产污环节通常包含以下生产过程：矿山开采、原料破碎、原料/燃料预均化、原料配料、生料粉磨、煤粉制备、生料均化及窑尾喂料、生料预热分解、回转窑煅烧、熟料冷却、熟料储存与输送、水泥配料、水泥粉磨、水泥储存、水泥包装和散装发送出厂。

3. 《水泥工业大气污染物排放标准》修订前后的区别

我国早在 1985 年就首次发布了《水泥工业大气污染物排放标准》（GB 4915—1985），1996 年进行了第一次修订，2004 年第二次修订，2013 年为第三次修订。2013 年修订后的水泥工业大气污染物排放新标准与 2004 年老标准的区别如下。

（1）进一步扩大标准适用范围

在原有水泥原料矿山开采、水泥制造、水泥制品生产的基础上增加了散装水泥中转站，把散装水泥中转站产生的污染物也纳入控制范围中，从而实现从原料获得到产品使用的全过程控制。

（2）大气污染物排放限值更加严格

调整了大气污染物排放限值，增加了适用于重点地区的大气污染物特别排放限值，见表1-4。

表 1-4　水泥工业大气污染物排放限值的比较　　mg/m³

大气污染物排放标准	颗粒物（PM）		氮氧化物（以 NO_2 计）	汞及其化合物	氨
	水泥窑等热力设备	水泥磨等通风设备			
GB 4915—2004	50	30	800		
GB 4915—2013	30	20	400	0.05	10①
	20（重点地区）	10（重点地区）	320（重点地区）	0.05（重点地区）	8①（重点地区）

① 适用于使用氨水、尿素等含氨物质作为还原剂，去除烟气中氮氧化物。

新标准重点提高了颗粒物（PM）、氮氧化物（NO_x）排放控制要求。根据除尘、脱硝技术进步情况，促进水泥企业采用工艺控制（如低氮燃烧器、分解炉分级燃烧、燃料替代等）和末端治理（目前较为成熟可行的是 SNCR 技术）相结合的措施，有效控制 NO_x 排放。

新标准在原有污染物控制项目（PM、SO_2、NO_x、氟化物）的基础上增加了氨（NH_3）和汞（Hg）控制项目。NH_3 排放是水泥窑烟气脱硝衍生出的污染问题，为防止 NH_3 逃逸导致环境空气中细颗粒物浓度上升，以及由此引发的臭味扰民问题，标准规定使用氨水、尿素等含氨物质作为还原剂去除烟气中 NO_x 时需执行 NH_3 排放限值。鉴于水泥生产大量使用燃煤、粉煤灰作为燃料和原料，为强化重金属污染风险防范、切实履行环保国际公约，新标准规定了 Hg 排放限值。

综合考虑现有企业脱硝和除尘设施改造情况，以及国家调整过剩产能、强化大气污染防治的政策要求，新建企业自 2014 年 3 月 1 日起执行新标准，现有企业则执行原标准至 2015 年 7 月 1 日过渡期结束。

（3）取消水泥窑焚烧危险废物的相关规定

利用水泥窑协同处置固体废物，除执行《水泥工业大气污染物排放标准》（GB 4915—2013）外，还应执行《水泥窑协同处置固体废物污染控制标准》（GB 30485—2013）。

《水泥窑协同处置固体废物污染控制标准》（GB 30485—2013）遵循全过程污染控制原则，针对水泥窑协同处置固体废物的污染节点分别提出了对应的控制要求，包括允许协同处置废物的种类控制、废物中有害元素的投料控制、投料点的选择、烟气污染物排放控制等。为增强标准的可操作性，环境保护部还配套制定了《水泥窑协同处置固体废物环境保护技术规范》（HJ 662—2013），具体规定了利用水泥窑协同处置固体废物全过程的环保技术要求。

污染物削减效益包括淘汰落后产能削减的污染物量、现有生产线提标改造削减的污染物量、新建生产线增加的污染物量。初步测算表明，实施新的《水泥工业大气污染物排放标准》将使水泥工业颗粒物（PM）排放将在目前 200～250 万 t 基础上削减约 77 万 t，削减 30.8%～38.5%；NO_x 排放将在目前 190～220 万 t 基础上削减约 98 万 t，削减 44.5%～51.6%。《水泥窑协同处置固体废物污染控制标准》可有效控制氯化氢、氟化氢、重金属及二噁英类物质排放，同时，利用固体废物作为替代燃料和原料生产水泥还可达到减少温室气体 CO_2 排放的作用。

小知识　　什么是环境保护

一是保护和改善环境质量，保护居民的身心健康，防止机体在环境污染影响下产生遗传和变异。

二是合理开发利用自然资源，减少和消除有害物质进入环境，以及保护自然资源、加强生物多样性保护，维护生物资源的生产能力，使之得以恢复和扩大再生产。

4. 水泥工业污染防治技术路线与原则

（1）污染防治技术路线

水泥工业污染防治应按照“新型工业化”的发展要求，采取“源头控制”与“末端治理”相结合的方式，针对水泥生产过程的特点，重点加强工艺运行的稳定性（减少非正常排放）和污染控制的有效性，降低污染物排放强度。近年来，国际上利用水泥生产设施安全处置或资源化利用固体废物已成为一种潮流，国内呼声也日益高涨。应在保障环境安全的前提下，合理利用水泥生产设施协同处置固体废物的能力。

（2）污染防治原则

污染防治原则有四个方面内容：

① 在区域总量减排方面：优化产业结构与布局，淘汰能效低、污染环境的落后工艺，控制区域污染物排放总量。

② 在企业污染控制方面：采用清洁生产工艺技术与装备，配套完善污染治理设施，加强运行管理，全面减少污染物排放。

③ 在资源能源利用方面：有效利用石灰石、黏土、煤炭、电力等资源、能源，对生产过程产生的废渣、余热等进行回收利用。

④ 在协同处置废物方面：水泥生产设施在对固体废物进行安全处置与资源化利用时应确保环境安全。

5. 水泥工业的环境保护与发展趋势

环境保护是我国的基本国策。国策，就是立国之策、治国之策。只有那些对国家经济建设、社会发展和人民生活具有全局性、长期性和决定性影响的谋划和策略，才可称为国策。把环境保护确定为基本国策是由我国的国情决定的。

我国的国情决定了我们不能停止工业化进程，不能停止对自然的干预，但我们在开发利用自然以获取发展时，应充分估计到可能对自然造成的损害，从而采取措施，减轻这种损害或化害为利，既满足当代人的需求，又不威胁后代人的生存。

我国是文明古国，礼仪之邦，是最早提出“天人合一”观念的国家，保护环境是历史赋予我们的重任。保护环境利在当代，功在千秋，是一项关系到民族兴旺发达的伟大事业，不仅需要大量投资，也要付出长期的艰苦努力。

我国政府对防治水泥工业污染日益重视，先后三次与时俱进地制定和修改了水泥工业对大气污染物的排放标准，新的《水泥工业大气污染物排放标准》（GB 4915—2013）已于2014年3月1日起实施，对各种污染物的排放限值更加严格。随着当今世界水泥工业的快速发展，水泥工业总体趋势是向新型干法水泥生产技术发展。并具有如下特征：

(1) 水泥生产线大型化

新型干法水泥生产技术提供了提高水泥设备的单机能力和功能的可能性，而追求高效率、高性能、低成本促进了水泥生产装备大型化的进程。当前国内外已出现12000t/d的水泥熟料烧成系统，用于生料粉磨的600t/h立式磨已经问世，水泥企业的规模为年产数百万吨到1亿吨以上。

(2) 生产工艺节能化

现代立式磨、辊压机和辊筒磨三种新型挤压粉磨装置显示了巨大的节能潜力，比传统磨机有很大的优越性。在生料粉磨中采用带磨外循环的立式磨已成为首选方案，在水泥粉磨工艺中采用料间挤压粉磨设备逐步取代直到完全取代传统球磨机已经成为一种必然的趋势，而与之配套的各种高效节能的新型选粉机使生产效率提高，系统电耗进一步降低。采用五级旋风预热器系统和改进型分解炉、余热发电、新型低氮燃烧器及第四代篦式冷却机实现高效冷却并高效热回收，熟料热耗可降至3000kJ/kg熟料以下，热效率提高60%左右。

(3) 操作管理自动化

由于计算机控制技术、通讯技术和图形显示技术的飞速发展，DCS这种分散控制、集中管理的集散型控制系统已经在世界水泥工业中得到广泛应用。管理信息系统（MIS）作为全厂的生产、财务、营销、节资、备品备件、预检修计划制订与实施的管理并把DCS作为生产子系统纳入其中，从而形成自下而上的过程控制层、系统监控层、调度协调层、计划管理层和经营决策层。操作管理的自动化使操作控制方便、管理科学化，具有无可比拟的优越性。

(4) 环保措施生态化

当前，世界水泥工业的环保工作已开始从被动治理转向主动治理。各种运行可靠，除尘效率在99.9%以上的电除尘器和袋式除尘器及其辅助设备已普遍采用，工业发达国家对废气粉尘的排放标准已控制到3～50mg/Nm^3以下，并全面控制高温废气中的SO_2、CO、NO_X等气体含量以保护生态环境免受污染。利用水泥工业自身大量处理利用其他工业的废料、废渣的“绿色型”水泥工业已初具雏形。水泥工业将从仅为人类提供低价、高性能的建筑材料发展和过渡到对生态环境友好型的工业。

总之，环境保护是我国的基本国策，它直接关系到国家的强弱、民族的兴衰、社会的稳定，关系到全局战略和长远发展。

简述新型干法水泥生产工艺流程？各生产环节主要产生什么污染物？

复习思考题

1. 什么是环境？
2. 什么是环境问题？
3. 《人类环境宣言》是哪年提出的？其背景是什么？
4. 全球性环境问题主要有哪些？

5. 环境科学的基本任务是什么？

6. 人类与环境的辩证统一关系表现在哪里？

7. 水泥生产过程中产生的污染有哪几种类型？主要是什么污染？

8. 新型干法水泥生产中产生污染的环节有哪些？

9. 《水泥工业大气污染物排放标准》（GB 4915—2013）与 2004 年老标准相比有哪些变化？

10. 水泥工业污染防治技术路线是什么？

11. 水泥工业污染防治应遵循哪些原则？

12. 当今世界水泥工业发展的趋势及特征是什么？

世界环境日

1972 年 6 月 5 日，来自 113 个国家的 1300 多名代表在斯德哥尔摩召开联合国人类环境会议，通过了划时代的历史性文献——《人类环境宣言》，并提出将每年的 6 月 5 日定为世界环境日（International Environment Day）。同年 10 月，第 27 届联合国大会通过决议接受了该建议。世界环境日的意义在于提醒全世界注意地球状况和人类活动对环境的危害。要求联合国系统和各国政府在这一天开展各种活动来强调保护和改善人类环境的重要性。联合国环境规划署每年 6 月 5 日选择一个成员国举行“世界环境日”纪念活动，发表《环境现状的年度报告书》及表彰“全球 500 佳”，并根据当年的世界主要环境问题及环境热点，有针对性地制定每年的“世界环境日”主题。

近几年“世界环境日”主题：

2010 年　多样的物种，唯一的地球，共同的未来

中国主题：低碳减排·绿色生活

2011 年　森林：大自然为您效劳

中国主题：共建生态文明，共享绿色未来

2012 年　绿色经济：你参与了吗？

中国主题：绿色消费，你行动了吗？

2013 年　思前，食后，厉行节约

中国主题：同呼吸，共奋斗

2014 年　提高你的呼声，而不是海平面

中国主题：向污染宣战

第 2 章　水泥工业大气污染及其防治

知识目标

了解大气污染的定义、主要污染物的种类、大气污染源以及大气污染的危害；熟悉水泥生产中主要大气污染物种类、来源及危害；熟悉各生产设施的排尘状况；熟悉烟气调质的方式和主要调质设备的基本原理和结构。

能力目标

掌握颗粒状态污染物的除尘技术；掌握气体状态污染物的防治技术。

2.1　大气污染及其主要污染物

2.1.1　大气污染定义

自然状态下的大气是由多种成分组成的混合气体，由干洁空气、水汽、悬浮微粒组成。当大气中某个组分（不包括水分）的含量超过其标准时，或自然大气中出现本来不存在的物质时，即可判定它们是大气的外来污染物。

大气污染，广义地说，是指自然现象和人类活动向大气中排放了过多的烟尘和废气，使大气的组成发生了改变，或介入了新的成分，而达到了有害程度。这些自然现象包括火山活动、森林火灾、海啸、土壤和岩石的风化以及大气圈空气的运动等。一般来说，自然现象所造成的大气污染，自然环境能通过自身的物理、化学和生物机能经过一定的时间后使之自动消除，这就是地球自净能力和自然生态平衡的自动恢复。通常说的大气污染主要是指人类活动造成的，人类活动既包括了各种生产活动，也包括了如取暖做饭等生活活动。

按照国际标准化组织（ISO）规定：大气污染通常是指由人类活动或自然过程引起某些物质进入大气中，呈现出足够的浓度，达到了足够的时间并因此而危害了人体的舒适、健康和福利，或危害了环境。这里所说的舒适和健康，是包括了从人体正常的生活环境和生理机能的影响到引起慢性病、急性病以致死亡这样一个广泛的范围；而福利，则认为是指与人类协调共存的生物、自然资源、财产以及器物等。

什么原因造成大气污染？形成大气污染的必要条件是什么？

2.1.2　大气中的主要污染物

大气污染物种类很多，按其存在状态可概括为两大类，即颗粒状态污染物和气体状态污染物。此外，依照与污染源的关系，又可将其分为一次污染物和二次污染物。从污染源直接排出的原始物质，进入大气后其性质没有发生变化，称为一次污染物；若一次污染物与大气中原有成分，或几种一次污染物之间，发生了一系列的化学变化或光化学反应，形成了与原污染物性质不同的新污染物，称为二次污染物。

1. 颗粒状态污染物

颗粒状态污染物又称气溶胶，是指液体或固体微粒均匀地分散在气体中形成的相对稳定的悬浮体系。它们可以是无机物，也可以是有机物，或由二者共同组成；可以是无生命的，也可以是有生命的；可以是固态的，也可以是液态的。

颗粒物按其粒径大小可分为如下几类。

（1）总悬浮颗粒物（TSP）

总悬浮颗粒物指环境空气中空气动力学当量直径小于等于 100μm 的颗粒物。

（2）可吸入颗粒物（PM10）

可吸入颗粒物指环境空气中空气动力学当量直径小于等于 10μm 的颗粒物，易于通过呼吸过程而进入呼吸道的粒子。

（3）细颗粒物（可入肺颗粒物或 PM2.5）

细颗粒物指环境空气中空气动力学当量直径小于等于 2.5μm 的颗粒物，它能较长时间悬浮于空气中，其在空气中含量（浓度）越高，就代表空气污染越严重。

2. 气态污染物

气态污染物种类极多，能够检测出的上百种对我国大气环境产生危害的主要污染物有五种。

① 含硫化合物：SO_2、SO_3和 H_2S 等。

② 含氮化合物：NO、NO_2、NH_3等。

③ 碳氧化合物：CO 和 CO_2。

④ 碳氢化合物：有机废气，如烃、醇、酮、酯、胺等。

⑤ 卤素化合物：含氯和含氟化合物。见表 2-1。

表 2-1　气体状态大气污染物的种类

污染物	一次污染物	二次污染物	污染物	一次污染物	二次污染物
含硫化合物	SO_2、H_2S	SO_3、H_2SO_4、MSO_4	碳氢化合物	C_mH_n	醛、酮、过氧乙酰基硝酸酯
碳氧化合物	CO、CO_2	无			
含氮化合物	NO、NH_3	NO_2、HNO_3、MNO_3、O_3	卤素化合物	HF、HCl	无

3. 二次污染物

（1）光化学烟雾

光化学烟雾又称洛杉矶型烟雾。以石油为能源，排入大气的一次污染物，如氮氧化物或碳氢化合物在太阳紫外线的作用下发生光化学反应而生成的蓝色烟雾（有时呈紫色或黄褐色），其主要成分有臭氧、过氧乙酰基硝酸酯（PAN）等二次污染物。图 2-1 为光化学烟雾事件。

（2）硫酸烟雾

硫酸烟雾又称伦敦型烟雾。以煤为原料，大气中的 SO_2 等硫氧化物，在有水雾、含有重

图 2-1　洛杉矶光化学烟雾事件（1943）

金属的飘尘或氮氧化物存在时，发生一系列化学或光化学反应而生成的烟雾，见表 2-2。

表 2-2　伦敦型烟雾和洛杉矶型烟雾的比较

项　目		伦敦型	洛杉矶型
发生情况		较早，出现多次，同时出现烟雾	较晚，新的烟雾现象，发生光化学反应
污染物		悬浮颗粒物、SO_2、硫酸雾、硫酸盐	碳氢化合物、NO_x、O_3、PAN、醛、酮等
燃料		煤、燃料油	汽油、煤油、石油
气象条件	季节	冬	夏、秋
	气温	低（＜4℃）	高（＞24℃）
	温度	高	低
	日光	暗	明亮
	O_3浓度	低	高
出现时间		昼夜连续	白天
视野		非常近（几米）	稍近（0.8km）
毒性		对呼吸道有刺激作用，严重时可致死亡	对眼和呼吸道有刺激作用，O_3 等氧化剂氧化性很强，严重者可导致死亡

2.1.3　大气污染源

大气污染从总体来看，是由自然灾害和人类活动所造成的。由自然灾害所造成的污染多为暂时的、局部的，而由人类活动所造成的污染通常是经常性的、大范围的。一般所说的大气污染问题多是人为因素造成的。人为因素造成大气污染的污染源，可分为四类：

1. 燃料燃烧

火力发电厂、钢铁厂、炼焦厂等工矿企业的燃料燃烧，各种工业窑炉的燃料燃烧以及各种民用炉灶、取暖锅炉的燃料燃烧均向大气排放大量的污染物。燃烧排气中的污染物组分与能源消费结构有密切关系。发达国家能源以石油为主，大气污染物主要是一氧化碳、二氧化硫、氮氧化物和有机化合物。我国以煤为主，约占能源消费的 75%，主要大气污染物是颗粒物和二氧化硫。

2. 工业生产过程

化工厂、石油炼制厂、钢铁厂、焦化厂、水泥厂等各种类型的工业企业，在原材料制成成品的过程中，都会有大量的污染物排入大气中。这类污染物主要有粉尘、碳氢化合物、含硫化合物、含氮化合物以及卤素化合物等多种污染物。

3. 农业生产过程

在农业机械运动时排放的尾气或在施用化学农药、化肥、有机肥等物质时，逸散或从土壤中经再分解，排放于大气中的有毒、有害及恶臭气态污染物等。如 DDT 使用后能在水面漂浮，并同水分子一起蒸发而进入大气。

4. 交通运输

车辆行驶产生的扬尘和排放的汽车尾气，轮船、机车燃料燃烧排放的烟尘，也是二次污染物的主要来源。

小知识　　空气质量指数

空气质量指数（Air Quality Index，AQI）是将空气中污染物的浓度依据适当的分级浓度限值对其进行等标化，计算得到简单的无量纲的指数，可以直观、简明、定量地描述和比较环境污染的程度，有利于普通公众了解空气环境质量的优劣。现在计入空气质量指数的项目有：SO_2、NO_2、PM10、CO、O_3（1 小时最大值）、O_3（8 小时均值最大值）和 PM2.5。

表 2-3 列举了空气质量指数范围及相应的空气质量类别。表 2-4 列举了大气中的主要污染物、来源及危害。

表 2-3　空气质量指数范围及相应的空气质量类别

空气质量指数	空气质量类别	空气质量指数类别及表示颜色		对健康影响情况	建议采取的措施
0～50	一级	优	绿色	空气质量令人满意，基本无空气污染	各类人群可正常活动
51～100	二级	良	黄色	空气质量可接受，但某些污染物可能对极少数异常敏感人群健康有较弱影响	极少数异常敏感人群应减少户外活动
101～150	三级	轻度污染	橙色	易感人群症状有轻度加剧，健康人群出现刺激症状	儿童、老年人及心脏病、呼吸系统疾病患者应减少长时间、高强度的户外锻炼
151～200	四级	中度污染	红色	进一步加剧易感人群症状，可能对健康人群心脏、呼吸系统有影响	儿童、老年人及心脏病、呼吸系统疾病患者避免长时间、高强度的户外锻炼，一般人群适量减少户外运动
201～300	五级	重度污染	紫色	心脏病和肺病患者症状显著加剧，运动耐受力降低，健康人群普遍出现症状	儿童、老年人和心脏病、肺病患者应停留在室内，停止户外运动，一般人群减少户外运动
＞300	六级	严重污染	褐红色	健康人群运动耐受力降低，有明显强烈症状，提前出现某些疾病	儿童、老年人和病人应当留在室内，避免体力消耗，一般人群应避免户外活动

表 2-4　大气中的主要污染物、来源及危害

污染物	人为污染来源	自然污染源	危　害
一氧化碳	燃料燃烧	森林火灾、生物过程	使人头痛，引起“煤气中毒”
二氧化碳	煤、油和天然气的燃烧	火山爆发	高浓度时，使人麻痹中毒，甚至死亡，也是温室气体之一
碳氢化合物	石油类的不完全燃烧和石油类物质的蒸发	生物过程	形成光化学烟雾，刺激人的眼睛、咽喉等
氮氧化物	煤和石油的燃烧	土壤细菌作用、闪电	引起呼吸道疾病、损害植物等
硫氧化物	含硫煤和石油燃烧	火山爆发	形成酸雨的主要物质、损害植物及人的肺部和心脏等
卤素化合物	合成化学品	—	破坏臭氧层，引起呼吸道疾病、损害植物等
颗粒物质	煤燃烧等	扬尘	影响气候、降低能见度、危害人体肺部等

说一说你身边同学的抽烟现象，分析一下抽烟的原因，会存在哪些危害？如何规劝同学呢？

2.2　水泥生产与大气污染

2.2.1　水泥生产中主要大气污染物及来源

1. 水泥生产工艺

水泥生产过程简单地说是两磨一烧，或三磨一烧。即把天然原料经过破碎、烘干（对含天然水分高的物料）调配后，粉磨成生料（0.08mm 方孔筛筛余 10%左右的粉末）；把生料放进回转窑中煅烧成熟料，为提高燃料的燃烧效率，也必须把煤粉磨成 0.08mm 方孔筛筛余 10%左右的粉煤；烧成的熟料加进少量的石膏和混合材再通过磨机磨成 0.08mm 方孔筛筛余 6%以下的粉体，称为水泥。生料磨细是为了加快物料之间的化学反应速率、提高热能利用率和单机台时产量，煤磨细是为其能够充分燃烧，水泥磨细是为了提高水泥强度。在物料进行粉磨和烧成中都需要输送和储存。生产工艺流程如图 2-2 所示。

2. 大气污染物种类和来源

水泥生产不仅有把物料破碎和粉磨的物理过程，还有燃料燃烧和物料分解、相互反应生成水泥熟料的化学过程。由于受水泥生产工艺、所采取的原料和燃料的影响，在水泥生产过程中，产生大量的烟尘、粉尘和有害气体而污染大气。水泥工厂对大气造成污染的污染种类有：粉尘和烟尘，二氧化硫（SO_2），氮氧化物（NO_x），氟化物，一氧化碳（CO），二氧化碳（CO_2），还产生少量或微量总有机残碳、重金属、二噁英、氯化氢。

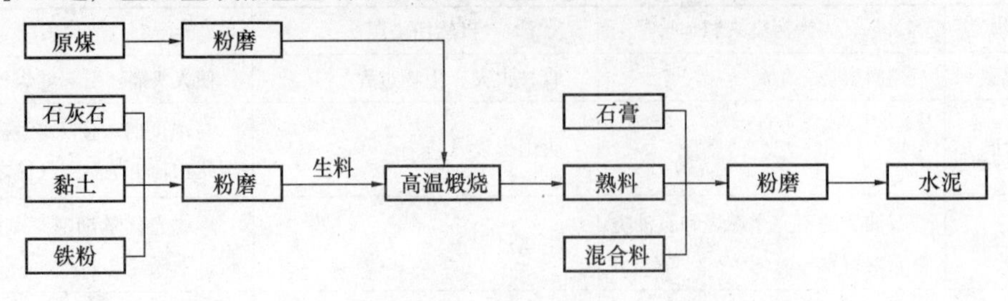

图 2-2　水泥生产工艺流程

除粉尘和烟尘外，其余各项又统称为有害气体，粉尘和烟尘产生于水泥生成的各个环节，有害气体则产生于发生化学过程的设备中。

水泥厂排放有害气体的设备有烘干机、粉磨设备和水泥窑。现代化干法水泥厂已很少采用烘干机，粉磨设备在使用有机化合物的助磨剂时，会有 2%～8%的助磨剂挥发，随粉磨系统余风一起排放，排放量大约相当于 20～40g/t 水泥。有害气体排放量最大的是水泥窑，排放气体中主要有 N_2、CO_2、O_2、H_2O、气态的硫化合物、氮氧化物、CO 以及少量有机化合物等。N_2和 O_2对环境无害；H_2O 无法控制；CO_2受生产工艺所限；CO 除来源于水泥窑和分解炉中的燃料不完全燃烧外，还有可能产生于原料中的有机碳化合物，这些有机化合物可在低温区分解，产生 CO_2、CO 和少量气态碳氢化合物（如甲烷等）。目前最受环保界关注的是 CO_2、SO_2、NO_x和气相有机化合物。

2.2.2　主要大气污染物特征与危害

1. 粉尘

水泥生产过程中所产生的粉尘以一种不均质、不规则和不平衡的复杂运动状态存在，属于无机粉尘，见表 2-5。一般粉尘本身无毒，熟料及水泥粉尘有水硬性，煤的粉尘有爆炸性。

表 2-5　水泥厂各种粉尘的化学成分

粉尘名称	化学成分（%）							
	SiO_2	Al_2O_3	Fe_2O_3	CaO	MgO	K_2O	SO_3	烧失量
窑灰	47.2	19.6	5.95	2.89	1.17		10.08	8.40
窑灰	59.8	16.8	6.68	2.91	1.17		3.20	7.50
窑灰	44.4	13.7	2.65	1.97	0.95		13.06	7.36
熟料	22.9	1.80	3.00	65.50	0.80	0.90	0.50	0.006
熟料	22.2	4.00	3.50	65.10	0.40	1.20	0.90	1.2
水泥	21.67	5.17	3.03	65.00	1.81		1.41	0.71
石灰石	6.30	2.00	1.30	49.50	0.80		0.70	
黏土	60.90	10.80	11.00	2.20	2.40		1.90	
矿渣	30.70	17.70	0.50	43.50	5.00			

粉尘在静止空气中，只有大粒径的颗粒能很快的降落下来，粒径越小，其沉降速度越小。粒径在 60μm 以下，其沉降速度小于一般车间中的风速，因此随风飘扬。特别是粒径小于 50μm 的颗粒，其本身的重力不能使之沉降，只能悬浮在空气中。

水泥生产的全过程，从原料进厂到成品成袋或散装出厂，每一步都产生粉尘污染。与其他行业相比，水泥厂的粉尘排放量大、点多，且具有以下特点。

① 浓度高。例如，生料磨、水泥磨、旋窑所处理的物料都是粉状的，而且都有气体通过，于是大量粉尘被气体带出，其浓度大部分在 $20g/Nm^3$ 以上。有的设备，如用于闭路水泥磨的O-Sepa选粉机，甚至把袋除尘器作为成品的收集装置，浓度可达 $1000g/Nm^3$ 或更高。

② 温度高。这是指旋窑窑尾、窑头除尘，除老式的湿法长窑的排风可能在100～120℃，现在广泛兴建的四级预热器分解炉窑，排气温度为350℃，五级为320℃，余热锅炉炉窑排风为220℃左右，窑头篦冷机余风温度为250℃左右。

③ 电阻率高。分解炉窑尾及窑头粉尘电阻率达 10^{12}～$10^{13}\Omega \cdot cm$。

④ 湿度大、露点高。如同时烘干生料磨及烘干机的排风，露点都较高。尤其像矿渣烘干机，排风露点可能超过60℃。温度高就易出现结露现象，引起滤袋堵塞，阻力升高，并使设备锈蚀。

⑤ 易燃，指煤磨系统的放风除尘。排风中带有大量极细的煤粉，稍有疏忽就容易引起燃烧事故。

⑥ 工矿波动范围大。如立窑、烘干机等。

众所周知，粉尘不仅污染环境、损害农作物的生长，尤其对生命健康构成威胁。水泥工业粉尘遇水容易凝结，特别是颗粒尺寸在0.5～5μm之间的飘尘对人体的危害最大，它可以通过呼吸道进入人体的肺部，并在肺细胞沉积，引起呼吸道和心肺方面的疾病。另外，粉尘还会增加生产成本、加速机械设备的磨损……

2. 二氧化硫（SO_2）

SO_2是含硫大气污染物中最重要的一种。SO_2为无色、有刺激性臭味的有毒气体，SO_2进入大气后第一步氧化为 SO_3，然后 SO_3溶于水滴中形成硫酸，当大气中存在 NH_4^+或金属离子 M^{2+}时，则转化为 $(NH_4)_2SO_4$或 MSO_4气溶胶。这些转化中关键的一步是 SO_2转化为 SO_3。大气中 SO_2的化学反应很复杂，受许多因素的影响，包括温度、湿度、光强度、大气传输和颗粒物表面特征等。

水泥工业废气中的 SO_2主要来源于水泥原料或燃料中的含硫化合物，及在高温氧化条件下生成的硫氧化物。对于新型干法生产来说，硫和钾、钠、氯一样，是引起预热器、分解炉结皮堵塞的重要因素之一，是一种对生产有害、需要加以限制的组分。在带旋风预热器的烧成系统内，存在钾、钠、氯、硫的内部循环。对硫来说，在高温条件下，生成的硫氧化物可以和氧化钙、氧化钾、氧化钠生成硫酸盐；在低温端它们被冷凝后随物料重又进入高温区，在这里一部分硫酸盐再次被挥发，重新随高温气流到达窑系统的低温端，而绝大部分硫酸盐随熟料一起被排出系统。氯化物的挥发性强于硫酸盐，氯化物由于内循环对烧成过程的影响远大于硫酸盐。在某些情况下，当钾钠含量偏高时，适当在原料中增加一些硫的含量或选用较高硫含量的燃料，控制硫碱比在适当的范围内，可以缓解钾钠对烧成的不利影响。可以认为，由于在水泥回转窑内存在充足的钙和一定量的钾、钠，所形成的硫酸盐挥发性较差，有80%以上残留在熟料中，因而在废气中排放的 SO_2和其他工业窑炉（如电力锅炉）相比，要轻微得多。相反，在电力锅炉的脱硫技术中，往往有采用石灰石作为脱硫剂的。

3. 氮氧化物（NO_x）

氮氧化物中，NO和 NO_2是两种最重要的大气污染物。

NO为无色气体，在空气中容易被O_3和光化学作用氧化成NO_2。NO_2为黄色液体或棕红色气体，能溶于水、生成硝酸和亚硝酸，具有腐蚀性。

在水泥生产过程中排放的NO_x，主要来源于燃料高温燃烧时，燃料空气中N_2在高温状态下与氧化合生成。其生成量取决于燃料火焰温度，火焰温度越高则N_2被氧化生成NO_x量越多。在新型干法生产系统中，由于50%～60%的燃料是在温度较低的分解炉中燃烧的，因此从新型干法生产系统中排放的NO_x远低于传统生产方法。此外，在还原性气氛条件下，由于存在CO、H_2等还原性气体，在生料中存在的Fe_2O_3和Al_2O_3的催化作用下，可以将已被氧化生成的NO_x还原成无害的N_2，从而大大降低了NO_x排放。NO_x的这一反应机理，为水泥窑降低NO_x排放的措施指出了努力的方向。据估计，我国水泥工业每年排放的NO_x约为100万t左右。

4. 氟化物

水泥生产中的含氟化合物为无机氟化物，当含氟化合物在大气中的残留浓度超过允许的浓度时，对植物和动物的生命，以致气候都会产生显著影响。

氟化物在空气中普遍存在，一般浓度很低，但在污染源附近常有较高浓度，可能会造成局部污染。排入大气的气态氟化物有F_2、HF、SiF_4和氟硅酸（H_2SiF_6），生产所用的原料中含有氟的矿物质，如萤石（CaF_2）时，在高温下会产生一种或多种挥发性含氟的化合物排放到大气。

氟化氢（HF）为无色气体，在19.54℃以下为无色液体。极易挥发，在空气中发烟，有毒，刺激眼睛，腐蚀皮肤，具有强烈的渗透作用。无水氟化氢为最强的酸性物质之一，对普通钢材有强烈的腐蚀性。

5. 一氧化碳（CO）

水泥煅烧过程中往往产生少量CO，这是由于碳的不完全燃烧引起的，产生的CO主要反应过程如下：

$$2C+O_2 = 2CO$$

$$C+CO_2 = 2CO$$

$$C+H_2O = CO+H_2$$

CO属易燃物质。若使用电除尘器处理窑尾废气时，常因废气中CO浓度过高而引起爆炸。为此生产工艺就要求对废气中CO含量进行严格控制。回转窑正常生产时，废气中CO的浓度为0.5%左右，当其浓度达到1.5%时报警，超过2%时则自动切断电源，由于CO在废气中含量较少，目前在水泥生产中还没有列为必控环保指标。

一氧化碳为无色无臭气体，极毒！不易液化和固化，微溶于水。CO燃烧时在空气中呈蓝色火焰，能与许多金属或非金属反应，与氯气反应生成极毒的光气（$COCl_2$）。

6. 二氧化碳（CO_2）

水泥生产过程中CO_2气体主要由水泥熟料煅烧窑及烘干设备排放。

① 在水泥煅烧窑中排放的CO_2，来源于水泥原料中碳酸盐分解和燃料燃烧。当前，国内水泥市场所供应的水泥品种主要是由硅酸钙为主要组分的水泥熟料所生产的。生产水泥熟料的主要原料为石灰石。普通硅酸盐水泥熟料含氧化钙65%左右，根据化学反应方程式（$CaCO_3 = CaO+CO_2$）算出：每生成1份CaO同时生成0.7857份CO_2，所以每生产1t水泥熟料生成0.511t CO_2。

② 在水泥生产过程中，CO_2排放的另一重要来源是燃料燃烧。很明显，由燃料燃烧所产生的CO_2与耗用燃料的发热量及数量有关。

水泥厂用的燃料煤发热量为 22000kJ/kg 时，约含有 65%左右的固定碳，根据化学反应方程式（$C+O_2 = CO_2$）可知，碳完全燃烧时，每吨煤产生 2.38t CO_2。

水泥生产过程所用燃料分为熟料烧成用燃料和原料烘干燃料，熟料烧成用燃料的多少与生产水泥熟料的生产工艺及规模有关。烘干用燃料的多少与对余热的利用程度和原燃料的自然水分有关，不考虑烘干物料对余热的利用，按原燃料的自然水分为 18%，生产 1t 熟料需烘干 0.5t 左右原燃料计算，烘干用煤约为 0.02t。

可见，随生产工艺的不同，生产 1t 熟料需要 0.161～0.296t 煤，即熟料烧成和物料烘干因煤燃烧产生的CO_2在 0.383～0.704t 范围内变化。

以上两项相加，每生产 1t 水泥熟料排放 0.894～1.215t CO_2。按我国目前水泥生产平均水平估算，每生产 1t 水泥熟料约排放 1t CO_2。

③ 水泥生产过程中每生产 1t 水泥平均消耗 100kW·h 电能，若把由煤燃烧产生电能排放的CO_2计算在水泥生产上，生产 1t 水泥因电能消耗排放的CO_2为 0.12t。2005 年中国生产水泥 10.6 亿 t，其中水泥熟料约 7.63 亿 t（按 1t 水泥 0.72t 熟料估算），据此计算，我国 2005 年因水泥生产排入大气中CO_2约 8.9 亿 t 左右。数量之大，令人瞠目。

二氧化碳是最重要的温室气体。它的温室效应虽然不及其他温室气体，但它在大气中的含量及其逐年增长的速度，已引起人们越来越多的重视。

二氧化碳形成的温室效应，或硫氧化物、氮氧化物造成的酸雨现象等，均将对气候产生严重的影响。这种对气候的影响会形成连锁效应，因为气候本身也影响其他方面，从而对环境造成更大的危害。

GB 4915—2013 规定的粉尘、SO_2、NO_x排放限值是多少？

2.2.3　各生产设施排尘状况描述

水泥工厂主要的污染物有粉尘、NO_x、SO_2、CO_2以及氟化物等，其中粉尘最为突出。粉尘排放主要有八类尘源点：水泥窑（回转窑、立窑）；冷却机；各种磨机（原料磨、水泥磨和煤磨）；烘干机；包装系统；各种储库（原料库、生料库、均化库、熟料库、水泥库等）；各种输送设备（皮带机、提升机等）；破碎机。各种设备排放的粉尘种类列入表 2-6。

表 2-6　各种设备排放的粉尘种类

序号	生产设备	粉尘种类	序号	生产设备	粉尘种类
1	水泥窑	窑灰	5	包装系统	水泥
2	冷却机	熟料粉尘	6	储库	原料、生料、熟料、水泥
3	磨机	水泥原料、煤、生料、水泥	7	输送设备	原料、生料、熟料、水泥、煤
4	烘干机	石灰石、黏土、矿渣、煤灰	8	破碎机	石灰石、石膏、煤等原料

上述八类尘源点又称为有组织排放，除此之外还有露天堆场和道路扬尘，该类排放称为无组织排放。

1. 水泥窑

水泥窑所排放的废气是水泥厂最大的污染源，新型干法水泥生产工艺中的水泥窑为回转窑。

回转窑的含尘废气是由一级旋风筒排出的，含尘废气的特点表现在废气量大、温度高且湿度大，粉尘颗粒细、浓度高、电阻率也高。

废气中的粉尘主要是已经干燥的和部分分解的入窑生料，少量的熟料微粒、未完全燃烧颗粒和燃料的灰分。此外，还有少量的钾、钠、硫的氧化物结晶。

其废气是由燃料燃烧后的烟气、水泥原料在分解反应中生成的CO_2、生料干燥过程中放出的水蒸气以及过剩空气等组成。

如前所述，新型干法窑一级旋风筒的出口温度一般是320～350℃左右。烟气温度高低与生料的热交换和热损失有关，如系统内漏风会使温度降低。烟气固有含湿量低，一般4%～6%（体积）、露点40℃。烟气中含尘浓度高、颗粒细，原因在于旋风预热器本身就是除尘器，它具有选粉作用，出各级旋风筒的粉尘颗粒越来越细，粗粉尘被旋风筒收集下来，而大量的细粉尘随烟气从一级旋风筒顶部的管道排出去，烟气中含细的粉尘浓度很高，一般为40～80 g/Nm^3，个别超过100g/Nm^3。粉尘中的粒径小于10μm者占90%～97%，小于2～3μm占50%，粉尘电阻率达10^{12}～$10^{13}\Omega \cdot cm$。

2. 烘干机

水泥厂常用回转式烘干机烘干石灰石、黏土、矿渣、煤粉、铁粉等物料，有的还烘干硫铁矿渣和粉煤灰。由于入磨物料的平均水分不能超过1%～2%，要求被烘干物料的终水分符合要求。但烘干物料的初水分都较高，如石灰石为2%～10%，黏土为10%～25%，矿渣为10%～30%。回转式烘干机直径一般为ϕ（1～3）m，长度为5～20m。大中水泥厂的烘干机一机烘干单种物料，小水泥厂的烘干机一机交替轮流烘干多种物料，而这些物料的属性又各不相同，其烟气性质也不相同。

废气量视各种物料及烘干机的规格不同而异，废气温度约70～150℃，含尘浓度一般低于80g/Nm^3、个别高达100g/Nm^3，含湿量约10%～20%，露点温度55～60℃。

3. 篦式冷却机余风

目前，我国大多数预分解窑生产线都采用篦式冷却机冷却出窑高温熟料。篦冷机是一种骤冷式冷却机，用鼓风机向机内分室鼓风，使冷风通过铺在篦板上的高温熟料层，进行充分的热交换以达到急冷熟料、改善熟料质量的目的。一般篦冷机的鼓风量约3Nm^3/kg熟料；机内经过热交换后的热风中，一部分（前段高温风）作为二次风入窑，一部分（中段高温风）作为三次风入分解炉，剩下约2Nm^3/kg熟料的余风（后段低温风）如不加以利用则全部排放，如加以利用（烘干原燃料或余热发电），则排放量会小一些。但无论利用与否，都会有夹杂着熟料粉尘的余风向外排放，所以必须对其进行除尘处理。

篦冷机余风具有以下工况特性，设计余风排尘时，应加以充分考虑。

① 风量变化大。篦冷机的余风量随进入机内熟料量的增加而增大，尤其是当窑内出现结圈、窑中生料大量堆积的恶劣工况时，一旦窑圈崩塌窑内黄粉在极短时间内进入篦冷机，余风量就可能增大到正常风量的1.5倍。

② 温度变化大。正常情况下，出篦冷机余风温度为200～250℃左右，随着机内熟料的增加，余风温度相应增高，一旦窑内出现上述恶劣工况，余风温度就可能高达400℃以上。

③ 含尘浓度变化大。正常情况下，出篦冷机余风浓度为20g/Nm^3左右，随机内细粉料的多少做相应的波动，一旦窑内出现上述恶劣工况，余风含尘浓度可能会增加到50 g/Nm^3以上。

④ 粉尘粒度较粗。其中≥50μm的粉尘约占50%，因余风中夹杂的粉尘是熟料粉尘，故其磨琢性较强。

⑤ 粉尘电阻率高。因余风干燥，含湿量为1%～2%左右，粉尘电阻率高达$10^{12}\Omega\cdot cm$以上。

⑥ 粉尘密度大，为3.2g/cm^3左右。

4. 生料磨

(1) 管球磨

最常用的生料磨机是管球磨。

不带烘干的普通生料磨排风含尘浓度为20～60g/m^3，露点35℃左右，风温约60℃，可采用常温袋除尘器或电除尘器。生料磨除尘器正常运行的关键在于良好的通风及保温防结露，必要时可以在磨机出口处装一小型热风炉，使风温超过70℃，这一点在冬季更为重要。

采用同时烘干兼粉磨系统时，其排风温度为90～100℃，含尘浓度100g/m^3左右，露点<45℃，在干法窑外分解工艺线上，可以把预热器排风引入生料磨作烘干用热气源，磨的排风与部分窑的废气一起进入窑尾除尘器。为防止距离远、散热多而在管道内结露，所有风管都需要保温。烘干磨排风温度比普通生料磨高，高出露点40～50℃，只要保温良好和漏风不严重，其结露可能性明显低于普通生料磨的除尘器。

(2) 立式磨

立式磨的电耗低，通过风量大，烘干能力强，可用于原料水分较高的水泥厂。风量范围在1～1.5m^3/t，排风温度为90～120℃，含尘量可达700g/Nm^3，露点与原料水分有关，为40～55℃。

5. 水泥磨

国内水泥厂都采用球磨机作为水泥粉磨设备，水泥成品细度要求高，水分要求严(<1%)，入磨物料都是干物料。水泥磨排风含湿量低，露点约为25℃，排风温度90～100℃，一般无结露危险，但北方冬季环境温度过低，也需采用保温措施。

一般水泥磨的排风含尘浓度为40～80g/m^3。引进和推广使用的O-Sepa型高效选粉机，其产品完全由除尘器收集。由选粉机排出的带有全部产品的气体送入除尘系统，它的浓度可达1100g/Nm^3。对于如此高的浓度，采用适用于高浓度粉尘的脉冲袋除尘器是最好的选择。

如果采用通常的二级除尘系统，以旋风收尘器作前级，旋风筒把绝大部分粗颗粒除去，而把最细的粉尘留在气流中，含尘浓度下降到原来的10%～15%。对袋除尘来讲，其阻力取决于风量、含尘浓度和粉尘粒径，以风量和粉尘粒径影响最大。浓度对袋除尘器的阻力影响主要取决于细粉含量的多少，而不是总的粉尘含量。增加了旋风收尘器，把粗颗粒除去，风量并未减少而细粉相对量增多，袋除尘器的阻力下降不多，但由于旋风筒的存在，使系统阻力更高了，唯一的好处是当滤袋破损时，排放浓度超标较少而已。

6. 煤磨

绝大多数回转窑以煤粉作为燃料，所用烘干兼粉磨的球磨系统是常规的煤粉制备系统，其热风来自热风炉或干法预热器窑或篦式冷却机余风。煤粉制备系统只能在负压下操作，煤磨系统产生的粉尘主要是烘干热风等一起排出的含尘气体。个别厂另设风管把煤磨系统废气从窑头送入窑中，这种做法在煤磨系统因偶然原因突然停风时，有可能把火引入煤磨系统。通常成品煤粉由细粉分离器收集，细粉分离器是一种旋风收尘器，最细的难以由细粉分离器收集的煤粉随气流排出，浓度为 25～80g/Nm^3，总排出量占煤粉产量的 5%～15%，由煤磨除尘器收集。为降低能耗、简化流程、提高安全性，煤粉制备系统推广短流程工艺，省去了细粉分离器。其废气的含尘量达 500～800g/Nm^3，属强爆炸性烟尘，末端收尘成了产品收集器，唯有高浓度、防爆型袋除尘器能够担此重任。

因含煤粉气体容易燃爆，成堆的煤粉又极易着火，故煤磨除尘器必须有防燃防爆、安全泄压的功能。

7. 破碎机

按照施加破碎力的方法不同，破碎机可分为冲击型和挤压型两种。在破碎脆性物料时，总有一部分成为粉末，细小颗粒就会飞扬扩散。挤压型破碎机（如颚式、锥式破碎机）工作时，崩落飞散的粉末飘散不远，块料、粒料的下落和转运是粉尘飞扬的主要原因。抽吸排风时，破碎机的抽风口需要 600～1000Pa 的负压，吸风罩吸风风速＞1m/s，抽出气体的含尘浓度＜20g/m^3。

对于冲击式破碎机（如反击式或锤式破碎机、细碎机），由于锤头运动的线速度必须达到 35～40m/s，高速运动的转子带动气流做高速回旋运动，与离心风机相仿，在机壳内形成压差，为保持机内各点都处于负压下，要考虑更高的吸负压，一般为 1000～1600Pa。冲击式破碎机产品粒度细、细粉多，又有高速气流搅动，所以抽出气体的含尘浓度可以达 100g/m^3。这一点在设计选用除尘设备时必须加以注意。

8. 储存、包装和运输

在水泥厂，需储存和运输的物料中，大部分是粉料或带粉小块料（只有湿法厂的生料系统是浆料）。因此，在储存、输送和包装过程中难免有粉尘污染。输送设备本身可以做到密闭和负压操作，但在进料和出料时，极易产生粉尘飞扬。

生料库、水泥库的进料口在库顶上，随物料进入也有气体同时进入，应在库顶设排风口并设置除尘器。每一个库顶设一台，库之间以风管相连。除尘器下不必设灰斗，机身直接坐在库顶上，清灰时粉尘自然落入库内。

散装库库底安装散装卸料器。当把水泥装入散装车时，输送气体随水泥一起喷出，应采用带抽风口的散装卸料装置，将抽吸的气体送入专用除尘器，装车时除尘器应同时开动。

包装机、皮带机转运处或卸料口、库底卸料器等均属分散扬尘点，需设置风罩抽风，吸入面风速≥1m/s，可保证岗位粉尘浓度不大于 6mg/Nm^3 的标准。可单独用小除尘器除尘，也可用管道连接集中除尘，但风管设计必须符合风量分配原则。有时需在阻力较小的支管上设置调节阀，调节风量的分配。

必须指出，除尘器的排风口必须用风管接到车间外或屋顶上，否则排出的气体中的粉尘将污染车间的岗位。

2.2.4　水泥单位产品生产全过程最大废气排放量

为便于计算，以下讨论均以相应设备配置除尘风量为准。

1. 吨水泥的物料构成

表 2-7 所示为普通硅酸盐吨水泥的物料构成。其中熟料由石灰石和其他物料配合烧制，生产吨熟料按最大需要量计算，需石灰石 1.3t，其他原料 0.3t，烧成用煤 0.25t；折合成吨水泥需要石灰石 1.1t，其他原料 0.25t，煤 0.21t（表 2-8）。

表 2-7　普通硅酸盐吨水泥的物料构成

物料	熟料	混合材	石膏
质量（t）	0.84	0.12	0.04

表 2-8　生产吨水泥所需原料

物料	石灰石	其他原料	煤	混合材	石膏
质量（t）	1.1	0.25	0.21	0.12	0.04

2. 水泥生产过程中物料的转运量

通常把生产中物料从一个设备进入另一个设备称为一次转运，以此计算物料运转量。从水泥生产工艺流程中可知，从原料生产出水泥最少要有 10 个转运过程。由于烧成以前的 5 个过程是生产 1t 熟料要运 1.6t 物料，生产 1t 水泥至少要转运 1.6×0.84×5+5=11.72t 物料，由于物料在运送的同一过程中，可能既有水平输送也有垂直输送，要两个设备才能完成每个过程的内部输送，所以每生产 1t 水泥可能要输送物料 20t 以上。

3. 吨产品全生产过程的最大废气排放量计算

单位物料废气排放量按同类设备处理物料最大废气排放量计算。为了方便起见，把各设备排放出的废气量均当作标准工况。由于物料储存的废气量是由提升机运输设备带入的，仅以提升运输设备倒运量计算，各储库废气量不再重复计算。吨水泥产品全生产过程废气排放最大量计算见表 2-9。

表 2-9　吨水泥产品全生产过程废气排放最大量计算

处理物料	过程	物料量（t）	单位物料排放最大废气量（Nm^3/t）	废气量小计（Nm^3）	比　例（%）	备　注
石灰石	破碎	1.1	350	385	2.95	
其他原料	烘干	0.25	3000	750	5.75	
生料	粉磨（烘干）	1.35	2000	2700	20.7	
熟料	烧成	0.84	4500	3780	29.0	
	冷却	0.84	2500	2100	16.1	
混合材	烘干	0.12	3000	360	2.76	
石膏	破碎	0.04	350	14	0.11	
燃料	粉磨（烘干）	0.21	3000	630	4.83	
	粉磨	1	1000	1000	7.66	

续表

处理物料	过程	物料量（t）	单位物料排放最大废气量（Nm^3/t）	废气量小计（Nm^3）	比 例（%）	备 注
水泥	包装	1	200	200	1.53	
	均化	2.6	50	130	1.00	
	转运	20	50	1000	7.66	生料、水泥
合计				13049		

根据以上计算，生产吨水泥全过程最大废气排放量为 13049Nm^3，考虑其他因素在内，生产吨水泥的最大废气排放量不超过 15000Nm^3。

按 GB 4915—2013 规定，计算每生产 1t 水泥排放的粉尘量应小于多少千克？

2.3 颗粒状态污染物的防治技术

2.3.1 烟气调质

1. 烟气调质的目的

新型干法水泥厂的熟料烧成会产生大量温度达 300℃以上的高温废气，如窑尾预热器出口的正常废气温度为 320～420℃，窑头篦冷机废气温度不正常时也可达 300℃以上。在此工艺情况下，不管是电除尘器还是袋除尘器，均应采用技术经济可行的方法或手段，以满足长期、高效除尘的要求。改变烟气性质的方法或手段称为烟气调质，它是通过调质设备改变含尘气体的温度和湿度，调节粉尘的电阻率，使其符合后续除尘设备的要求，达到经济运行、达标排放的目的。

2. 调质方式分类及其特性

使高温气体降温有多种方法。冷却介质可以采用温度低的空气或水，称为风冷或水冷。不论风冷、水冷，都可以采取直接冷却或间接冷却的方式。而为降低粉尘电阻率，则一般采取把水雾直接喷入高温气体中的方法。

（1）方式分类

① 吸风直接冷却：将常温空气直接混入高温烟气中（掺冷风方法）。

② 间接风冷：用空气冷却在管内流动的高温烟气。用自然对流空气冷却，称为自然风冷；用风机强迫对流空气冷却，称为机械风冷。

③ 喷雾直接冷却：往烟气中直接喷水，用水雾的蒸发吸热使烟气冷却，增加湿含量，降低粉尘的电阻率。

④ 间接水冷：用水冷却在管内流动的烟气，可以采用水冷夹套或冷却器等。

（2）主要调质方式及其特点

除尘系统中，根据不同的生产煅烧工艺和采用除尘装置对烟气的要求，可选用各自适宜的手段对高温含尘气体进行调质，目前主要采用增湿塔、管道增湿、多管冷却器和电动阀门掺冷风等几种方式。

3. 增湿塔

新型干法水泥回转窑的废气因温度高、湿含量低、粉尘电阻率高，造成电除尘器效率不高，故而增湿塔应运而生。事实上，它也是窑用袋除尘器的主要降温设备。

1）结构及调质机理

① 结构。增湿塔外形是一圆形钢制立式筒体（图 2-3），筒体的长径比一般为 4～5，上部设有渐扩管。渐扩管上端设有热风分布板，渐扩管下端布置有一套雾化水喷枪。在增湿塔下部，设有出风口，将降温后的废气排出。增湿塔底部设有输灰装置和与之配套的锁风装置，将降温过程中沉降的飞灰颗粒重新送入生料入窑系统或生料均化库；当增湿塔内喷水量过多或喷水雾化状况恶化，底部出现湿物料结块或泥浆（俗称“湿底”）时，输灰设备可将湿物料旁路排出。增湿塔设施由设备筒体、喷水系统、锁风排灰装置、保温材料和控制系统等部分组成（图 2-4）。设备筒体一般采用碳素钢机械加工制成；喷水系统包括喷嘴系统和供水系统，喷嘴多采用碳化钨基硬质合金或类似材料制成；锁风排灰装置一般采用密封绞刀；保温材料常规采用保温岩棉和镀锌薄板。

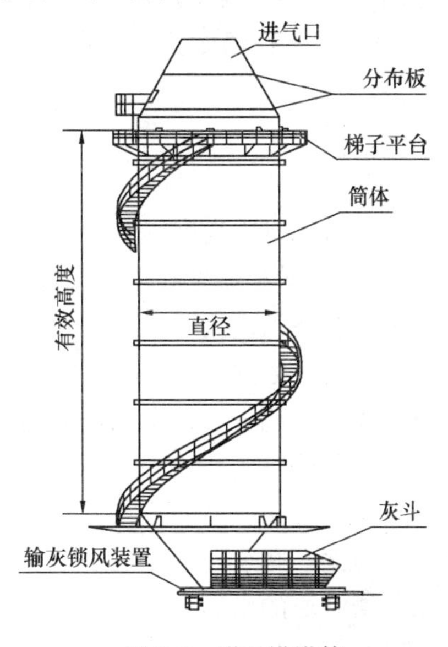

图 2-3　增湿塔塔体

② 调质机理：按照水和废气的流动方向，增湿塔的工作可分为逆流和顺流两种方式。国内一般采用顺流增湿塔，烟气从上部通入，高压水通过高压水泵和雾化喷嘴把水雾化，从上部以雾状喷入塔内，烟气与水雾进行强烈地热交换，使水滴蒸发成水蒸气，并随气体排出，吸收大量热，同时烟气中的粉尘吸附水蒸气，从而降低烟气温度、增加烟气湿度，电阻率从 $10^{12}\Omega\cdot cm$ 以上降至 $10^{11}\Omega\cdot cm$ 以下，以满足电除尘器捕集粉尘的要求，或降低到适宜袋除尘器运行的入口温度。

随着我国单台水泥窑规模的不断扩大，相配套的增湿塔规格从 ϕ（6～9.5）m 不等。

2）功能及优势

① 降低烟气温度，缩小烟气体积，减少烟气处理量。

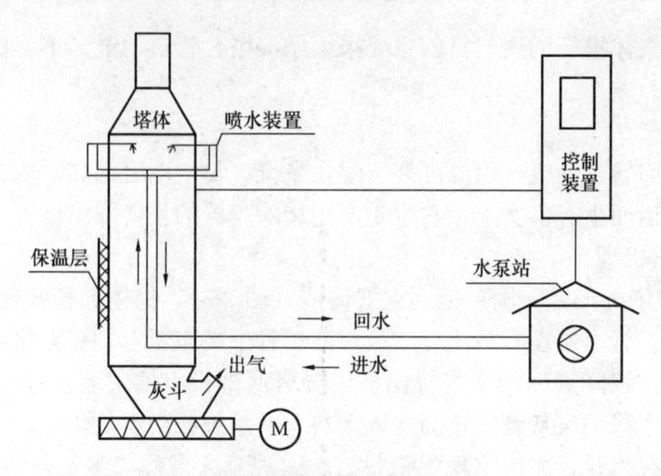

图 2-4　增湿塔结构

② 增加烟气湿度，提高烟气露点，将烟气粉尘的电阻率降低到适合电除尘器的操作要求。

③ 降低烟气温度，满足袋除尘器滤料使用要求（或使袋除尘器能够使用较便宜的滤材），通常情况下，比采用其他降温方式更经济、适用。

④ 降低烟气温度，降低除尘设备的工作温度，延长除尘设备的使用寿命。

⑤ 能吸收部分 SO_2 等有害气体。

3）增湿塔规格及布置方式

（1）增湿塔规格的确定

增湿塔规格主要是指塔的内径和塔的有效高度（有效高度为喷嘴出口至烟气出口中心线的距离）。增湿塔的内径由通过塔的烟气量和烟气在塔内的流速确定。烟气量的大小由水泥窑的热工计算求得。必须注意的是，若在工艺流程中有部分的烟气用于生料烘干，考虑到磨机的运转率低于回转窑，所以在确定增湿塔的直径时必须按全部烟气量通过塔来计算。烟气在塔内的流速过快、过慢都会影响塔内气流分布情况，同时过高的流速必然增大塔的高度，给制造、安装带来困难，设计塔内的风速以 1.5～2m/s 为宜。

增湿塔的有效高度取决于喷嘴喷入水滴所需的蒸发时间，而蒸发时间与水滴的大小和烟气的温度有关。为了降低增湿塔的高度，必须尽可能地减小水滴的直径。水滴的大小决定于采用喷嘴的形式和水的压力。用于增湿塔的水滴直径最好小于 100μm，如果用高压柱塞泵，在 5～6MPa 压力下，将水从喷嘴喷出，则可获得很细的水雾。根据测定，其水滴直径除个别为 200μm 外，大多在 100μm 以下。

工业生产中增湿塔内水滴的蒸发过程要比理论计算复杂得多，一般应取理论计算值的 3 倍以上，为 9～11s。气体在增湿塔内的停留时间是增湿塔设计和控制的主要参数，一般按烟气在塔内的风速和停留时间来确定增湿塔的直径和塔高。举例如下。

例：一台 2000t/d 的悬浮预热器窑，窑尾烟气量为 $420000m^3/h$，烟气的温度为 350℃，其窑尾需配置增湿塔，试确定其增湿塔的规格。

设：烟气在增湿塔内的平均流速为 2m/s，水滴在塔内的蒸发时间为 11s，则

$$D=\sqrt{\frac{4Q}{\pi\times3600\times v}}=8.62\mathrm{m}$$

取增湿塔直径 $\phi 9\text{m}$

增湿塔直筒部分高度为　$h = t \cdot v = 11 \times 2 = 22\text{m}$

若增湿塔的规格已定，那么气体在增湿塔内的停留时间为

$$t = \frac{3600L\pi D^2}{4Q} = \frac{2827LD^2}{Q}$$

式中，t 为增湿塔内的停留时间，s；L 为增湿塔有效长度，m；D 为增湿塔内有效直径，m；Q 为增湿塔内进口热风量，m^3/h。

对上例，反算出 $t=12\text{s}$，略大于水滴在塔内的蒸发时间。可见，增湿塔的规格经济、合理。

(2) 布置方式

增湿塔主要安装在干法水泥窑预热器的出口后部，布置方式有两种：一种是布置在窑尾风机之后；一种是布置在窑尾风机之前（紧接着预热器一级旋风筒的出风管）。前一种布置方式的优点是增湿塔基本上处于零压状态（－100～100Pa），增湿塔的漏风量很少，适用于生料磨要求风量少而风温高的操作场合。后一种布置方式的优点是大大缩短了预热器与增湿塔之间的连接风管的长度，可减少投资和管道阻力损失，较适用于生料磨要求用大风量而风温低（如采用立磨）的场合；但此时增湿塔处于高负压操作状态（通常－5000～7000Pa），其筒体刚度和底部密封阀的设计必须满足要求，否则极易引起大量漏风，不仅会增大废气处理系统的处理量，还会使烧成系统通风不畅，影响系统产量。因此，在选择布置方式时应综合考虑原料磨入磨物料综合水分、煤粉制备的布置位置（是否布置在窑尾）、原煤水分、余热发电、设备的运转以及工程投资等因素。

如何选择增湿塔的布置方式？

4) 喷雾系统及喷水量

(1) 喷雾系统

增湿塔使用效果的好坏很大程度上取决于喷雾系统的优劣。针对窑尾废气温度，应将水全部雾化至 300μm 以下的液滴，才能保证水雾在增湿塔中完全蒸发。一旦喷雾系统出现淋水，必将导致增湿塔“湿底”。喷雾系统水雾化的方式主要有压力式和气助式。

采用压力式雾化系统是采用多级高压泵将净水加压至 1.5～3.5MPa 的压力下，通过喷嘴成雾状喷出。其水量的调节又分为高压回流式和中压压力调节式。前者是加压至 3.5MPa，设置回水管，通过调节回水流量来控制喷嘴压力，进而调节喷入增湿塔的水量。其喷嘴一般采用不锈钢制成，喷口直径一般较大，由于要求的雾化水压大，所以在小流量时易产生雾化效果不良的现象；后者水压为 1.5～2.5MPa，一般采用水泵电机的变频调速来调节水压，进而调节喷嘴水量，由于要求的雾化水压小，水泵功率和电耗相应较小。鉴于单喷嘴的喷水量较小，在大型增湿塔中常配备较多的喷头数量，以满足总水量的需要。

采用气助式喷雾系统是在低压下将水与压缩空气混合，在气体膨胀和分散时将水雾化，气体和水雾一起喷入增湿塔。其优点是压力低（水压仅约 0.5MPa，气压仅约 0.4MPa），雾化后的水滴直径小（低于 200μm），水雾蒸发时间短，可减少增湿塔的直径和高度，从而降

低增湿塔的设备和土建投资。由于喷口直径大，对雾化水的杂质含量要求可放宽。但气助式雾化喷嘴的制作要求较高，而且系统中对气、水两路和管路系统控制要求比较严格，以避免两种介质在管路里的互窜。

（2）喷水量

增湿塔的关键问题是喷水的雾化程度和喷水量的有效控制。如果太湿，不仅使下部收集的粉尘发黏、无法输送，水汽还易在除尘设备中凝结（值得强调的是，为避免增湿塔内壁面结露，增湿塔还必须采取保温措施）；喷水量过少，气体温度及电阻率降不下来，会影响到电除尘器的运行，对袋除尘器则会引起烧袋故障。

根据经验，通常只需将烟气增湿到露点 50℃，温度降至 150℃以下，便可将烟气中的粉尘电阻率降至 $10^{11}\Omega \cdot cm$ 以下。所以，当增湿塔用于水泥工业时，计算喷水量的原则是使烟气露点达到 50℃，然后通过热平衡计算，校验增湿塔出口处的烟气是否符合 120～150℃的要求。

下面介绍几种简单的经验算法。

① 一般情况下，当进入增湿塔的废气温度为 350℃时，对于出增湿塔气体无烘干要求的，出口气体温度控制在 150～160℃时，其相应的喷水量应为 0.15kg/kg 熟料；如果出增湿塔气体进一步去烘干物料，应该适当地减少喷水量，以满足后续烘干物料的要求。

② 按经验数据每 $1Nm^3$ 新型干法窑尾烟气温度降低 1℃时，需喷入 0.4～0.5g 水量计算。

③ 更简便的估算是：对于废气处理采用电除尘器，原则上是把废气增湿至露点 50℃以上，温度降低到 120～150℃，电阻率降至 $10^{11}\Omega \cdot cm$ 以下，用水量约为 $50g/Nm^3$ 左右，所产生的水蒸气约为原气体量的 10%；对于废气处理采用玻璃纤维滤料的袋除尘器，入口温度控制在 240℃以下即可，用水量约为 $25g/Nm^3$ 左右。

增湿塔喷入水量的多少可借助出口处温度的高低进行调节。压力式喷嘴结构简单，便于制造和操作，适用于小规模的增湿塔；回流式喷嘴结构较复杂，但具有调节范围宽的优点，适用于直径在 ϕ(6～9.5)m 的增湿塔；气液双介质喷头适用于管道喷水和对雾化防堵要求较高的场所。

4. 冷却器

（1）工作原理

如分解炉、预热器窑尾以及篦冷机的废气采用袋式除尘器治理时，风冷式多管冷却器也是水泥工业应用较多的降温设备。在主机设备所排烟尘的高温工况下，可以增设多管冷却器将烟气降温到 250℃以下，以利于后续袋除尘设备的正常工作。

空气冷却器是指设在预热器后或篦冷机后的一排或数排直径相同的钢制列管，高温烟气从管道内通过，利用管道表面散热原理，通过列管外表面实现与来自风冷系统的冷风或自然风的热交换，从而使管内废气温度降低。可采用强制通风或自然通风。这种降温方法操作简便可靠，效果也较好。

水泥工业所使用的多管冷却器是以其表面对外散热的方式降低所处理介质的温度，但并不改变介质的成分，所以起不到降低介质电阻率和吸收部分有害气体的作用；但具有一级收尘功能，仅用于袋除尘器前对所处理气体的降温，为提高冷却器的冷却速度，一方面是增大冷却器的表面积，让其自然散热；另一方面是外部采用轴流风机强制外界空气通过管体，使管体内高温气流快速降温。多管冷却器由设备本体、强制吹风装置、锁风排灰装置等部分组成。设备本体一般采用碳素结构钢、机械加工制成；强制吹风装置一般采用轴流风机；锁风排灰装置一般采用重锤翻板阀或电动锁风阀。

冷却器的原理是采用间接机械风冷。机械风冷器的管束装在壳体内，高温烟气从管内通过，用轴流风机将空气压入壳体内，从管外横向吹风，与其进行热交换，将高温烟气冷却到所需的温度，如图 2-5 所示。被加热了的热空气有的加以利用，有的直接放散到大气中。由于采用风机送风，可以根据室外环境的变化，调节风机的风量，达到控制温度的目的。选择冷风机应静压小、风量大，以利减少动力消耗。

（2）冷却器的结构

空气冷却器是一个框架型钢结构，并由若干立柱支撑，上部设有渐扩管，中间是钢制列管束，下部设集灰斗，安装有灰斗、绞刀、分格轮等回灰装置，在完整的框架内部放置一定数量的管束。渐扩管上端设有热风均布板，出预热器或篦冷机废气进入渐扩管，经均布板进入中间的钢制列管束。在钢制列管束的侧面设轴流风机，用轴流风机将常温空气压入钢制列管束的立管之间，从管外横向吹风，与其进行热交换，对管道内的高温烟气进行强制冷却。下部集灰斗设有与之配套的锁风装置，输送设备把降温过程中沉降的飞灰颗粒输送出去。空气冷却器的外形如图 2-5 所示。

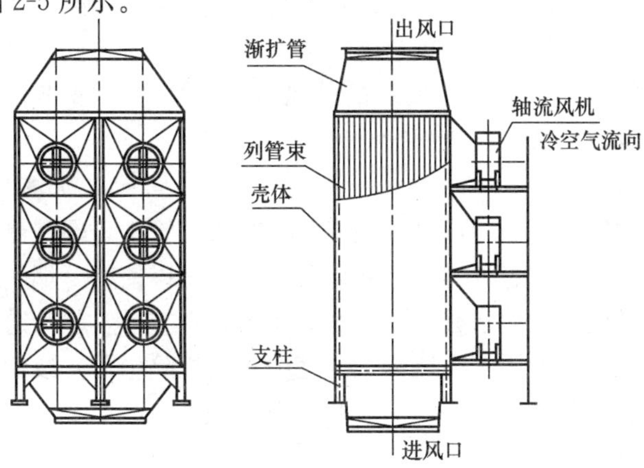

图 2-5　多管冷却器结构示意图

（3）冷却器的特点

与其他冷却降温设备相比，多管冷却器具有以下性能特点：

① 与增湿塔比较，投资相仿，而突出的优点是稳定、可靠、管理省力、无需设岗位工，通常只需要在收尘器入口设置温度测控仪即可。

② 采用风冷式多管冷却器不会出现“湿底”“堵塞喷头”现象。

③ 省去了复杂的泵房系统，解决了严寒地区供、排水管路的冬季冻裂问题。

④ 回避了缺水或水质较劣地区的水质或水源问题的困扰。

增湿塔与多管冷却器相比具有哪些优势和不足？

5. 冷风阀及管道增湿

（1）冷风阀

冷风阀是最为简单的一种冷却方式 ，它是在除尘器入口前的风管上另设一冷风口，将外界的常温空气吸入到管道内与高温烟气混合，使混合后的烟气温度降至设定温度以下，保证入袋除尘器的烟气温度在滤料允许温度范围内。

实际应用时，一般在冷风口处设置能够自动开启或关闭到一定程度的蝶阀，并在冷风入口前设置温度传感器，以在线实测介质温度与设定温度差值为动作参数，自动调整阀门开度及开启时间，从而控制掺入冷风的多少以达到降低介质温度的目的。温度传感器应设在冷风入口前 5m 以上距离的位置。控制方式是：在高温烟气将要超过设定温度时，冷风阀自动打开；当进入袋除尘器的高温烟气降低到允许温度范围内，冷风阀自动关闭。正常工况下，冷风阀是关闭的。自动调节阀不仅平时要严密不漏风，打开时还要迅速可靠，其开启手段宜采用汽缸或电动推杆。

冷风阀通常适用于温度较低（250℃以下）及要求降温量较小的情况；或者是用其他方法将高温烟气温度大幅度下降后仍达不到要求，再用这种方法作为防止意外事故性高温的补充降温措施。应用于后者的情况最为广泛。

掺冷风的优点是简单，维修方便，一次性投资和运行费用节省。缺点是降温幅度过大，使系统的处理风量大幅度增加，需增大袋除尘器的规格和造价，同时也加大风机的负荷和电能消耗。如除尘器规格偏小，增加需处理的总风量，给烟尘治理带来不利；如风机负荷不足，会影响前面主机设备的通风，从而影响产量。

（2）管道增湿技术

在有些工况下，烟气调质系统可以直接安装在一段直管中，即在热风管道上采用喷水增湿的方法，使废气温度降低，这种方法不必设置塔体，可以使整个烟气调质系统更紧凑。但要求雾化水的水滴粒径更小，使水雾蒸发时间更短；否则容易引起管道内的积灰，影响系统正常工作。管道增湿技术一般用在窑尾废气处理中采用袋除尘器，或者窑头冷却机的废气冷却，这种方法对废气的降温幅度较小，一般 80～100℃。

2.3.2 袋式除尘器

水泥厂除尘技术主要包括袋式除尘器、电除尘器和电一袋复合式除尘器。上述三种除尘器都是效率很高的颗粒物去除装置，水泥厂选择使用何种除尘器主要取决于入口粉尘性质、含尘浓度，排放限值，使用场合及用户习惯等。

袋式除尘器（图 2-6）是一种利用有机纤维或无机纤维过滤材料，将含尘气体中的粉尘滤出的除尘设备，用于捕集非粘结性、非纤维性的工业粉尘。该技术除尘效率可达99.80%～

图 2-6　袋式除尘器

99.99%，颗粒物排放浓度可控制在 30mg/Nm^{3}甚至 10mg/Nm^{3}以下，运行费用主要来于更换滤袋和引风机电耗。

该技术适用于水泥企业各工序废气的除尘治理。

袋式除尘器的主要优点如下。

① 稳定、高效，对电阻率及 CO 等反应不敏感，对工况变化的适应能力强，在环境质量要求严格的地区，是首选的除尘设备。

② 能捕集超微细(≤0.1μm)粉尘，除尘效率高，为今后国家进一步提高排放标准留有余地。

③ 对烟气中的 SO_2和 NO_x有一定的吸附作用。

④ 操作维护简单。

袋式除尘器的主要缺点如下。

① 本体压力损失大，一般情况下 1000～2000Pa。

② 袋式除尘器的应用范围主要受滤料的耐温、耐腐蚀性等性能限制，特别是在耐高温方面，目前常用的滤料适用于 120～130℃，而玻璃纤维等滤料可耐 250℃左右。

③ 不适宜于粘结性强及吸湿性强的粉尘，特别是烟气温度不能低于露点温度，否则会产生结露，致使滤袋堵塞。

④ 需要定期换袋，增加了运行费用和维护工作量。袋式除尘器的滤袋寿命一般 2～3 年，若每 3 年更换一套滤袋，对大型袋式除尘器来说是一笔不小的费用。

1. 袋式除尘器的工作原理

当含尘气体通过滤料时，粉尘被阻留在其表面上，干净空气则透过滤料的缝隙排出，空气过滤技术是袋除尘器的基本原理。目前用于空气过滤的主要有纤维过滤、膜过滤（覆膜或薄膜）和粉尘层过滤。这三种方式都能达到将气溶胶中固体颗粒分离出来的目的，但它们的分离机理是不一样的。袋除尘器是纤维过滤，或膜过滤与粉尘层过滤的组合，不同的滤料，粉尘的过滤机理是各不相同的。

纺织物滤料的孔隙存在于经、纬纱之间（一般线径 300～700μm，间隙 100～200μm），以及纤维之间，而后者占全部孔隙的 30%～50%。开始滤尘时，气流大部分从经、纬纱之间的小孔通过，只有小部分粉尘穿过纤维间的缝隙（对高捻度纱几乎不通过），粗颗粒尘便嵌进纤维间的小孔内，气流继续通过纤维间的缝隙，此时滤料即成为对粗、细粉尘颗粒都有效的过滤材料，而且形成称为“初次黏附层”或“第二过滤层”的粉尘层，如图 2-7 所示，于是粉尘层表面出现以强制筛滤效应捕集粉尘的过程。此外，由于气流中粉尘的直径通常都

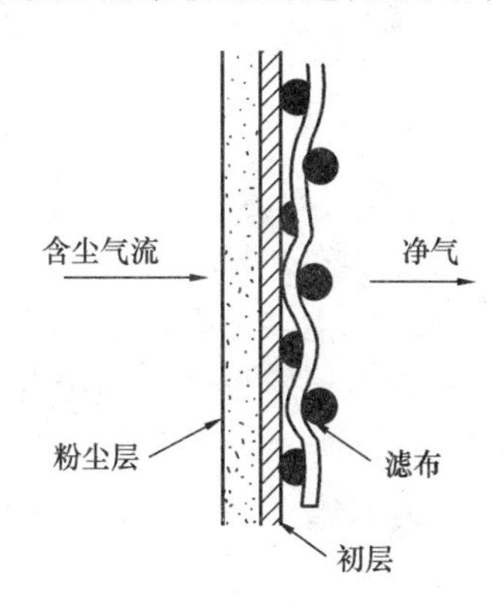

图 2-7　滤料的滤尘过程

比纤维细小，因而碰撞、钩附、扩散等效应明显增加，除尘效率提高。

毡或针刺毡滤料，由于本身构成厚实的多孔滤床，可以充分发挥上述效应，因而该“第二过滤层”的过滤作用显得并不重要。

覆膜滤料，其表面上有一层人工合成的、内部呈网格状结构的、厚 50μm、每平方厘米含有 14 亿个微孔的特制薄膜，显然其过滤作用主要是筛滤效应（又称表面过滤）。

袋式除尘器在实际运行中，需要对滤料进行周期性的清灰。随着捕集粉尘量的不断增加，滤料对粗细粉尘颗粒表现出强制过滤效应的捕集过程，由于粉尘初次黏附层不断增厚，其过滤效率随之提高，除尘器的阻力也逐渐增加，而通过滤袋的风量则逐渐减小，系统能耗增加。这时，需要对滤袋进行清灰处理。既要及时、均匀地除去滤袋上的积灰，又要避免过度清灰，使其能保留“初次黏附层”，保证工作稳定和高效率，这对于空隙较大的或易于清灰的滤料更为重要。

2. 袋式除尘器的构造及分类

1）基本结构

袋式除尘器的基本构造为三大部分，如图 2-8 所示。

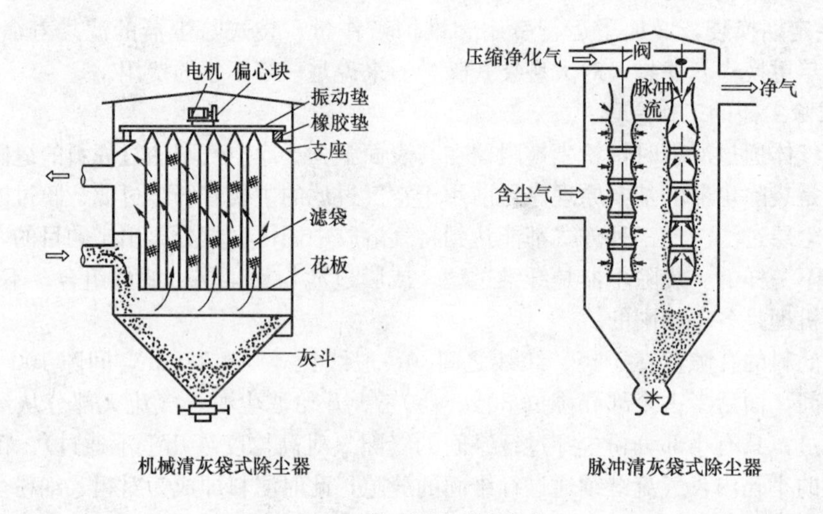

图 2-8 袋式除尘器的结构

① 除尘器本体，主要包括箱体（净气室、袋室），灰斗，支腿（柱），楼梯（爬梯），栏杆，平台，滤袋框架等。

② 滤袋部分。

③ 附属设备：清灰机构及排灰装置，如清灰气路系统（或机构），清灰控制仪，排灰、卸灰装置，如果是脉冲喷吹类袋式除尘器还包括脉冲阀分气箱、脉冲阀、气包，反吹风式袋除尘器还包括反吹风机及阀门，煤磨袋除尘器还有防爆门等。

袋式除尘器的形式与种类很多，因此通常根据不同特点进行分类。

2）袋式除尘器的类型及结构形式

（1）按含尘气流进入滤袋方向分为内滤式和外滤式两种结构

内滤式袋除尘器，如图 2-9（b）、（d）所示。含尘气流由滤袋内侧流向外侧，粉尘沉积在滤袋内表面上。其优点是滤袋外部为过滤后的清洁气体，可以在不停机的情况下进入除尘器袋室内部检修（高温和有害气体除外），滤袋设防瘪环即可，不需要支撑袋笼或骨架。内滤式袋除尘器多采用反吹（吸）风清灰，也有采用一般机械振动清灰的方式。

外滤式袋除尘器，如图 2-9（a）、（c）所示。含尘气流由滤袋外侧流向内侧，粉尘沉积在滤袋外表面上，滤袋需要袋笼或骨架支撑。优点是过滤面积相同情况下体积较内滤式小，一般脉冲喷吹、高压气反吹等清灰方式多采用外滤式袋除尘器。

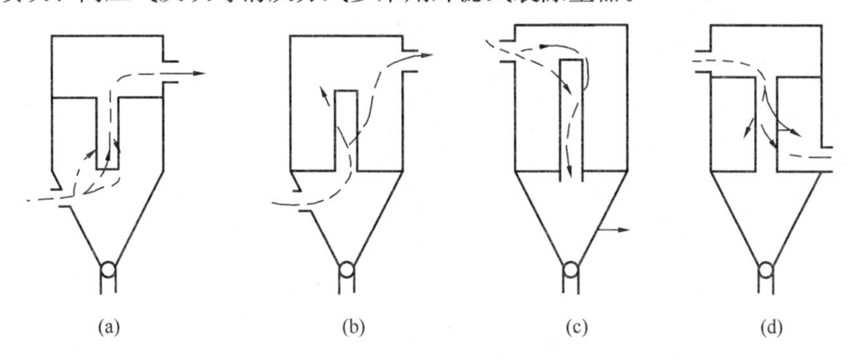

图 2-9　袋式除尘器的类型

（a）、（c）外滤式；（b）、（d）内滤式；（a）、（b）下进气；（c）、（d）上进气

（2）按进气口位置分为上进风和下进风两种结构

下进风袋除尘器，如图 2-9（a）、（b）所示。含尘气体由除尘器下部进入，气流自下而上，粗颗粒可直接沉降于灰斗中。一般情况下有 5μm 以下的细颗粒尘上升与滤袋接触，这样减少粗颗粒与滤袋的碰撞、摩擦，延长了滤袋的使用寿命。且下进气式结构简单，只需单层花板固定滤袋，成本较低；其缺点是由于气流方向与粉尘下落方向相反，容易带出部分微细粉尘，尤其清灰后部分细尘会重新附回到滤袋表面，增加了阻力，也降低了清灰效果。

上进风袋除尘器，如图 2-9（c）、（d）所示。含尘气体由袋除尘器上部进入，粉尘沉降与气流方向一致，有助于清灰，阻力可比下进风降低 15～30Pa。但由于进气总管设于除尘器上部，上气室增加了除尘器的高度，需多增加一层花板，提高了整台除尘器的成本。比较而言，目前大量使用的是下进风结构。

（3）按内部压力分为正压式和负压式两种结构

正压式袋除尘器，设置在风机之后，除尘器在正压状态下工作，由于粉尘通过风机，对风机叶片磨损较严重，因此不适用于粉尘粗颗粒、硬度大、强腐蚀性的粉尘。

负压式袋除尘器，设置在风机之前，除尘器在负压状态下工作，净化后的气体进入风机，避免风机磨损。负压型袋除尘器对箱体、灰斗的密封性和耐压性要求较高，壳体钢板厚度视承受负压大小而不同，一般在 4mm 以上。承受的负压越大，越要严防漏风，否则会使袋除尘器除尘效率下降、系统阻力增高，冷风大量进入还讲导致滤袋结露，影响设备的正常运行。

就目前而言，以负压式操作的袋除尘器较多。

（4）按清灰方式分为机械振打清灰、气流反吹清灰和脉冲喷吹

机械振打清灰，包括人工振打、机械振打、高频振荡等，这是一种最老、最简单的方式，曾经在工业中广泛采用。但由于机械振打分布不均匀，要求的过滤风速低，对滤袋的损害大，近年来逐渐被其他清灰方式代替。

气流反吹清灰，是采用室外或循环空气（具有一定压力）以与含尘气流相反的方向通过滤袋，使其上的尘粒脱落。气流反吹清灰在整个滤袋上的气流分布比较均匀，但清灰强度小，过滤风速不宜过大，通常都是采用停风清灰。

脉冲清灰，是借助于压缩空气通过文氏管诱导周围的空气在极短的时间内喷入滤袋，使滤袋产生脉冲膨胀振动，同时在反向气流的作用下，滤袋上的粉尘被脱落。这种方式清灰强度大，可以在过滤工作状态下进行清灰，允许的过滤风速也高。

3）袋式除尘器的命名与分类

（1）袋除尘器的命名

袋除尘器的命名主要以清灰方式和具有代表性的特征相结合来考虑，下面以分室结构袋除尘器 FGMS-N（M）型气箱脉冲袋式除尘器命名（图 2-10）为例。

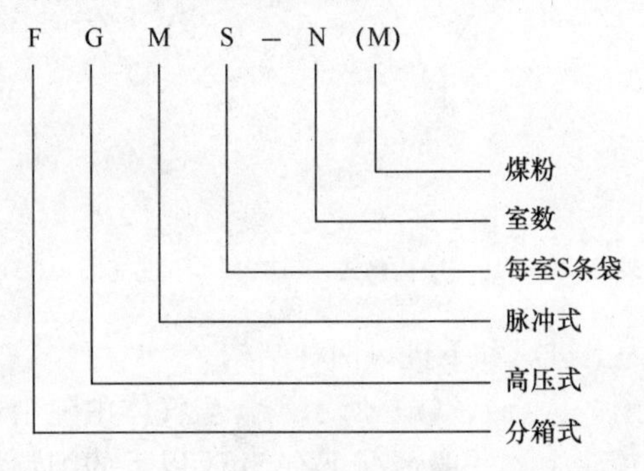

图 2-10　气箱脉冲袋式除尘器的命名

（2）袋式除尘器的分类

根据水泥生产工艺和袋式除尘器工作原理及结构特点，水泥工业使用的袋式除尘器可按下述三种方式分类。

① 根据清灰方法的不同，可分为三大类或五小类。即机械振动型，反吹风型（分室反吹型、喷嘴反吹型、机械回转反吹型），脉冲喷吹型。

② 按水泥生产中处理废气对象分为煤磨袋式除尘器、烘干机袋式除尘器、立窑袋式除尘器、旋窑（窑头、窑尾）袋式除尘器、一般袋式除尘器五类。

③ 按处理废气温度的高低分为高温袋式除尘器和普通袋式除尘器两类。运行温度高于130℃的袋式除尘器称为高温袋式除尘器。

4）几种常用的袋式除尘器

（1）反吹（吸）风袋式除尘器

反吹（吸）风袋式除尘器有上、下进气之分，采用分室结构，利用阀门逐室切换气流，在反吹气流的作用下，使滤袋鼓胀实现清灰。具体步骤如下：过滤时进风阀接通含尘气体，反吹（吸）风阀关闭；含尘气体通过滤袋过滤，粉尘被阻留在滤袋的内表面；清灰时反吹（吸）风阀打开，进风阀关闭，反吹（吸）风机工作，对袋室进行清灰。下进气的如图 2-11 所示，图左边为正在过滤单元，图右边为清灰单元。

清灰开始时，先关闭除尘器进风阀，开启反吹（吸）风阀，使风机吹入的净化气体从滤袋外侧穿透滤袋进行清灰。反吹（吸）时间一般 10s 左右，清灰周期 1.0h 左右，视其气体含尘浓度、粉尘及滤料特性等因素而定。

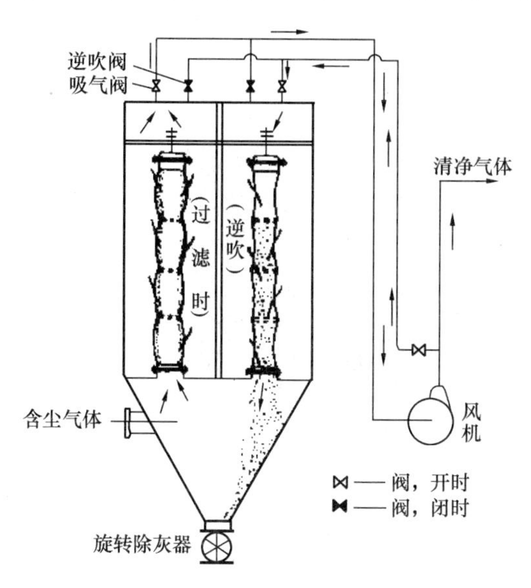

图2-11　下进风反吹风清灰袋式除尘器原理示意图

主要特点：

① 反吹（吸）风清灰的机构简单、维护方便。该设备采用内滤式，粉尘均聚积在滤袋内表面上，检查人员或换袋工作的劳动条件大为改善。反吹（吸）清灰式除尘器采用分室结构，故可在不停机的情况下检查维修。除尘设备清灰机构简单，阀门的易损件极少，维修工作量及费用少，使用成熟。

② 该类除尘器采用的普通高温滤料较为便宜，且滤袋不用笼骨，更适用于净化含有腐蚀性的高温烟气(如立窑、烘干机的废气等)。可做成10m左右长的滤袋，以减少占地面积。

③ 和脉冲袋式除尘器相比：过滤风速较低、占有空间大；属弱力清灰、清灰周期长、不能直接处理高浓度烟尘；运行阻力较大。

(2) 脉冲袋式除尘器

脉冲袋式除尘器是逆气流反吹过滤式除尘器的一种，为连续工作型设备。它利用压缩空气向每排滤袋内定期轮流喷吹，造成与过滤气流相反的逆气流反吹和振动作用，用以清除滤袋表面粉尘。脉冲袋式除尘器比一般袋式除尘器清灰能力强，能保持较高的过滤风速。

脉冲袋式除尘器，其结构如图2-12所示。含尘气体由进风口进入装有若干滤袋的中部箱体内，当含尘气体经过滤袋时，粉尘被阻留在滤袋外表面。净化后的干净气体经文氏管进入上部箱体，最后由排风口排出。滤袋通过袋笼固定在花孔板上。每排滤袋上部都装有一根喷射管，喷射管上有直径合适的小喷孔，并与每条滤袋中心相对应。喷射管前装有与空气压缩机相连的脉冲阀，脉冲阀与小气包连接。控制器定期发出短促的脉冲信号，通过控制阀有序控制各脉冲阀的开启。当脉冲阀开启时（只需0.1～0.15s)，与脉冲阀相连的喷射管与气包相通，高压空气从喷射孔中以极高的速度喷出。高速气流周围形成一个相当于自己体积5～7倍的诱导气流，一起经文氏管进入滤袋内，使滤袋剧烈膨胀，引起冲击振动。同时，在瞬间内，产生由内向外的逆向气流使粘在滤袋外表面及吸入滤袋内部的粉尘吹扫下来。吹扫下来的粉尘落入下部箱体的集灰斗内，最后经卸灰阀排出。各排滤袋依次轮流得到清灰，待一周期后，又重复上述动作。

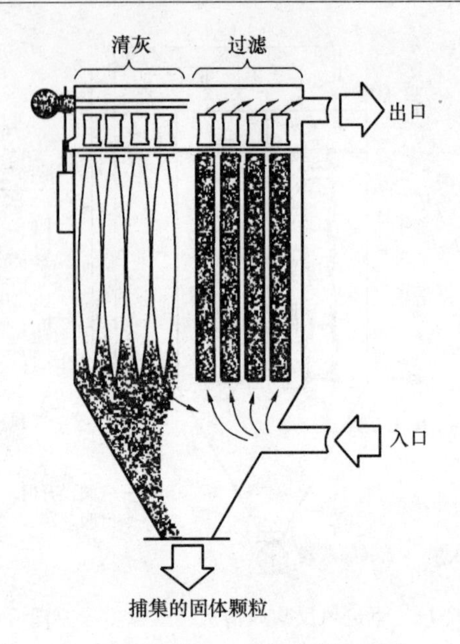

图 2-12　脉冲袋式除尘器原理示意

脉冲喷吹袋式除尘器在我国水泥工业种类较多，但主要分为普通型在线清灰脉冲袋除尘器、低压长袋脉冲袋除尘器和气箱脉冲袋除尘器三种。后两者为分室离线清灰袋除尘器。

① 在线清灰脉冲袋除尘器。除尘器可不分箱，对气流均布有利，节省投资，但不能实现在线检修。为此，有些厂家也设计成分箱结构。过滤风速低于离线清灰袋除尘器，一般采用高压喷吹，否则不易清灰。注意：不是所有场合都适宜强度高的高压喷吹清灰。对于粉尘浓度低，颗粒较粗，水分低的粉尘，采用<0.3MPa 压力的压缩气体喷吹清灰就可以满足要求。喷吹压力低，管道泄漏损失小，标准耗气量就小，功耗低。避免了过清灰现象，提高了滤袋的使用寿命。高压喷吹与低压喷吹相比，粉尘从滤袋渗漏现象严重，收集的粉尘更容易渗进滤袋纤维内部，除尘器的阻力上升曲线变得更陡。

② 低压长袋大型脉冲袋式除尘器。这是为了克服传统除尘器的各项缺点而推出的新一代脉冲袋式除尘设备，其结构如图 2-13 所示。含尘气体由中箱体下部引入，被挡板导向中箱体上部进入滤袋。净化气体由上箱体排出。

清灰装置配有口径适宜的直通式脉冲阀，具有设计合理的节流通道和卸压通道，因而有快速启闭的性能。

脉冲阀同喷吹管的连接采用插接方式。喷吹管上有孔径不等的喷嘴，对准每条滤袋中心。按标准设计每 12～15 条袋共用一个脉冲阀，袋口下设引射器，称为“直接脉冲”。

低压长袋大型脉冲式除尘器，将上箱体分隔成若干小室，每室均设有停风阀。当某室的脉冲阀喷吹时，关闭该室的停风阀，中断含尘气流，从而增强了清灰效果。采用低压喷吹，且每次喷吹时间也较传统脉冲清灰方式短，清灰采用定差压或定时控制方式。

该除尘器综合了分室反吹和脉冲清灰两类除尘器的优点，克服了分室反吹清灰强度不足和一般脉冲清灰粉尘再附等缺点，使清灰效率提高，喷吹频率大为降低。该产品使用淹没式脉冲阀，降低了喷吹气源压力和设备运行能耗，延长了滤袋、脉冲阀的使用寿命，综合技术性能大大提高。

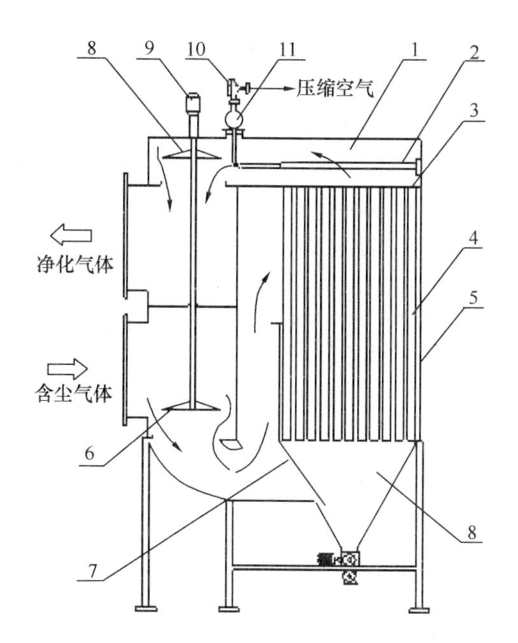

图 2-13　低压长袋脉冲除尘器

1—上箱体；2—喷吹管；3—花板孔；4—滤袋；5—中箱体；6—圆盘阀；7—挡风板；8—灰斗；9—电动推杆；10—脉冲阀；11—稳压气包

③ 气箱脉冲袋式除尘器（图 2-14）。当含尘气体由进风口进入灰斗后，一部分较粗尘粒在这里由于惯性碰撞、自然沉降等原因落入灰斗，大部分尘粒随气流上升进入袋室，经滤袋过滤后，尘粒被阻留在滤袋外侧，净化后的气体则由滤袋内部进入箱体，再由阀板孔、出风口排入大气，达到除尘的目的。随着过滤过程的不断进行，滤袋外侧的积尘也逐渐增多，除

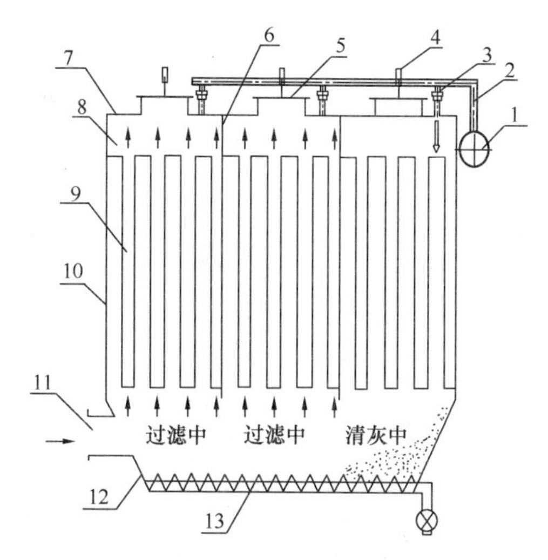

图 2-14　气箱脉冲袋式除尘器

1—气包；2—压气管道；3—脉冲阀；4—提升阀；5—阀板；6—袋室隔板；7—排风口；8—箱体；9—滤袋；10—袋室；11—进风口；12—灰斗；13—输灰机构

尘器的运行阻力也相应增高，当阻力增加到预先设定值时，清灰控制器发出信号，首先控制提升阀将阀板孔关闭，以切断过滤气体，停止过滤过程，然后打开电磁脉冲阀，以极短的时间（0.1s左右）向箱体内喷入压力为0.5～0.7MPa的压缩空气，压缩空气在箱体内迅速膨胀，涌入滤袋内部，使滤袋产生变形、振动，加上逆气流的作用，滤袋外部的粉尘便被清除下来掉入灰斗，清灰完毕后，提升阀再次打开，除尘器又进入过滤工作状态。

它属于高压强力清灰，每个箱体只需1～2只脉冲阀，清灰周期更短，但滤袋的最大长度不能超过3.4m。

袋式除尘器的清灰方式有几种？各自有什么特点？

3. 滤料的选用

1）选择滤料的原则

袋滤技术是袋式除尘的关键。正确、合理地选择滤料，不仅可以提高除尘效率、减少排放、延长滤袋的使用寿命，而且可以降低系统阻力，减少系统装机容量，节约运行费用。

滤料材质的选择通常根据烟尘特性（气体的性质，含尘浓度，粉尘颗粒大小，化学性质，气体温度、湿度等）、清灰方式、排放要求及使用寿命来综合考虑，不同滤料的使用温度、除尘效率、清灰性能、费用及对烟气中不同化学成分的耐腐蚀程度都不一样，设计中应根据不同的使用场合正确、合理地选择。下面重点介绍根据气体的温度及清灰方式对滤料的选择。

(1) 根据气体的温度选择滤料

在水泥工业中，气体的温度是选择滤料的重要指标。一般认为130℃以上为高温气体，50～130℃为常温气体，50℃以下为低温气体或接近露点气体。在应用中高温气体影响滤料寿命的实例很多，许多滤料说明资料中注明“长期耐温”和“瞬间耐温”两种。实际上连续高温会使滤料老化，寿命缩短，所以在根据温度选择滤料时，接近高温的气体应选用高温滤料，滤料的安全使用温度见表2-10。

表2-10　滤料安全使用温度

滤料品种	常用温度（℃）	上限温度（℃）	滤料品种	常用温度（℃）	上限温度（℃）
聚丙烯	70	75	特氟隆	230	260
尼龙	80	105	玻璃纤维	240	280
聚丙烯腈	100	110	芳纶	200	220
聚酯	130	150			

一般烟气温度条件下，只需要布袋耐受120℃以下的温度，这些场合，涤纶、腈纶、锦纶等化学纤维基本满足要求，丙纶更适合于＜90℃低温潮湿的环境。

水泥行业的旋窑窑头、窑尾，立窑，烘干机等废气，属高温烟气，应采用高温滤料。常见的高温滤料有：连续玻璃纤维机织布、膨体玻璃纤维机织滤料、玻璃纤维覆膜滤料、PPS

耐高温针刺过滤毡、美塔斯（METAMAX）、P84 耐高温针刺过滤毡、P84 复合纤维针刺过滤毡等。

（2）根据清灰方式选择滤料

选择滤料另一个重要条件是袋除尘器的清灰方式，见表 2-11。

表 2-11　清灰方式与适用滤料的种类

清灰方式	滤料		清灰方式	滤料	
	种类	形状		种类	形状
机械振动	织布	圆筒	反吹风-振动	织布、毡	圆筒
气环反吹	毡	圆筒	脉冲反吹	织布、毡	扁袋
脉冲喷吹	毡	圆筒	分室反吹风	织布	圆筒

① 机械振动清灰：这种清灰方式施加于滤袋的动能较小，清灰效果比脉冲、反吹类明显差一些，属于低能型清灰，适宜选用质地柔软、有利于传递振动波的织物滤料，如工业涤纶 729 滤料等。

② 反吹风清灰：大型分室反吹（反吸）风袋除尘器一般是内滤结构，选用织物薄型滤料，如玻璃纤维滤料等。反吹（反吸）风机将清灰气流鼓入滤袋，滤袋受压变瘪，袋内压力沿内壁自上而下或自下而上传递，粉尘依自身重力及被施加的压力、加上恢复过滤时的抖动而脱落。该清灰方式也属于低能型清灰，要求薄而光滑、容易变形但尺寸稳定的滤料。

③ 脉冲喷吹清灰：这种清灰方式属于高压清灰，动能最高，其袋除尘器结构为外滤式，适用于高浓度粉尘的收集；在脉冲喷吹瞬间滤料猛烈抖动、变形，产生应力很大。这种方式一般采用抗张力强的无纺针刺毡或以毡为底布支撑的覆膜滤料。对骨架（袋笼）的抗磨、抗腐，以及防滤袋折损等方面有严格要求。

在滤袋的缝制和安装上，应注意把滤袋拉紧并防止过滤中尺寸的拉伸。因为当滤袋伸长达到 2%左右时，清灰效果就恶化。所以在滤料定型加工中，必须严格执行防止滤袋伸长的技术条件。

2）滤料的失效及防护

造成滤料提前失效的原因主要有机械磨损和化学性失效。

（1）机械磨损

除尘器设计选型不当或结构设计不合理均可造成除尘系统阻力过高、滤袋处于超负荷工况运行、磨损加剧，造成滤料提前失效。解决这一问题的办法是：正确设计选型；除尘器结构设计合理；风量均布；严格袋笼及滤袋的加工工艺等。

（2）化学性失效

① 水解失效。水解失效是造成滤袋毁坏的常见原因，它指的是一定条件下，滤料发生了水解反应引起自身分解并形成新的化合物的过程。以缩聚型聚合体生产的合成纤维是不耐水解的，这些缩聚型聚合体包括聚酯（涤纶）、尼龙、聚亚酰胺（P84）及美塔斯 MATAMEX 等。许多生产工艺在高温下产生的湿气及化学品形成了理想的水解条件，高温、湿气及化学品这三种因素必须都存在，才能激活水解。对聚酯而言，损坏的最常见原因是水蒸气环境行下的水解，尤其是温度升高并伴碱环境下的水解侵蚀。美塔斯属水解性纤维，潮湿环境下遇高温或化学成分（尤其 SO_x）会很快发生水解。因此，美塔斯不适合在高硫煤的电厂使用。

聚丙烯腈均聚体（亚克力）、PPS 纤维、PTFE 纤维不是产自缩聚型聚合体，是目前最耐水解的滤料，常用来取代有水解问题的纤维。如当美塔斯纤维在高于 135℃温度下水解时，用 PPS 纤维来替代；聚酯在低于 120℃以下水解时，常用聚丙烯腈（亚克力）来替代。

② 氧化失效。氧化失效是造成滤袋毁坏的另一常见原因，它指的是在一定条件下，物质分子或离子因氧化反应失去电子的过程。滤料的氧化侵蚀主要受氧含量及高温的影响，氧来自空气或氧化物（NO_x）。在化纤滤料中，易被氧化的滤料有聚丙烯（丙纶）、聚苯硫醚（PPS）等。

聚丙烯（丙纶）氧指数 19，损坏的常见原因是因氧化而降解，聚丙烯纤维在稍微升高的温度下（>90℃）会因氧化而降解。因此，聚丙烯只能在低温（<88℃）条件下使用。

聚苯硫醚（PPS）抗氧化性能差，当烟气中 O_2 含量<10%、NO_2 含量<600mg/Nm^{3}时，连续工作温度可达 190℃；当 O_2 含量达 12%时，操作温度只能控制在 140℃以下。O_2 含量越高，操作温度应越低，否则，滤料会因氧化侵蚀而迅速降解。

③ 腐蚀失效。腐蚀失效是滤料常见的失效形式，它通常指的是滤料遇酸、碱产生化学反应的过程。滤料的材质决定了其对酸、碱不同的耐受程度，超过一定限度，其强度削弱、寿命缩短。目前，市面上销售的滤料几乎都经过特殊的表面处理，经处理后的滤料不同程度地增强了抗腐蚀能力。

PTFE（聚四氟乙烯）、聚苯硫醚（PPS）具有极为优异的耐腐蚀性能，能在恶劣的腐蚀性环境下保持良好的过滤性能，并达到理想的使用寿命。

4. 实例——篦冷机袋除尘

篦式冷却机（篦冷机）是干法预分解窑的常用配套主机。篦式冷却机的余风很干燥，粉尘粒径粗（10μm 以上占 85%），磨蚀性强；粉尘电阻率高达 $10^{12}\Omega \cdot cm$，电除尘器易产生反电晕；废气温度正常低于 250℃，粉尘浓度一般小于 20g/Nm^3。

篦式冷却机的工况常随窑的工况的波动出现更大的波动。篦式冷却机接受窑头卸出的熟料，而熟料的流量、粒径常有波动。当大量熟料涌入冷却机，冷却机的冷却风就应随熟料量的增加而增加，余风量增大，余风温度升高，温度最高可达 350～400℃。当细料进入冷却机时，排风中粉尘浓度就升高。

袋除尘器作为篦冷机余风收尘，具有连续稳定、高效的优点，有不少的用户。可采用反吹风大布袋、气箱脉冲、长袋脉冲等几种方式。为保护滤袋不被高温烧坏，前面都要采取降温措施，通常是强制风冷或喷水降温。采用的滤料由于耐温不同，对降温装置所需投资有较大差别。

1）反吹风大布袋

反吹风大布袋所采用的经硅油处理的中碱玻璃纤维滤袋，最高能耐 280℃、瞬间 300℃的高温，为降低投资、简化流程，它也可只设冷风阀降温。

（1）使用条件和特点

① 进入除尘器废气温度不得超过 250℃。

② 在进行袋除尘器选型时，过滤风速不仅决定了袋除尘器的大小，而且对收尘效率、流体阻力、清灰效果、滤袋寿命等均有影响。为保证除尘器的高效率、低阻力运行，根据玻璃纤维滤布的特性以及使用经验，过滤风速一般应小于 0.5m/min。

③ 结构设计时，可采用较小直径的滤袋，以减小占地面积。

④ 可不用反吹风机，采用大气反吹清灰，节省能耗。

(2) 案例

窑外分解 1000t/d 生产线窑头篦冷机选用 CXS（Ⅱ）型玻璃纤维袋除尘器，其主要性能指标如下。

① 处理风量：14000～17000m^3/h。

② 过滤风速：0.47～0.57m/min。

③ 过滤面积：4950m^2。

④ 入口浓度：≤30g/m^3。

⑤ 排放浓度：≤50mg/Nm^3。

⑥ 滤袋材质：玻璃纤维膨体纱，耐温≤250℃。

⑦ 滤袋寿命：两年。

2）长袋脉冲

由于技术及配件成熟的长袋脉冲具有滤速高、占地少、体积小、投资及阻力低、效率高、机外换袋等优点。在大型干法窑中有越来越多的应用趋势。如合肥水泥研究设计院在浙江富阳 5000t/d 干法窑的窑头，山东青州 6000t/d 干法窑的窑头、窑尾等，都采用了这种除尘器，窑头除尘器采用强制风冷多管冷却降温（图 2-15），滤布是诺梅克斯。

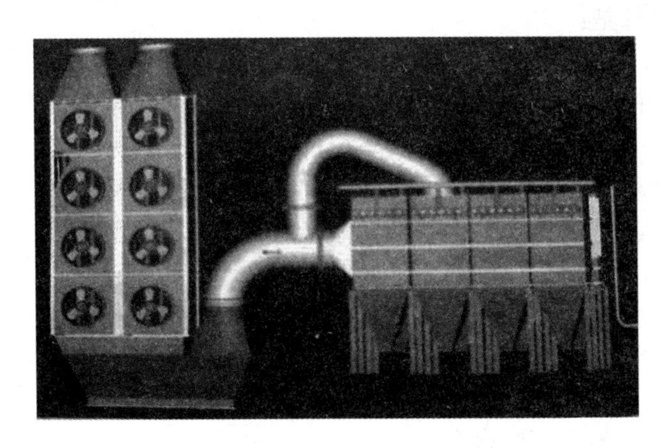

图 2-15　强制风冷的脉冲袋除尘器

篦冷机余风中的粉尘磨损性强，所以各种袋除尘器都不能采用覆膜滤料，否则表面昂贵的膜会很快失去。

袋式除尘器滤料该如何选用？

2.3.3　电除尘器

电除尘器又称电收尘器，因其工作在高电压（以 kV 计）小电流（以 mA 计）状态下，属于物理学的静电范畴内，也称静电除尘器。概括而言，电除尘是利用高压电场使气体发生电离，气体中的粉尘荷电在电场力的作用下，使气体中的悬浮粒子分离出来的装置。该技术除尘效率为99.50%～99.97%，颗粒物排放浓度可控制在50 mg/Nm^{3}以内，消耗主要为电能。该技术适用于窑头、窑尾高温废气的除尘治理。

电除尘器的主要优点如下。

① 本体压力损失小，约为100～300Pa耗电量仅为0.1～0.8kW·h（以处理1000m^3/h气体计）。

② 处理烟气量大，每小时可高达数百万立方米。

③ 耐高温，可在400℃ 高温下运行。

④ 主要部件使用寿命长，日常维护费用低，转动件和易损件少，磨损量低。

⑤ 捕集细微粉尘的收尘效率高。

电除尘器的主要缺点如下。

① 一次投资费用高，钢材耗量较大。

② 对粉尘的电阻率有一定要求，最适宜的范围是10^4～5×10^{10}Ω·cm。

③ 设备庞大，占地面积大。

④ 结构较复杂，制造质量、安装精度和操作水平要求较高。

1. 电除尘器的工作原理

电除尘器的功能是从工业废气中收集烟（粉）尘污染物，它的基本原理是电晕放电。产生电晕放电的基本条件是：

① 两个对置电极，即电晕极（也称阴极或负极）和收尘极（也称阳极或正极）。

② 施加电压后两级之间形成高压静电场，而这个电场是非均匀电场。

③ 必须采用高压脉动直流负极性电源供电。

电除尘收集尘粒主要靠静电力（库仑力），其次是扩散附着力、惯性力和重力等。图2-16所示为电极的主要形式。

(a)

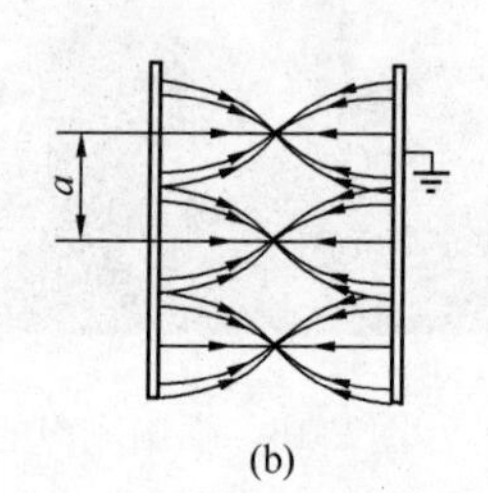

(b)

图2-16　电极的主要形式

（a）管式静电除尘器中的电场线；（b）板式静电除尘器中的电场线

电除尘过程由三个基本阶段组成：烟（粉）尘粒子荷电；荷电粒子驱进而沉积，即收尘；清除电极上的积尘，即振打清灰。图2-17所示为电除尘器原理示意图。

1）电晕放电与尘粒荷电

产生非均匀电晕放电的阴阳两级必须具备如图2-16所示的条件，即（a）管式的曲率半径很小的圆钢线或尖端芒刺形的电晕线和大曲率半径钢管收尘极；（b）板式的小曲率半径圆钢线或尖端芒刺形的电晕极和板式收尘极，所谓板式是在平钢板上轧制成带沟槽与防风沟等各种增加极板刚度和强度的几何体，便于保持阴阳电极间的距离及防止二次扬尘。

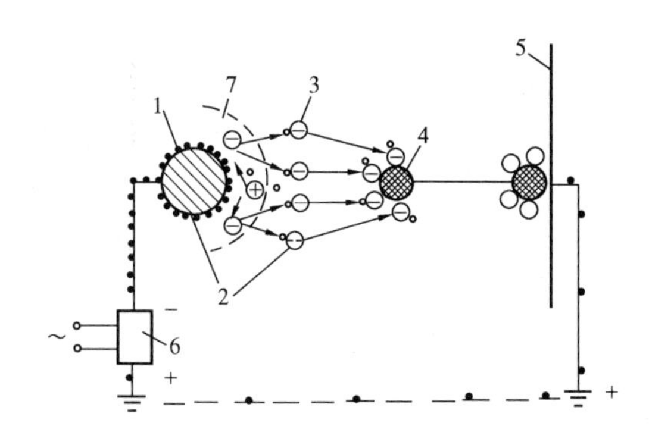

图 2-17　电除尘器原理示意图

1—电晕极；2—电子；3—离子；4—尘粒；5—集尘极；6—供电装置；7—电晕区

(1) 电晕放电

电晕放电的过程实际上是气体导电，当阴阳极间逐步升高直流电压时，电晕极周围空间内的电场强度首先达到电离的临界值，气体发生电离，开始有电晕电流流过。

当施加电压升至一定高度时，电离气体将在这个不大的电晕区域内剧烈地进行，大量的正、负离子（含电子）被释放出来，并驱向极性相反的电极，同时伴随发出淡蓝色光辉和轻微的“嘶嘶”气体爆炸声，这种特点的气体放电称为电晕放电。产生电晕放电瞬时的电场强度称临界场强。产生电晕电流瞬间施加的电压称为临界电压，通称起晕电压。产生电离和发光的区域称为电晕区。电晕区域以外的区域称为电晕外区。

(2) 尘粒荷电

尘粒荷电是电除尘的最基本过程，尘粒唯有荷电后才能在场强作用下获得驱向收尘极移动的库仑力。库仑力是使尘粒从气流中分离出来的主要因素，它与尘粒荷电多寡、场强强弱成正比，尘粒荷电是在电晕外区内进行的。

① 碰撞荷电。电晕放电后，电晕外区内含有大量的负离子和少量的自由电子，当含尘气体通过时，悬浮的尘粒受到空间的离子和自由电子的碰撞而荷电，负离子起主导作用，可达到饱和荷电量。这种荷电方式称为电场荷电，也称碰撞荷电，是尘粒荷电的主要途径。

② 扩散荷电。是指尘粒半径小于 0.2μm 的与场强无关的电荷，由离子的热运动而附着，不起主导作用。

2) 电场与收尘

对置的阴阳电极之间施加直流负极性高电压后即可建立高压电场，即电晕电场和收尘电场。电晕极附近电场较强，到电晕外区场强有所下降，到收尘极附近又有所回升。电场具有三重要作用：电晕区强电场能产生大量荷电离子而形成电晕；电场提供了荷电离子与尘粒碰撞的驱动力，并把电荷传递给尘粒；建立捕集尘粒所必需的力，用电场强度 E (kV/cm) 表征电场各点的强弱。

荷电后尘粒在电场力的作用下被捕集，完成了收尘的过程。在电除尘器内，尘粒一获得电荷后就受到电场的作用，在电晕区内和靠近电晕区一部分尘粒与气体离子碰撞荷上同电晕极反极性的电荷，便沉积在电晕极上，但其范围小，数量也少，而绝大多数的尘粒都荷上与电晕极同极性的负电荷，驱向收尘极而沉积。

3）振打清灰

荷电尘粒驱进到收尘极板上被捕集，凭借电力、机械力和分子力的综合作用而附着于极板上。在粉尘层积聚到一定厚度时，振打极板，使粉尘呈块状或片状落入下部灰斗内，然后卸运出去，完成了收尘过程。电晕极也需振打清灰，否则影响电晕放电，振打清灰时要避免二次扬尘。

2. 电除尘器分类

电除尘器可以根据不同的特点，分为不同的类型。

（1）根据集尘极形式分：管式电除尘器和板式电除尘器

管式电除尘器，其电晕极置于圆管式集尘极的中心，如图 2-18（a）所示，而圆管内壁为收尘表面。通常，管径为 150～300mm，长 2～5m。由于单根管通过的烟气量小，经常用多排管并列而成。为了充分利用空间可以用六角形（即蜂房形）的管子来代替圆管。管式电除尘器一般只适用于气体体积量较小的情况，通常都是湿式清灰。

板式电除尘器是在一系列平行的通道间设置电晕电极，如图 2-18（b）所示通道间宽度一般为 200～400mm，通道数由几个到几十个，甚至上百个，高度为 2～12m，甚至达 15m。板式除尘器多用于干式清灰，有时也可以用于湿式清灰。

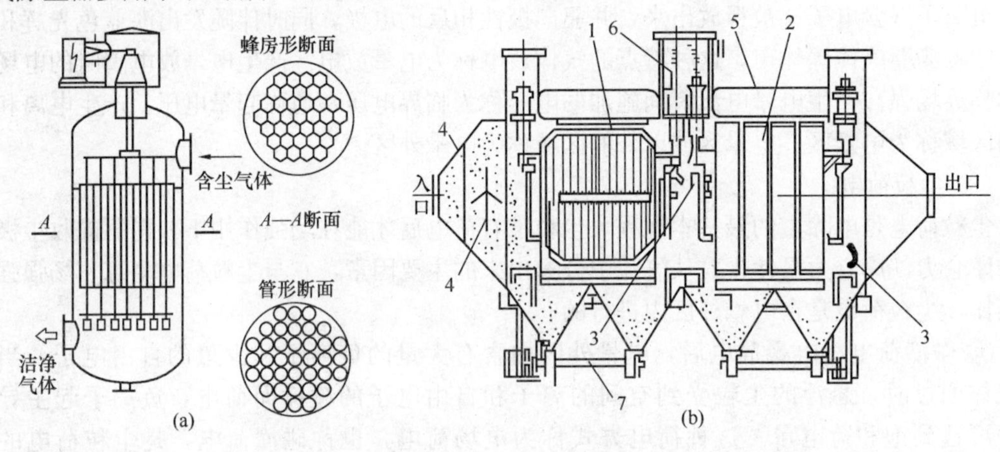

图 2-18　电除尘器

（a）管式电除尘器；（b）板式电除尘器

1—电晕极；2—集尘极；3—电晕极和集尘极振打装置；

4—气体均布装置；5—壳体；6—保温箱；7—排灰装置

（2）根据气流流动方向分：立式电除尘器和卧式电除尘器

立式电除尘器，气流在电除尘器内自下而上作垂直流动。这种电除尘器适用于气体流量小、收尘效率要求不是很高、粉尘性质易于捕集和安装场地比较狭窄的情况。

卧式电除尘器，气流在电除尘器内沿水平方向流动。在长度方向上，根据结构及供电的要求通常每隔 3m 左右（有效长度）划分为单独的电场。常用的是 2～3 个电场，除尘效率要求高时，也有多到 4 个电场的。

（3）根据粉尘清灰方式分：湿式电除尘器和干式电除尘器

湿式电除尘器是用喷雾或淋水、溢流等方式在集尘极表面形成水膜将黏附于其上的粉尘带走。由于水膜的作用避免产生二次扬尘，收尘效率很高，同时也没有振打装置，工作较稳定。但产生大量泥浆，必须加以处理，以免造成二次污染。

干式电除尘器是通过振打等方式使粉尘落入灰斗。由于这种方法回收下来的粉尘处理简单，便于综合利用，因而也是最常见的一种方式。但这种方式会使沉积在集尘极上的粉尘有可能再次扬起进入气流中（二次扬尘），致使效率降低。

3. 电除尘器的机械结构

电除尘器由两大部分组成：一部分是电源和控制装置；另一部分是电除尘器本体。电除尘器本体由电极系统、气体均布装置、清灰装置、保温箱和排灰装置组成。

1）电极系统

电极系统包括电晕极和集尘极，是电除尘器的核心部分。

（1）电晕极

电晕极应满足的基本条件是：起晕电压低、电流密度大、传递振打力效果好、易清灰、高温时不扭曲变形、刚度和强度高、不断线等特点。

常用的电晕电极的形状有圆形、螺旋形、星形和芒刺形等，如图 2-19 所示，一般用 2～4mm 的耐热合金钢制成。当气体温度低于 300℃时，也可用 Q235 钢制成。

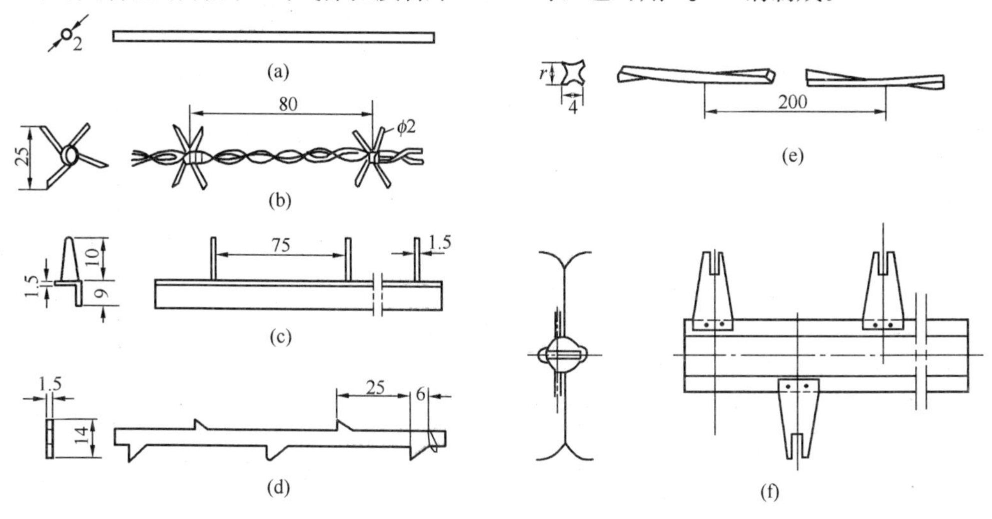

图 2-19　各种形式的电晕线

（a）圆形线；（b）针刺线；（c）角钢芒刺；

（d）锯齿线；（e）扭麻花星形线；（f）R-S 线

早期应用的圆线和星形线因起晕电压高达 35kV，电流密度仅为 0.07mA/m，放电时跳动不定点、易包灰断线，已基本停用了，替代它的派生线为螺旋线和麻花线。其中管芒刺（RS）线和锯齿线在我国应用颇具影响力。国产各种形式电晕线性能对比试验数值见表 2-12，其中特性最差的是星形线；管芒刺、多刺芒刺和鱼骨针刺三种线的起晕电压仅为 15kV；方钢芒刺和角钢芒刺两种线的电流密度最大。

表 2-12　各种几何形状电晕线性能的对比试验

项目	施加电压（kV）									强度 (mA/m²)
	15	20	35	40	50	60	70	75	80	
星形线（3×4）	—	—	0.01	0.04	0.19	0.52	0.96	1.24	1.49	0.993

续表

项目	施加电压（kV）									强度（mA/m²）
	15	20	35	40	50	60	70	75	80	
锯齿芒刺（B_5）	—	0.008	0.247	0.405	0.81	1.357	2.07	2.43	2.82	1.88
角钢芒刺（]⊏）	—	0.04	0.42	0.6	1.09	1.65	2.34	2.74	3.03	2.02
管状芒刺（RS）	0.02	0.05	0.285	0.4	0.72	1.07	1.49	1.72	1.95	1.5
方体芒刺线	18kV 0.015	0.052	0.34	0.53	0.96	1.54	2.25	2.63	3.04	2.03
多齿管状芒刺	18kV 0.03	0.04	0.255	0.37	0.71	1.087	1.515	1.8	2.01	1.34
鱼骨针刺线	17kV 0.025	0.055	0.275	0.395	0.69	1.01	1.42	1.65	1.86	1.243

电晕线的间距也就是电晕线之间的距离对放电强度有很大的影响，间距太大会减弱放电强度，间距太小也会因屏蔽作用而使其放电强度降低。最佳间距为 200～300mm，当然，线间距要与收尘极相对应。

电晕极的固定，要求电晕极与收尘极之间要平行，且在一个平面上，并且要能保持电晕极与收尘极之间的距离不变。电晕极的固定方式有框架式、重锤式和桅杆式（图 2-20）。常用的是前两种。

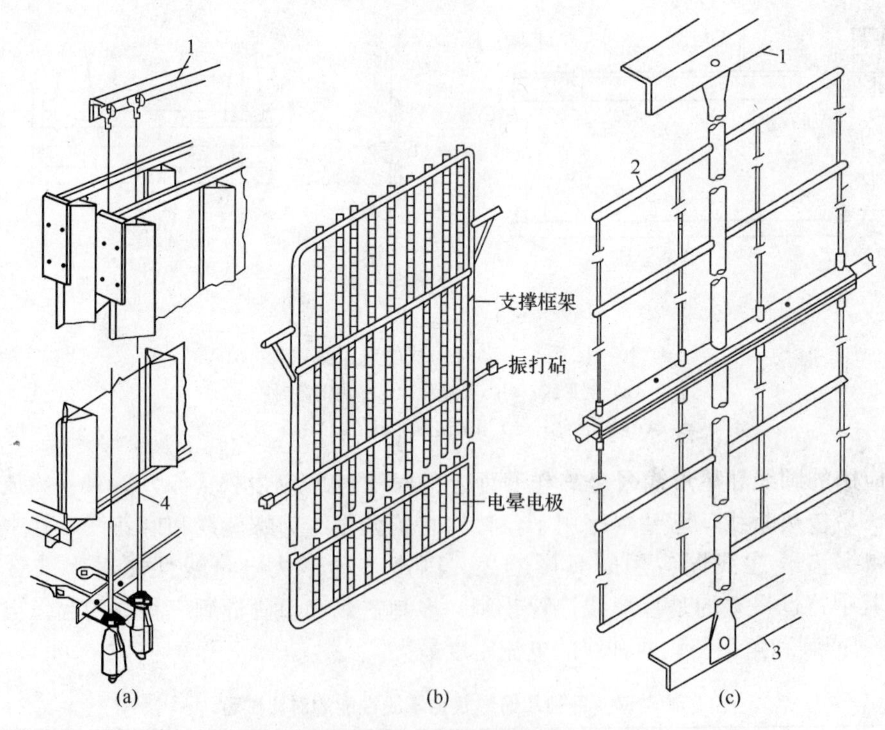

图 2-20　电晕线固定方式

（a）重锤悬吊式；（b）框架式；（c）桅杆式

1—顶部梁；2—横杆；3—下部梁；4—电晕极

（2）集尘极

集尘极应满足的基本条件是：电场强度及电流分布均匀性好；消耗金属少，制造及安装精度高；防止粉尘二次飞扬的性能好；振打性能好；具有足够的机械强度和刚度。

集尘极板一般采用 1.2～2mm 厚的钢板轧制成型，极板的形状有平板、波浪、网状、棒纬形、Z 形、C 形、CS 形、槽形、鱼鳞形等，如图 2-21 所示。集尘极通常由几块长条极板安装在一个悬挂架上组合成一排，一个电除尘器是由多排集尘极板组合而成。相邻两排的间距为 300～520mm。

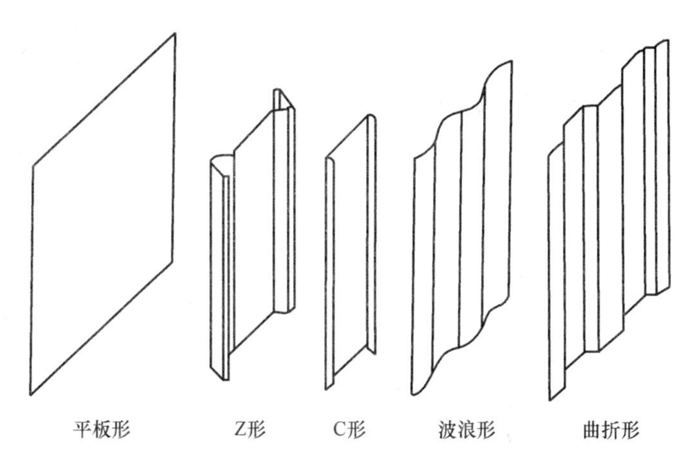

图 2-21　集尘极板形式

2）清灰系统

清灰系统由振打方式、振打强度和振打周期合理组合而成。清灰系统的基本要求是既要保证粉尘从电极上脱落，又不会造成粉尘的二次飞扬。常用的清灰装置是：撞击式、锤击式、颤动式三种。撞击式是通过弹簧凸轮机构利用电极本身的质量，产生周期性的振打动作而振落积灰，既可用于电晕极振打又可用于集尘极振打。锤击式是通过一定质量的锤头，随轴转动上升到某个位置时，锤头由于自身重力作用突然降落，锤击电极震落粉尘，常用于收尘极板振打。上述两种，只能调节其振打频率。颤动式是利用各种振动器（如电磁脉冲振动器），连续地抖动电极，使电极表面的粉尘随时脱落。与前两种不同的是，颤动式可以调节其振打强度和频率。

3）气体均匀布置

进入电除尘器的气体，在各个工作截面上的气流速度应力求均匀。如果气体流速相差大，则在流速高的部位，粉尘在电场中停留时间短，有些粉尘还来不及收下，就被气流带走，而且当粉尘从极板上振落时，二次飞扬的粉尘被气流带走的可能性增大，这都会降低收尘效率。因此，使气流均匀分布，对提高电除尘器的收尘效率，具有很大意义。

气流分布装置分三种：导流板主要用于进口处，通过改变气流的方向使气流在整个电除尘器横截面上均匀分布；分布板的形式主要有格子式分布板和多孔分布板两种。格子式分布板开孔率为 40％～60％；多孔分布板孔率为 25％～50％。常用多孔分布板为双层，如图 2-22所示。对于不能产生收尘作用的电场以外区间，例如收尘机板下面的灰斗，在该处加设阻流板 3，如图 2-23 所示，将气体横向阻隔，以减少未被收尘的气体带走粉尘。

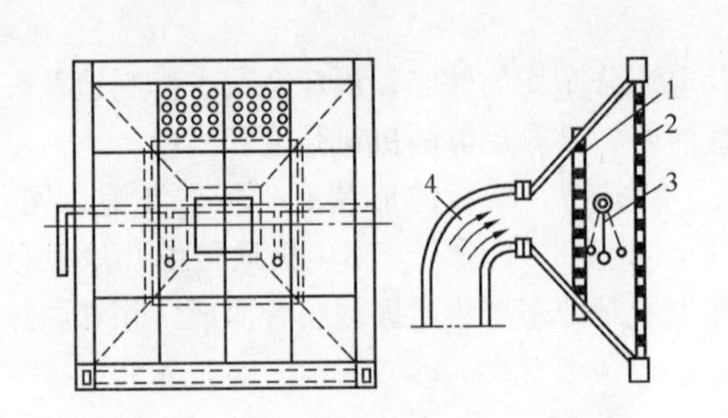

图 2-22　卧式电除尘器中的气流分布装置

1—第一层多孔板；2—第二层多孔板；3—分布板的振打装置（手动）；4—导流板（根据需要装设）

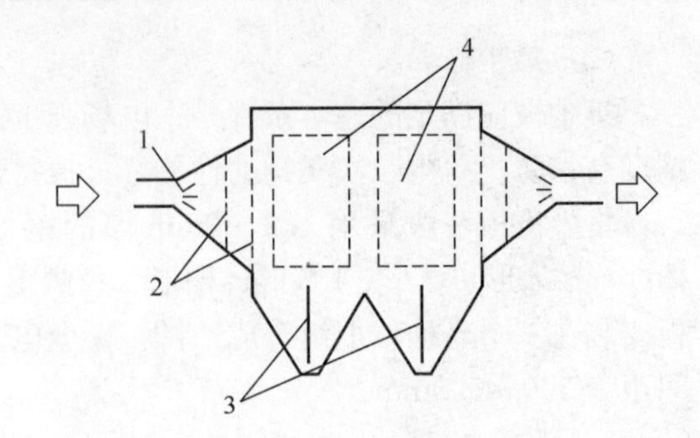

图 2-23　气流均布装置

1—导流板；2—分布板；3—阻流板；4—收尘电极

4）保温箱

保温箱是高压电的输入部分，如图 2-24 所示。电晕极带有高压电，为了保护它与壳体和集尘极间的良好绝缘，常用各种绝缘子。而绝缘子应保持清洁和干燥，以保持其绝缘性能。否则会使电压升不高，收尘器不能正常工作。保持绝缘子清洁和干燥的措施有：① 在保温箱内通入空气或其他清洁气体，以防止含尘气体进入；② 在保温箱内设置电加热器，加热保温箱内通入的空气，防止空气中的水汽和三氧化硫在绝缘子表面结露。

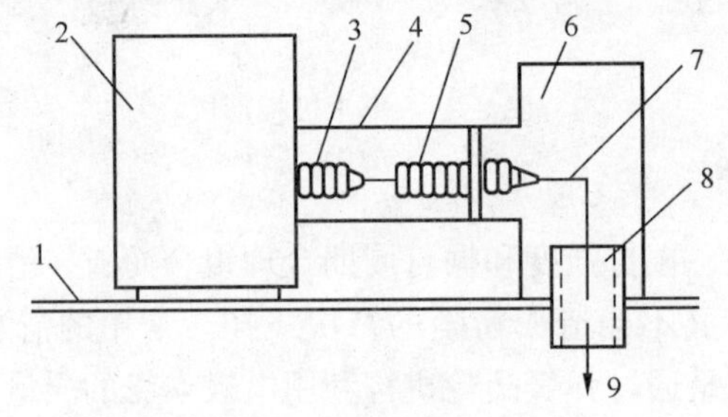

图 2-24　保温箱

1—收尘器顶部；2—整流器；3—高压输出；4—保护套管；5—穿墙绝缘子；6—保温箱；7—高压输入；8—穿墙绝缘子；9—至电晕极

5）排灰装置

电除尘器的排灰装置必须密封良好，工作可靠。如果密封不好，则易使电除尘器工作恶化，或者冷空气进入引起局部温度降低，水汽冷凝，锈蚀设备。正压操作时，则灰尘四溢，污染工作环境，这就需要能及时排灰，减少粉尘飞扬。电除尘器常用的排灰装置如图 2-25 所示。

5. 实例——三风机系统的窑尾电除尘

新型干法窑尾烟气的特点是：烟气量大、温度高、粉尘细而黏、20μm 以下占 95%，且含尘浓度较高。它与悬浮预热器窑的粉尘排放量很大程度上取决于一级筒的分离效率。一级筒效率为 90%～95%时，废气含尘浓度在 60～100g/m^3范围内，一般为 80g/m^3左右。电阻率高，且含有酸、碱氧化物等腐蚀性烟气。近年来，由于立磨具有电耗低、占地少、流程简单和操作灵活等特点，被水泥工业广泛采用。为了利用余热及减少向大气的废气排放，采用生料立式磨与窑尾混合除尘系统是一大趋势，即所谓的“窑磨一体”的生产工艺。这样，窑

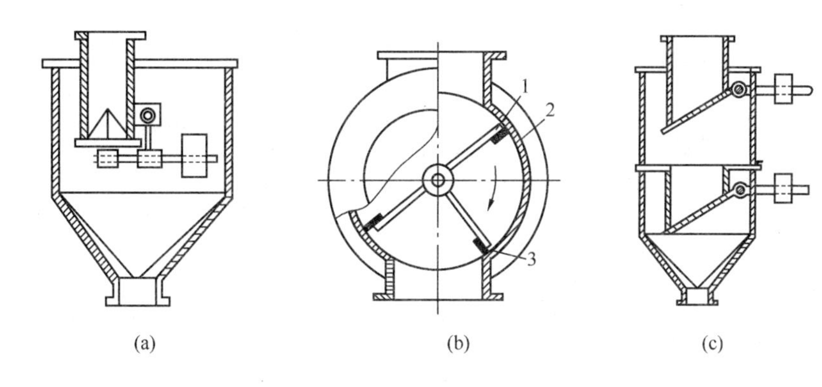

图 2-25　电除尘器常用的排灰装置

(a) 闪动阀；(b) 回转阀；(c) 双级重锤阀

尾系统的粉尘排放量占到整个生产线的二分之一，是水泥厂的环保控制重点；且窑单体操作与窑磨联合操作相互转换时，入除尘器烟尘工况（烟气量、温度、浓度、湿含量、电阻率粉尘粒度等）有较大变化，增加了除尘的难度。窑尾除尘系统一般采用三风机系统，可采用袋除尘器或卧式电除尘器，也可采用双风机系统（即取消窑磨一体机立磨后面的旋风除尘器及循环风机，此时的废气含尘浓度标立方米可达数百克至上千克），目前只有采用高浓度电或袋除尘器。

窑尾废气处理的工艺流程是：高温风机将来自窑尾高温废气的大部分送入原料粉磨车间作为烘干热源，出原料粉磨系统的废气与增湿塔降温后的多余窑尾废气汇合，经除尘器净化后，再由窑尾排风机经烟囱排入大气。增湿塔可布置在窑尾高温废气的主风管上或旁路风管上。除尘器和增湿塔收下的窑灰，经输送机入生料粉磨系统送往生料均化库。当窑系统运行而生料磨停机时，窑尾高温废气经增湿调质、降温后直接送入除尘器，收下的窑灰可直接送往生料入窑系统，或由输送设备送至生料均化库。

图 2-26 是目前非常典型的采用电除尘器处理水泥窑尾废气的工艺系统。从窑尾预热器出来的烟气先通过增湿塔和高温风机，然后分两路（一路直通，另一路通过立式磨、旋风除尘器和循环风机），经一个烟气汇风箱汇合后进入电除尘器。

应用这一系统时，还要注意以下情况。

① 两路烟气在进电除尘器前应设计有汇风箱，以利烟尘进入电场内的气流均布。

② 要特别注意操作对烟气温度和湿度的影响。粉尘的电阻率随温度和湿度（湿度常用露点表示）的变化而变化，通过调节烟气的湿度和温度将粉尘的电阻率降低到 $10^{11}\Omega \cdot cm$ 以下。

计算及实践表明，直接操作的高温烟气，露点温度需增湿到 50℃以上，温度降至 150℃以下，粉尘的电阻率才能降到要求的范围。在联合操作时，则应确保进电除尘器的烟气温度不高于 130℃，烟气露点不低于 47℃，否则除尘效果就会恶化。通常最适宜的烟气温度在 95℃左右，露点在 47～60℃之间，这时效率高而电耗少。

不能简单地按烟气量或生产线的规模来确定电除尘器的参数，还应根据用户提供的直接操作和联合操作两个烟气参数，才能对其进行合理地选择。

这种系统的电除尘器在两种操作方式分别连续进行时，除尘效果稳定。但在两种操作方式转换过程中会发生一些异常，甚至会超标排放。这是因为在操作方式转换时，粉尘的性质

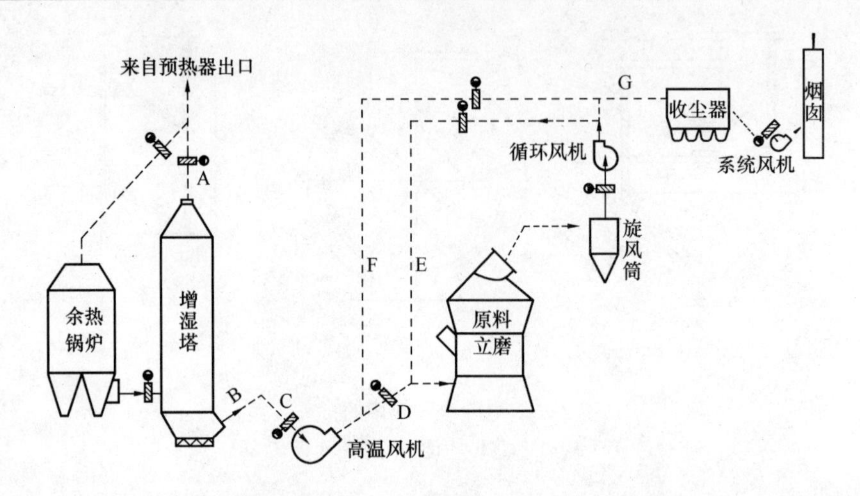

图 2-26　典型的采用电除尘器处理水泥窑尾废气的工艺系统

及烟气的温度和湿度会发生突变，这种突变由于除尘器内部电极上保持有原有的粉尘，所以需要一个适应过程。这一过程短则几分钟，长则数小时甚至几天。所以在转换操作时，要特别注意除尘效率的变化，并找到适应最短过程的操作规律。

2.3.4　电-袋复合式除尘器

1. “电-袋”除尘器的由来

① 电除尘器是利用粉尘颗粒在电场中荷电并在电场力作用下向收尘极运动的原理，实现烟气净化的。在一般情况下，当粉尘的物理、化学性能都适合时，电除尘器可达到很高的收尘效率且运行阻力低，所以是目前广泛应用的一种除尘设备，但它也存在一些不足。

首先，电除尘器的收尘效率受粉尘性能和烟气条件影响较大（如电阻率等）。其次，电除尘器虽是一种高效除尘设备，但其除尘效率与收尘极极板面积呈指数曲线关系。通常，一台三电场的电除尘器，其第一电场常有 80%～90%的除尘效率，而第二、三电场仅收集含尘量 $10g/Nm^3$（对旋窑而言）左右的烟尘。有时为了达到 $20\sim30mg/Nm^3$ 的低排放浓度，收集很少的粉尘，需要增设第四、五电场。也就是说，为了收集很少的粉尘而需增加很大的设备投资。

② 袋式除尘器有很高的除尘效率，不受粉尘电阻率性能的影响，但也存在阻力大、滤袋寿命短的缺点。

③“电-袋”除尘器，就是在除尘器的前部设置一个除尘电场，发挥电除尘器在第一电场能收集 80%～90%粉尘的优点，收集烟尘中的大部分粉尘，而在除尘器的后部装设滤袋，使含尘浓度低的烟气通过滤袋，这样可以显著降低滤袋的阻力，延长喷吹周期，缩短脉冲宽度，降低喷吹压力，从而大大延长滤袋的寿命。

“电-袋”除尘器与电除尘器一次投资比较如图 2-27 所示。“a”点的位置是根据不同烟尘性质而定，对电阻率高的烟尘“a”点将向左移。

该技术除尘效率为 99.80%～99.99%，颗粒物排放浓度可控制在 $30mg/Nm^3$ 甚至 $10mg/Nm^3$ 以下。该技术适用于窑头、窑尾高温废气的除尘治理。

2. “电-袋”除尘器需解决的主要技术问题

① 如何保证烟尘流经整个电场，提高电除尘部分的除尘效果。烟尘进入电除尘部分，

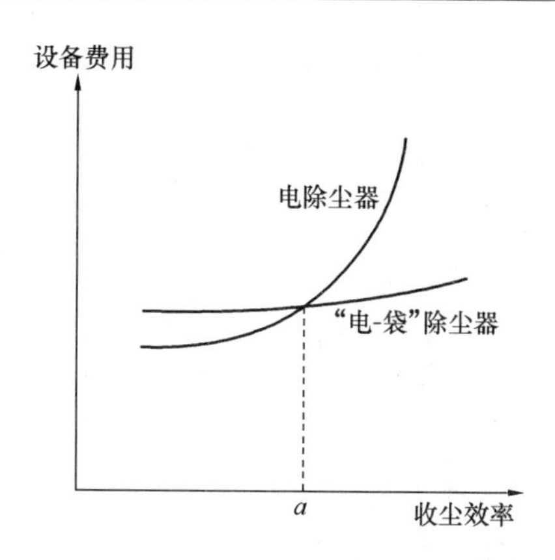

图 2-27　“电-袋”除尘器与电除尘器一次投资比较

以采用卧式为宜，即烟气采用水平流动，类似常规卧式电除尘器。但在袋除尘部分，烟气应由下而上流经滤袋，从滤袋的内腔排入上部净气室。这样，应采用适当措施使气流在改向时不影响烟气在电场中的分布（图 2-28）。

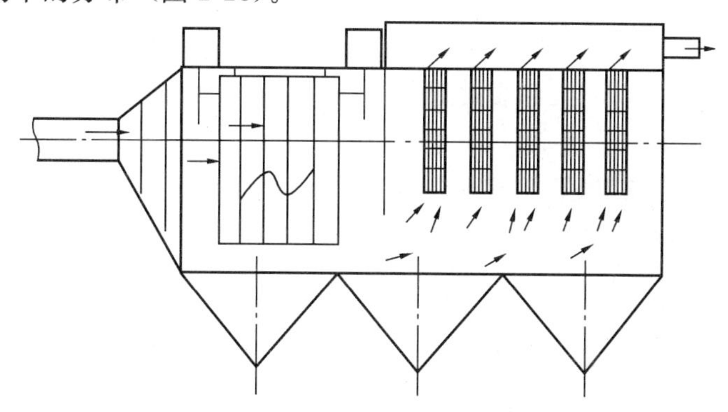

图 2-28　气流分布示意图

② 应使烟尘性能兼顾电除尘和袋除尘的操作要求。烟气的化学组成、温度、湿度等对粉尘的电阻率影响很大，很大程度上影响了电除尘部分的除尘效率。所以，在可能条件下应对烟气进行调质处理，使电除尘器部分的除尘效率尽可能提高。袋除尘部分的烟气温度，一般应小于 200℃、大于 130℃（防结露糊袋）。

③ 在同一个箱体内，要正确确定电场的技术参数，同时也应正确地选取袋除尘各个技术参数。在旧有电除尘器改造时，往往受原有壳体尺寸的限制，这个问题更为突出。在“电-袋”除尘器中，由于大部分粉尘已在电场中被捕集，而进入袋除尘部分的粉尘浓度、粉尘细度、粉尘颗粒级配等与进入除尘器时的粉尘发生了很大的变化。在这样的条件下，过滤风速、清灰周期、脉冲宽度、喷吹压力等参数也必须随着变化。这些参数的确定也需要慎重对待。

④ 如何使除尘器进出口的压差（即阻力）降至 1000Pa 以下。除尘器阻力的大小，直接影响电耗的大小，所以正确的气路设计，是减少压差的主要途径。

3. “电-袋”除尘器的特点

实践证明“电-袋”除尘器具有其独特的优点。

① 排放浓度能长期、稳定地保持在 30mg/Nm^3 以下，可以满足对环境质量有严格要求的地区使用。

② 由于烟气中的大部分粉尘在电场中被收集，除尘器的气路系统设计正确，所以除尘器的总压力降可以保持在700～900Pa之间，使除尘器的运行费用远远低于袋式除尘器。

③ 由于滤袋喷吹压力低，清灰周期长，滤袋厂家认为滤袋的寿命可大于4年（或5年），这样便可以降低维修费用。

④“电-袋”除尘器特别适用于旧有电除尘器的改造。在要求排放浓度小于30mg/Nm^{3}时，它的投资可低于单独采用袋除尘或电除尘器。

⑤ 该技术可去除烟气中的部分重金属（如汞），对烟气中的SO_2及NO_x有一定的吸附作用。

综上所述，电-袋复合式除尘技术适应性强，不受烟尘电阻率性能影响；能够显著降低滤袋的阻力，延长喷吹周期，缩短脉冲宽度，降低喷吹压力，延长滤袋的使用寿命；适用于环境敏感地区水泥厂的窑头、窑尾及老电除尘器的改造。对制造、安装、运行及维护都有较高要求。

“电-袋”除尘器是电除尘器和袋式除尘器的简单组合叠加吗?

2.4 气体状态污染物的防治技术

2.4.1 气态污染物控制技术

从混合气体中脱除气态污染物主要采用气体吸收、吸附和催化操作。

1. 气体吸收

气体吸收是溶质从气相传递到液相的相际间传质过程。气体溶解于溶剂中的物理过程，而不伴有显著的化学反应，为物理吸收（如用水吸收NH_3、SO_2、CO_2等）。工业生产中，为了增大对气态污染物的吸收率和吸收速度，多采用化学吸收。化学吸收是伴有显著化学反应的吸收过程，被溶解的气体与吸收剂（或与原先溶于吸收剂中的其他物质）进行化学反应，也可以是两种同时溶解进去的气体进行的气体发生化学反应。如用各种酸溶液吸收NH_3，用碱溶液吸收SO_2、CO_2、H_2S等。化学吸收机理远比物理吸收复杂，而且因反应系统的情况不同而各有差异。

工业上的吸收操作常常是化学吸收，其吸收剂一般不是纯水而是其他液体或溶有活性物质的溶液。若所进行的化学反应是可逆的，吸收剂还可以循环使用。

2. 气体吸附

气体吸附是用多孔固体吸附剂将气体（或液体）混合物中一种或数种组分被浓集于固体表面，而与其他组分分离的过程。被吸附到固体表面的物质被称为吸附质，附着吸附质的物质为吸附剂。吸附过程能够有效脱除一般方法难于分离的低浓度有害物质，具有净化效率高、可回收有用组分、设备简单、易实现自动化控制等优点；其缺点是吸附容量小、设备体积大。根据吸附剂表面与被吸附物质之间作用力的不同，可分为物理吸附和化学吸附。

（1）物理吸附的特征

① 吸附质与吸附剂间不发生化学反应。

② 吸附过程极快，参加吸附的各相间常常瞬间即达平衡。

③ 吸附为放热反应。

④ 吸附剂与吸附质间的吸附力不强，当气体中吸附质分压降低或温度升高时，被吸附的气体易于从固体表面逸出，而不改变气体原来性质。工业上的吸附操作正是利用这种可逆性进行吸附剂的再生及吸附质回收的。

（2）化学吸附的特征

化学吸附是由吸附剂与吸附质间的化学键力而引起的，是单层吸附，吸附需要一定的活化能。化学吸附的吸附能力较强，主要特征如下：

① 吸附有很强的选择性。

② 吸附速率较慢，达到吸附平衡需要相当长的时间。

③ 升高温度可提高吸附速率。

应当指出，同一污染物可能在较低温度下发生物理吸附，而在较高温度下发生化学吸附，即物理吸附发生在化学吸附之前，当吸附剂逐渐具备足够高的活化能后，就能发生化学吸附。两种吸附可能同时发生。

（3）吸附剂的性质

虽然所有的固体表面，对于流体或多或少的具有物理吸附作用，但合乎工业要求的吸附剂，必须具备以下条件。

① 要有巨大的内表面，而其外表面往往仅占总表面的极小部分，故可看作是一种极其疏松的固态泡沫体。例如，硅胶和活性炭的内表面分别高达500m^2/g和1000m^2/g以上。

② 对不同气体具有选择性的吸附作用。例如，木炭吸附SO_2或NH_3的能力较吸附空气为大。一般地说，吸附剂对各种吸附组分的吸附能力，随吸附组分沸点的升高而加大。在与吸附剂相接触的气体混合物中，首先被吸附的是高沸点的组分。在多数情况下，被吸附组分的沸点与不被吸附组分（即惰性组分）的沸点相差很大，因而惰性组分的存在，基本上不影响吸附的进行。

③ 较高的机械强度、化学与热稳定性。

④ 吸附容量大。吸附容量是指在一定温度和一定吸附质浓度下，单位质量或单位体积吸附剂所能吸附的最大吸附质量。吸附容量除与吸附剂表面积有关，还与吸附剂的空隙大小、孔径分布、分子极性及吸附剂分子上官能团性质有关。

⑤ 来源广泛，造价低廉。

⑥ 良好的再生性能。

（4）常用工业吸附剂

工业上广泛应用的吸附剂主要有5种：活性炭、活性氧化铝、硅胶、白土和沸石分子筛。表2-13给出了常用吸附剂的一般特征。

3. 气体催化净化

催化净化是指含有污染物的气体通过催化剂床层的催化反应，使其中的污染物转化为无害或易于处理与回收利用物质的净化方法。催化净化方法对不同浓度的污染物都有较高的净化率，无需使污染物与主气流分离，避免了其他方法可能产生的二次污染，并使操作过程简化，因此该方法在大气污染控制中得到较多应用。如 SO_2 通过催化剂转化成 H_2SO_4，净化了废气且 H_2SO_4 又可回收利用；但催化剂较贵，且污染气体预热需要消耗一定能量。

表 2-13　常用吸附剂的一般特征

吸附剂类型	活性炭	活性氧化铝	硅胶	沸石分子筛		
				4A	5A	13X
堆积密度(kg/m^3)	200～600	750～1000	800	800	800	800
比热容[kJ/(kg·K)]	0.836～1.254	0.83～1.045	0.92	0.794	0.794	—
操作温度上限(K)	423	773	673	873	873	873
平均孔径(nm)	1.5～2.5	1.8～4.8	2.2	0.4	0.5	1.3
再生温度(K)	373～413	473～523	393～423	473～573	473～573	473～573
比表面积(m^2/g)	600～1600	210～360	600	—	—	—

1）催化作用

化学反应速度因加入某种物质而改变，而被加入物质的数量和性质在反应终了时不变的作用称为催化剂作用。

催化作用有两个显著特征。其一，催化剂只能加速化学反应速度，对于可逆反应速度的影响是相同的，因而只能缩短达到平衡的时间，而不能使平衡移动，也不能使热力学上不可能发生的反应发生。其二，催化作用有特殊的选择性，这是由催化剂的选择性决定的。

2）催化剂

凡是能加速化学反应速度，而本身的化学组成在反应前后保持不变的物质，称为催化剂。它的特点是能降低该反应的活化能，使它进行得比均相时更快，但是它并不影响化学反应的平衡。例如，用氧使二氧化硫氧化时，不论用铂、氧化铁或五氧化二钒作催化剂，其平衡组成总是一样的。即对于平衡系统中，它既促进了正反应，同时也加速了逆反应。

（1）催化剂的组成

催化剂的种类很多，就其物质组成来看，有的由一种物质组成，有的由几种物质所组成。工业催化剂大多是由多种物质组成的复杂体系。按其存在形式可分为气态、液态、固态三类，其中固体催化剂在工业上应用最为广泛，亦最重要。

催化剂通常由活性组分、助催化剂和载体组成。活性组分是催化剂的主体，它能单独对化学反应起催化作用，可作为催化剂单独使用。助催化剂本身无活性，但具有提高活性组分活性的作用。载体则起承载活性组分的作用，使催化剂具有合适形状与粒度，从而有大的比表面积，增大催化活性，节约活性组分用量，并有传热、稀释和增强机械强度作用，可延长催化剂使用寿命。常用的载体材料有硅藻土、硅胶、活性炭、分子筛以及某些金属氧化物（如氧化铝、氧化镁等）多孔性惰性材料。助催化剂和活性组分都附于载体上，制成球状、柱状、片状、蜂窝状等。

净化气态污染物的几种常见催化剂见表 2-14。

表 2-14　净化气态污染物的几种常用催化剂

用途	主要活性物	载体
有色冶炼烟气制酸，硫酸厂尾气回收制酸等 $SO_2 \rightarrow SO_3$	V_2O_5 含量 6%～12%	SiO_2（助催化剂 K_2O 或 Na_2O）

续表

用途	主要活性物	载体
硝酸生产及化工等工艺尾气 $NO_x \to N_2$	Pt、Pd 含量 0.5%	Al_2O_3-SiO_2
	$CuCrO_2$	Al_2O_3-MgO
碳氢化合物的净化 $CO+HC \to CO_2+H_2O$	Pt、Pd、Rh	Ni、NiO、Al_2O_3
	CuO、Cr_2O_3、Mn_2O_3稀土金属氧化物	Al_2O_3
汽车尾气净化	Pt（0.1%）	硅铝小球，蜂窝陶瓷
	碱土、稀土和过渡金属氧化物	α-Al_2O_3、γ—Al_2O_3

（2）催化剂的性能

催化剂的性能主要指其活性、选择性和稳定性。

① 催化剂的活性：催化剂活性是衡量催化剂效能大小的标准。在工业上，催化剂的活性常用单位体积（或质量）催化剂，在一定条件（温度、压力、空速和反应物浓度）下，单位时间内所得的产品量来表示，即

$$A = \frac{W}{tW_R} \tag{2-1}$$

式中，A 为催化剂活性，kg/(h·g)；W 为产品质量，kg；t 为反应时间，h；W_R为催化剂质量，g。

② 催化剂的选择性：所谓催化剂的选择性是指当化学反应在热力学上有几个反应方向时，一种催化剂在一定条件下只对其中的一个反应起加速作用的特性。

活化与选择性是催化剂本身最基本的性能指标，是选择和控制反应参数的基本依据。二者均可度量催化剂加速化学反应速度效果，但反映问题的角度不同。活性指催化剂对提高产品产量的作用，而选择性则表示催化剂对提高原料利用率的作用。

③ 催化剂的稳定性：催化剂在化学反应过程中保持活性的能力称为催化剂稳定性。它包括热稳定性、机械稳定性和化学稳定性三个方面，三者共同决定了催化剂在反应装置中的使用寿命，所以常用寿命表示催化剂的稳定性。

影响催化剂寿命的因素主要有催化剂的老化和中毒两个方面。所谓催化剂的老化是催化剂在正常工作条件下逐渐失去活性的过程。这种失活是由低熔点活性组分的流失、催化剂烧结、低温表面积炭结焦、内部杂质向表面迁移和冷热应力交替作用所造成的机械性粉碎等因素引起的。温度对于老化影响较大，工作温度越高、老化速度越快。在催化剂对化学反应速度发生明显加速作用的温度范围（活性温度）内选择合适的反应温度，将有助于延长催化剂的寿命。

中毒是指反应物中少量的杂质使催化剂活性迅速下降的现象。导致催化剂中毒的物质称为催化剂的毒物，中毒的化学本质是由于毒物比反应物对活性组分具有更强的亲和力。中毒可分为暂时性中毒与永久性中毒。前者，毒物与活性组分亲和力较弱、可通过水蒸气将毒物驱离催化剂表面，使催化剂表面恢复活性；后者，毒物与活性组分亲和力很强、催化剂不能再生。所以选择催化剂时，除考虑催化剂的活性、选择性、热稳定性和一定的机械强度之外，还应尽量使其具有广泛的抗毒性能。为了避免催化剂中毒，应了解反应物原料中哪些是该反应所用催化剂的毒物及致毒剂量。如果原料气体中混有毒物，就应将原料气体预净化处理以去除毒物。

如何延长催化剂的使用寿命?

2.4.2 氮氧化物减排技术

以水泥生产工艺减排氮氧化物技术通常称为一次减排技术，生产工艺以外的减少氮氧化物的措施称为二次治理技术。

1. 一次减排技术

针对水泥烧成过程中，氮氧化物形成的机理，采用适当的生产工艺，减少氮氧化物的生成。影响NO形成的因素较多，人们对此采取的措施其中有些是很有效的，有些还在实验中和探索中，有些还存在争议。

(1) 采用低氮燃烧器

煤粉燃烧器是水泥熟料烧成系统的关键组成部分，其性能及操作的好坏直接影响到系统产量、熟料质量、热耗、回转窑耐火砖使用寿命、水泥窑尾气成分是否环保等问题。在降低煤耗方面，主要是要使燃料最大限度的充分燃烧，这样就要尽量降低温度较低的一次风量，提高温度较高的二次风的用量；在降低氮氧化物排放量方面，要提高外风的喷射速度，降低氧和氮分子在火焰高温区的停留时间，减少形成NO_x的机会。因此，这类燃烧器的燃烧推动力较大，一次空气的比例很小，空气和燃料的混合点燃迅速，火焰形状粗壮，燃料在高温区的停留时间短、氮氧化物形成量减少。

(2) 降低烧成温度

水泥回转窑主燃烧器的火焰温度为1700～1900℃，大型现代预分解窑甚至超过2000℃，气流在1200℃以上的停留时间超过3s，高温对减少热NO不利，可通过调整配料、加矿化剂等方法降低烧成温度以减少热NO形成。但从熟料和水泥性能等方面考虑，这类措施并非普遍适用。

(3) 降低过剩空气系数

图2-29为德国2台回转窑窑尾入料端NO浓度与过剩空气系数的关系。D窑为ϕ(3.8m/3.2m)×48m日产熟料1550t的5级旋风预分解窑；F窑是ϕ(6.0m/5.6m)×90m的半干法窑。从中可以看出，过剩空气系数只有降到1.1以下才能显著降低NO的形成量，然而降低过剩空气系数会产生还原性煅烧，对熟料的质量不利，并易使SO_2产生，所以这一措施很少采用。

(4) 火焰长度

从理论计算得出，由于火焰拉长降低了高温点温度，可以减少NO的生成量，但实际生产中通常是短火焰虽然温度较高，产生的NO量却比长火焰的少，因为短火焰核心部位缺少空气，烟气在高温区停留时间短。

(5) 窑截面空气流量

在相同热能流量下，窑截面空气流量与燃烧气体在高温区的停留时间成反比，截面空气流量越高，形成的NO量越少。日本有些4000～9000t/d的大型预分解窑，既有三次风管又

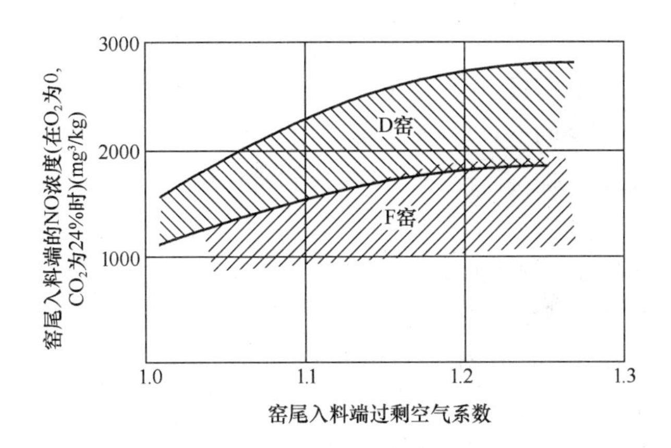

图 2-29　窑尾入料端 NO 浓度与过剩空气系数的关系

提高了窑内风速，截面空气流量≥2kg/(m^2·s)，窑的 NO_x 排放量比较低，这一事实也证明窑截面空气流量确实影响 NO_x 排放量。

(6) 第二燃烧系统

第二燃烧系统指所有在窑尾包括分解炉内的第二把火，这里燃烧温度低，NO 的产生主要来自于燃料中的氮的含量。然而这里的反应与条件关系密切，若于 1000～1200℃气体温度区，在过剩空气系数≤0.9 的缺氧条件下加入燃料，不仅能减少由燃料氮形成的 NO 量，还能将由窑头产生的热 NO 部分还原为 N_2。若有碳氢原子团存在、更能促进这个还原反应，例如使用气体燃料、废橡胶或高挥发分的煤如褐煤等。

另外，这里的燃料与烟气的混合不是完全均匀的，存在局部还原气氛，有利于 NO 的还原反应。若有较多的内循环物如碱的氯化物，能对燃料燃烧起抑制作用，也会促进 NO 的分解。目前在第二燃烧系统中比较有效的也是用得比较多的措施，是在分解炉上将燃料燃烧过程分两级或多级进行控制。燃料从第一级加入，第一级为还原气氛，用于将 NO 还原为 N_2。在第一级缺氧条件下产生的燃烧气体、含有 CO 和有机物等未完全燃烧组分，在第二级加入三次风的富氧条件下、完全氧化为 CO_2 和 H_2O，用这种方法可将 NO_x 排放量降低 50%左右。

2. 二次治理技术

NO 产生后，目前世界上采用如下方法使其减少。

(1) 选择性非催化还原法（SNCR）

选择性非催化还原法是往高温烟气（850～1100℃）中喷入还原剂，在还原剂的作用下将烟气中的氮氧化物还原成氮气和水，还原剂常用氨或尿素。

该技术系统简单，水泥厂可在窑尾的某些部位（如分解炉）喷入氨水或尿素等溶液。减排效果达 30%～40%，氮氧化物排放浓度可降到 500mg/Nm^3 以下。NH_3 在有氧存在的条件下发生如下反应：

$$NH_3+OH \longrightarrow NH_2+H_2O \tag{2-2}$$

$$NH_2+NO \longrightarrow N_2+H_2O \tag{2-3}$$

$$NH_2+OH \longrightarrow NO+\cdots \tag{2-4}$$

NH_3 与 NO 的反应在低温下很慢，超过 800℃才会有足够快的反应速度，最有效的加入温度又称温度窗，为 900～1000℃。温度再高，反应式（2-4）逐渐起主导作用，NO 还原率下降，在 1250℃左右加入的 NH_3 甚至会形成 NO。若有还原剂（如氢）存在，会将温度窗向低温推移，因为所形成的 OH 原子团能加速 NH_3向 NH_2转化。

选择 SNCR 法时加入的 NH_3不一定完全反应，有效反应率有时达不到理论值的 80%，通常只有 40%～60%，剩余的 NH_3一部分随废气排放，一部分附着在粉尘上，因此实际生产中常以低于化学计量配比加入。若将窑灰掺入到水泥中更应控制 NH_3加入量，并要监测水泥中的氨含量。

(2) 选择性催化还原法（SCR）

选择性催化还原技术是在适当的温度（300～400℃）下，在水泥窑预热器出口处，安装催化反应器，且在反应器前，往管内喷入还原剂（如 NH_3或尿素），在催化剂的作用下，提高脱硝效率，将烟气中的氮氧化物还原成氮气和水。SCR 工艺还原效率高（一般为 70%～90%）。但 SCR 工艺一次性投资较大，运行成本主要视催化剂的寿命。同时水泥窑废气粉尘浓度高，且含有碱金属，易使催化剂磨损、堵塞和中毒。需要采用可靠的清灰技术和合适催化剂。该技术适用于 100～200mg/Nm^3的氮氧化物排放要求。

各种氮氧化物减排技术措施的实际效果见表 2-15。

表 2-15　各种氮氧化物（NO_x）减排技术措施的实际效果

<table>
<tr><th rowspan="2">序号</th><th rowspan="2">采用下列某一种措施为主，辅以其他相应措施的情况下</th><th colspan="2">窑废气可能达到的</th></tr>
<tr><th>NO_x的削减率（%）</th><th>NO_x排放浓度（mg/Nm^3）</th></tr>
<tr><td>1</td><td>低氮燃烧器</td><td>5～20</td><td rowspan="3">1000～800</td></tr>
<tr><td>2</td><td>保持全窑系统稳定均衡运行</td><td>5～10</td></tr>
<tr><td>3</td><td>分解炉阶段燃烧</td><td>10～20</td></tr>
<tr><td>4</td><td>选择性非催化还原技术——SNCR 法</td><td>30～40</td><td>400～500</td></tr>
<tr><td>5</td><td>选择性催化还原技术——SCR 法</td><td>70～90</td><td>100～200</td></tr>
</table>

2.4.3　二氧化硫治理技术

因水泥窑中大部分的硫以硫酸盐的形式保留在水泥熟料中，二氧化硫（SO_2）排放并不是突出问题，精心选择和控制进入水泥窑的物料品质，如较低的 S、N、Cl^-、金属含量，以减少 SO_2等有害大气污染物的排放。但使用较高挥发性硫含量的原燃料，点窑时仍会造成 SO_2超标排放。水泥生产过程降低 SO_2排放的措施很多，主要分为三类，即优化水泥生成过程、自行脱硫，改变水泥生产工艺和采取 SO_2二次脱除技术。

1. 优化生产过程

控制 SO_2的排放首先要保证回转窑的平稳运行，控制物料在预热器、分解炉、回转窑中均匀分布，加大硫与碱性物质的接触面积，同时控制合适的硫碱比，提高物料的易烧性。控制烧成带的 CO 含量及火焰形状等。

2. 优化燃烧器的设计

在新型干法窑气中存在的 SO_2和 O_2以及物料在烧成带的停留时间较短等因素、会阻碍 $CaSO_4$分解反应的进行；但当烧成带温度超过 1250℃时，该反应还是会剧烈进行。应该通过改善水泥燃烧器的设计和操作（气氛调整加温度控制等技术措施），控制窑和预热器之间的硫循环、进一步降低 SO_2排放量。

3. 采用窑磨一体机运行和袋式除尘器

采用窑磨一体的废气处理方式，把窑尾废气引入生料粉磨系统。在生料磨内，由于物料受外力的作用，产生大量的新生界面，具有新生界面的 $CaCO_3$ 有很高的活性，在较低的温度下，能够吸收窑尾废气中的 SO_2；同时生料磨中，由于原料中水分的蒸发，有大量水蒸气存在，加速了 $CaCO_3$ 吸收 SO_2 的过程，把 SO_2 转变成 $CaSO_4$，使窑尾废气中的 SO_2 固定下来。

根据德国水泥研究所 1996 年的研究报告，预热器系统对 SO_2 吸收率为 40%～85%，主要影响因素除水蒸气含量外，还有废气温度、粉尘含量和氧含量。增湿塔的 SO_2 吸收率较低，最高仅为 10%～15%；生料磨的吸收率在 20%～70%，受工况影响较大，如原料湿含量、磨内温度和在磨内停留时间，粉尘循环量和生料粉磨细度等都是影响吸收率的因素。

在对使用袋除尘器治理窑尾废气的检测中发现，SO_2、NO_2 浓度在除尘器进出口有较大的差别，其浓度消减了 30%～60%。这是由于袋除尘器的滤袋表面捕集的碱性物质与试图通过滤袋的酸性物质结合成盐类，从而降低了酸性气体的浓度。袋除尘器滤袋为载体，通过酸性物质与碱性物质结合成盐类、削减有毒有害气体的功能应进一步开发，使袋除尘器成为治理水泥工业粉尘和有害气体的多功能设备。

4. 二次治理技术

同 NO_x 治理措施一样，以水泥生产工艺减排二氧化硫技术通常称为一次减排技术，生产工艺以外的减少 SO_2 的措施称为二次治理技术。对生产工艺以外的减少 SO_2 的措施，主要介绍国外水泥行业的一些经验。

（1）吸收剂喷注法

吸收剂主要采用 $Ca(OH)_2$。在预热器 350～500℃区间均匀喷入 $Ca(OH)_2$，控制合适的钙硫比，脱硫效果明显；另外该吸收剂的组分直接进窑作为生料的组成部分，烧制成熟料，没有二次废物需要处理，有利于提高生料的易烧性。Polysius 公司开发了一种 Polydesox 系统，即将熟石灰喂入上面两级旋风筒之间的连接管道或者喂入第二级旋风筒，该公司报道脱硫效率可达到 85%。

（2）采用湿式洗涤器

湿式洗涤器可以处理预热器和窑旁路放风系统的废气，可以将主烟囱的 SO_2 排放量降低 90%～95%。湿式脱硫法已广泛应用于很多行业像电力、冶金行业，目前国外有多家水泥厂也采取了该方法。如 Fuller 公司，通过采用湿式洗涤器可以得到含水 10%～15%石膏，此种质量的石膏可以部分替代水泥粉磨过程中使用的石膏。

（3）热生料注入法

从分解炉出口抽取部分窑废气进入外加的旋风除尘器，收集废气中含有的热生料喷入预热器最上面两级旋风筒的出风管。Fuller 公司的 D-SO_x 旋风系统便属于此类，该旋风除尘器安装在上面两级旋风筒之间的连接管道附近，从分解炉出口引出一部分废气进入旋风除尘器，然后将收集下的粉尘喂入上面两级旋风筒之间的废气管道。热生料中包含大量的活性 CaO，在钙硫比为 5～6 的情况下，脱硫效率可以达到 25%～30%。对原料中硫铁矿含量高的水泥厂而言，大约 5%～10%分解炉废气即可满足要求。

（4）活性炭吸附技术

当烟气中有氧和水蒸气时，由于活性炭表面积大且具有催化作用，使其吸附的 SO_2 被烟气中的O_2氧化为SO_3，SO_3再和物料反应生成硫酸盐。该技术也可吸附二噁英、汞等挥发性重金属及其他污染物，适用于窑尾除尘器后。

为什么水泥窑排放的SO_2比其他工业窑炉（如电力锅炉）要少得多?

2.4.4 二氧化碳减排技术

我国是一个水泥大国，2005年水泥产量已达10.6亿t，2013年水泥产量更达到24.1亿t。水泥工业不仅排放燃料燃烧产生的CO_2，还排放石灰石原料分解的CO_2，是工业部门中排放CO_2大户。第1章中分析了水泥生产过程中产生CO_2的原因、巨大数量及危害，本章简述CO_2的减排。在改变水泥生产原料种类、水泥熟料矿物组成、余热利用、使用废弃物等方面减排CO_2有较大的空间。

1. 水泥生产减排二氧化碳的途径

1）用大中型新型水泥生产线代替其他高热耗水泥工艺生产线

基于国情，我国现存水泥生产工艺从立窑生产逐步过渡到大型新型干法生产工艺。从表2-16可以看出，不同水泥生产工艺、规模对应的水泥熟料烧成热耗差距很大，二氧化碳的排放量也各不相同。

表2-16 不同水泥生产工艺、规模对应的熟料单位热耗及烧成用煤

工艺及规模	立窑	立波尔窑	湿法窑	预热器窑	中小型预分解窑	大型新型干法窑
热耗（kJ/kg熟料）	4400	3762	6072	3762	3400	3100
烧成用煤（t/t熟料）	0.200	0.171	0.276	0.171	0.155	0.141

水泥行业在国家“十五”开始，通过宏观调控政策的影响，新型干法水泥的比重迅速提高，截止2010年底，国内新型干法水泥已占水泥生产总量的80%以上。目前，水泥行业正处于快速结构调整阶段，新型干法水泥生产线的数量、规模和比重都在急速地提高，产业集中度也在快速上升，有利于水泥工业的污染防治工作。我国近十年的水泥产量及新型干法水泥情况见表2-17。

表2-17 2001～2010年我国新型干法水泥产量统计表

年份	水泥总产量（万t）	其中新型干法水泥产量（万t）	新型干法水泥比例（%）
2001	66400	9370	14.1
2002	72500	12340	17.0
2003	86200	18970	22.0
2004	97000	31630	32.6
2005	106000	47270	44.6
2006	124000	60210	48.6
2007	136000	71490	52.6
2008	138800	85810	61.8
2009	165000	126850	76.9
2010	186800	149440	80.0

2）余热利用减排

水泥生产过程排放带有余热的废气，为回转窑窑尾废气和冷却熟料产生的废气。新型干法水泥生产线窑尾废气温度为320～340℃左右，排气量约2.5Nm^3/kg熟料；冷却熟料产生的废气除用于二次风、三次风及烘干燃料外，排放的尾气温度为250℃左右，排气量约1.5Nm^3/kg熟料。这些带有余热的废气可用于烘干原燃料和低温余热发电。

（1）烘干原燃料

用废气的余热烘干原燃料可省去烘干用煤，生产每吨水泥熟料可省去烘干用煤0.02t，减少0.0476t CO_2排放。

（2）低温余热发电

目前新型干法水泥生产工艺，把窑尾废气用于原料烘干，使生料磨和窑一体化工作。一般来说，生料磨仅用窑尾废气的70%，其余用于余热发电；冷却熟料的尾气可全部用于余热发电，若余热发电后排气温度为150℃，那么每生产1t水泥熟料低温余热发电量约为30kW·h。

按发1kW·h电燃用发热量为22000kJ/kg的0.5kg原煤计算，生产1t水泥熟料低温余热发电量相当于减少发电用煤15kg，即可少排35.7kg CO_2。一条年产150万t（5000t/d）水泥熟料的新型干法生产线每年可减排5.355万t二氧化碳。

3）采用替代燃料减排

用可燃性废弃物替代煤煅烧水泥熟料，在提供同样热量的情况下，用可燃性废弃物中含有碳的总量少于煤，燃烧后排出的CO_2总量也少于煤。根据英国和美国近年来水泥行业利用可燃废料的经验表明，在相同单位热耗的情况下，每生产1t熟料燃烧所生产的温室气体CO_2的数量，一般只有烧煤时的一半左右。

我国城市生活垃圾年产生量已达1.5亿t，年增长率达9%，少数城市已达到15%～20%。这些数量庞大的生活垃圾严重污染着城市及城市周围的生态环境，给国民经济造成重大损失。如何处理和利用城市生活垃圾成为世界各国十分重视的问题。先进国家对垃圾的处理经验说明，水泥工业有利用城市生活垃圾热量和物质的基本条件。热值为6000kJ/kg的城市生活垃圾对热值为22000kJ/kg的煤同热量替代率为0.84。用城市生活垃圾替代20%的煤煅烧水泥熟料，可以认为煅烧水泥熟料减排了0.84×20%=16.8% CO_2。按生产1t水泥熟料产生用煤0.155t计算，一条2000t/d新型干法生产线用城市生活垃圾替代20%的煤，一年可至少减排3.72万t CO_2。这还没有考虑城市生活垃圾自然堆放会产生温室效应更强的甲烷或自燃产生CO_2等温室气体的影响。

另外，综合考虑，垃圾焚烧发电的同热量替代率不到0.5；因此，与城市生活垃圾焚烧发电相比，水泥厂处理城市生活垃圾对热量的利用率高50%，即水泥厂处理城市生活垃圾比垃圾焚烧发电可减排50% CO_2。

4）改变原料或熟料化学成分减排

（1）用不产生CO_2且含有CaO的物质作原料

不产生CO_2又含有CaO且对水泥熟料形成无不利影响的物质在天然原料中很难找到，但是其他工业的废渣中往往含有CaO而不会产生CO_2。如化工行业的电石渣主要化学成分为$Ca(OH)_2$，1t无水电石渣含0.54t CaO，用电石渣作为水泥生产原料，不会排除CO_2。与以石灰石含65% CaO作为水泥生产原料相比，利用1t无水电石渣相当于减排0.425t

CO_2。又如高炉矿渣、粉煤灰、炉渣中都比黏土含有更多的CaO，能减少配料中石灰石的比例，这些经高温煅烧的废渣在生产水泥时不会再排出CO_2。上述废渣每提供1t CaO则减少排放0.7857t CO_2。另外，上述废渣作为原料生产水泥还能降低熟料烧成温度，从而降低煤耗，也起着减排CO_2的作用。

（2）降低水泥熟料中CaO含量

先行硅酸盐水泥熟料要求含有较高的硅酸三钙（C_3S），因此熟料化学成分中CaO含量在65%左右。若在保证证水泥熟料的前提下，降低熟料化学成分中CaO的含量，将减少生产水泥熟料的石灰石用量；有助于减排CO_2。水泥熟料中CaO含量每降低1%，生产1t水泥熟料减排7.857kg CO_2。目前，国内外进行低钙水泥熟料体系的研究和开发，即降低熟料组成中CaO的含量，相应增加低钙贝利特矿物的含量，或引入新的水泥熟料矿物，可有效降低熟料烧成温度，减少生料石灰石的用量，降低熟料烧成热耗。低钙贝利特水泥是以贝利特矿物（C_2S）为主，其含量在50%左右，该水泥与通用硅酸盐水泥同属硅酸盐水泥体系，其烧成温度为1350℃左右，比通用硅酸的盐水泥低100℃，在水泥性能上，低钙硅酸盐水泥28d抗压强度与通用硅酸盐水泥相当，后期强度高出通用硅酸盐水泥5～10MPa，比现行硅酸盐水泥熟料少排10%左右的CO_2。贝利特硫铝酸水泥可把熟料中CaO降到45%，每吨熟料比现行硅酸盐水泥熟料少排约0.16t CO_2。

5）提高水泥、混凝土质量以提高熟料强度和减少水泥熟料含量

（1）减少水泥熟料用量

减少水泥熟料用量表现在两个方面，其一是磨制水泥在保证水泥性能的同时多加混合材；其二是在拌制混凝土时使用替代水泥材料。粉煤灰、高炉矿渣等活性材料和石灰石等非活性材料是常用的水泥混合材料和替代水泥材料，这些材料在磨制水泥和拌制混凝土时，因其无热力过程，即使材料中含有CO_2成分，也不会分解排放。磨制水泥少用1t水泥熟料将减排1t CO_2；拌制混凝土时少用1t水泥，若我国水泥中熟料含量为72%，将减排0.72t CO_2。现在，国内已用磨细高炉矿渣替代水泥40%左右，国外某研究单位替代到80%以上，我国进行的高掺量粉煤灰水泥研究，都为水泥工业减排CO_2提供了技术途径。

（2）大力发展绿色高性能混凝土代替常规混凝土

我国的混凝土产量居世界第一。虽然水泥只占混凝土所有原材料质量的10%～20%，但水泥工业生产中所消耗的能量是最多的，几乎占混凝土能耗的50%～60%。混凝土从原材料生产、加工到浇筑成型的整个过程中，水泥工业是排放粉尘和有害气体的最主要环节。美国于1990年推出了高性能混凝土（HPC），即在混凝土制作过程中，除水泥、水和集料外还必须加入活性细掺料和高效外加剂。由于HPC具有良好的耐久性、工作性、各种力学性能适用性和经济性，在世界上赢得广泛关注。我国从1992年也开始应用，1994年吴中伟院士提出了绿色高性能混凝土（GHPC）的概念。GHPC具有以下特点。

① 大量节省水泥熟料，在GHPC中不是熟料水泥，而是磨细水淬矿渣和分级优质粉煤灰、硅灰等或它们的复合成为凝胶材料的主要成分，从而使原料及能源消耗及CO_2排放量大大减少。

② 大量使用工业废渣为主的细掺料、复合细掺料和复合外加剂代替部分熟料，以降低污染，保护环境。国外已成功地用磨细矿渣和优质粉煤灰替代50%以上熟料制作HPC。

③ 发挥HPC的优势，通过提高强度、减小结构截面面积或结构体积减少混凝土用量，从而节省水泥生产量。

（3）发展高强度等级水泥

设立建筑质量标准，使高质量、高强度等级水泥和其他建材制品扩大生产，促进先进生产技术的发展。高质量水泥不仅提高建筑质量、延长建筑寿命，同时高强度等级水泥还能节约其他建筑装饰材料（如高质量水泥可以直接作为外墙），节省费用。但是由于建筑设计、建设和使用，分别为不同的主体，使用高强度等级水泥产生困难，需要政府通过各种标准制定或行业管理来实现，并促进先进技术的引入。

6）改进粉磨设备，降低粉磨电耗

在水泥生产中，每生产1t水泥，粉磨电耗要占水泥生产总电耗的60%～70%，如果通过采用新型辊式磨及辊压机终粉磨制备生料技术和辊压机—钢球磨或辊式磨—钢球磨等半终粉磨系统制备水泥技术，来代替管式钢球磨机粉磨技术的使用，可使水泥综合电耗降低40%。根据2006年我国水泥生产综合电耗98.31kW·h/t水泥计算，生产1t水泥，该技术可使水泥综合电耗降低39.324kW·h/t，可间接减少约41kg的CO_2排放。

7）引进、开发更为先进的烧成技术

熟料的理论热耗约为1759kJ/kg。20世纪70年代发明水泥预分解技术以后，加上预热系统的进一步改善，熟料热耗降低到了2929kJ/kg，热效率已达60%；要进一步降低熟料热耗技术上的难度相当大，现今的预分解窑是难以胜任的，必须研制开发更新的窑型，譬如沸腾层煅烧流态化窑等，同时采取其他一系列辅助措施，如改进预热器系统、提高换热效率、降低阻力损失等。

沸腾煅烧工艺被认为是目前煅烧水泥熟料的最先进技术。1995年日本川崎重工研制的工业沸腾系统FLBECKS取得了运行成功。流化床水泥窑系统是继窑外分解工艺技术之后水泥煅烧设备的又一重大课题。它的主要特征是取消回转窑，在传热效率更高的流化床中完成水泥的煅烧。由于没有了回转窑，立式设备的占地面积更小、热效率提高，NO_x和CO_2的排放量也随之减少，对煤种和多品种水泥的生产适应性增强。

综合以上讨论，根据我国目前水泥工业生产水平，应具有至少减排10%以上CO_2的潜力。

哪些工业废渣可以部分替代水泥熟料？

2. 利用清洁发展机制（CDM）

水泥生产是工业部门中排放CO_2的大户，因此我国水泥工业减排的潜力非常大，潜在的水泥工业CDM项目很多。与其他部门相比，水泥工业温室气体排放的一个显著特点是：它不仅排放燃料燃烧产生的CO_2，还排放原料中石灰石的主要成分（碳酸钙）分解产生的CO_2以及原料中碳酸镁分解产生的CO_2，受到政府间气候变化专门委员会（IPCC）的特别关注。

1）清洁发展机制的由来

皆在遏制全球气候变暖的《京都议定书》已于2005年2月16日正式生效。《京都议定书》中规定，工业化国家将在2008～2012年间，使他们的全部温室气体排放量比1990年减少5%。限排的温室气体包括二氧化碳（CO_2）、甲烷（CH_4）、氧化亚氮（N_2O）、氢氟碳化物（HFCS）、全氟化碳（PFCS）、六氟化硫（SF_6）。为达到限排目标，各参与公约的工业化国家都被分配到了一定数量的减少排放温室气体的配额。如欧盟分配到的减排配额大约是8%。另外，《京都议定书》本着公平性原则，考虑到发达国家在其发展历史上对地球大气造成严重的破坏及发展中国家经济发展的需要，对发达国家和发展中国家给予了有差别的减排目标，发展中国家在2012年前的第一承诺期中将不承担减排义务。

《京都议定书》下确定了国家缔约方之间开展合作的三种机制，分别为联合履约(Joint Implementation)、排放贸易（Emission Trading）和清洁发展机制（Clean Development Mechanism），这些机制的主要目的是帮助附件1国家（发达国家）以较低成本完成其减排义务。联合履约和排放贸易只在附件1国家缔约方之间进行，清洁发展机制则只在附件1国家和非附件1国家（发展中国家）之间进行。

对大多数发达国家来说，为了降低履行减排承诺的成本，也为了较多地占有资源（由于气候变化问题，温室气体排放权已经变成了一种稀缺资源）和维护本国的国际竞争能力，都寄希望于通过排放贸易、联合履约和清洁发展机制在境外获得减排额度，而减少在国内进行实质性减排的数量，从而增加本国的国内排放空间。

清洁发展机制（简称CDM），源于巴西提出的通过征收发达国家未能完成温室气体减排义务而提交的罚金所建立的“清洁发展基金”，经过谈判达成目前在《京都议定书》第12条所确立的合作机制，是《京都议定书》中引入的温室气体减排的三种灵活履约机制之一。CDM允许附件1缔约方与非附件1缔约方联合开展二氧化碳等温室气体减排项目，这些项目产生的减排数额可以被发达国家作为履行他们所承诺的限排或减排量。也就是说，发达国家通过提供资金和环保技术帮助发展中国家实现减排温室气体，同时从发展中国家购买因此得到的“可核证的排放削减量（CERs)”以履行《京都议定书》规定的减排义务。对发达国家而言，为和发展中国家合作实施的CDM项目提供了一种灵活而且较低成本履约方式；而对于发展中国家，通过CDM项目可以获得部分资金援助和先进技术。

2）CDM的双赢机制

根据有关专家估算，除了美国以外，发达国家为完成其在《京都议定书》下的承诺，在2008～2012年的5年时间里，每年将需要通过CDM项目向发展中国家购买约2亿～4亿t CO_2当量的温室气体。这将需要开展大量的CDM项目才能够满足需要。

实施CDM项目，不但可以帮助附件1缔约方以较低的成本实现其承诺的温室气体削减或控制目标，而且同时在很大程度上也符合我国实施可持续发展战略的要求。世界银行的研究表明，我国是最有潜力、最大的CDM项目供给市场，约占全球市场的40%～50%。目前，我国温室气体的排放占到发展中国家排放总量的50%，同时也是全球排放总量的15%。我国将可以提供世界清洁发展机制所需项目的一半以上，约合1～2亿t CO_2当量的温室气体。如果按照目前每吨5～7欧元的价格，这批项目最高可以为我国企业带来每年约100多亿元人民币的收益。

我国一直在认真履行《气候变化框架公约》，积极促进《京都议定书》的生效，并于2002年8月批准了《京都议定书》。借鉴国外的经验教训，引进和吸收国外先进的技术和资金，走新型工业化道路，通过节能降耗、提高经验效率来实现经济增长方式的转变，以实现经济、社会和环境的协调和可持续发展，是我国政府长期坚持的战略目标。而实施CDM项目，在帮助附件 1 缔约方以较低的成本实现其减排温室气体承诺的同时，可以通过先进和适用技术的引进促进我国实施可持续发展战略。如果执行得当，确实是一种双赢的活动。相信我国一定能够很好地利用这一机制，在为人类应对气候变化的挑战做出贡献的同时，最大限度地服务于我国国民经济与环境的可持续发展。2004 年 7 月 1 日我国政府颁布了《清洁发展机制项目运行管理暂行办法》。

3）对我国的挑战和机遇

（1）挑战

我国是一个发展中国家，实现经济和社会发展、摆脱贫困是其首要任务。在未来相当长时期内经济仍将保持快速增长，人民的生活水平必将有一个较大幅度的提高，能源需求和 CO_2 排放量不可避免地还将增长，我国作为温室气体排放大国的形象将更加突出，无疑对其社会经济发展带来严峻的挑战。

《京都议定书》只是人类社会应对全球气候变化挑战的第一步。公约缔约方会议已决定讨论 2012 年以后（即后京都）的气候政策问题，如何促使发展中国家参与并促使美国回到国际气候进程中来，将是谈判的重点。

根据“共同但有区别的责任”原则，《京都议定书》只为附件 1 国家规定了具体减排义务。由于发展中国家温室气体排放数量的快速增长，发达国家要求发展中国家参与温室气体减排或限排承诺的压力与日俱增。美国拒绝批准《京都议定书》的借口之一，就是议定书没有规定中国、印度、巴西等主要发展中国家承担温室气体减排义务。虽然美国的上述观点严重背离了公约“共同但有区别的责任”原则；但从另一个侧面也说明，我国在气候变化问题上面临巨大压力。从总量上看，目前我国二氧化碳排放量已位居世界第二，甲烷、氧化亚氮等温室气体的排放量也居世界前列。1990～2001 年，我国二氧化碳排放量净增 8.23 亿 t，占世界同期增加量 27%；预计到 2020 年，排放量在 2000 年的基础上增加 1.32 倍，这个增量要比全世界在 1990～2001 年的总排放增量还要大。预测表明，到 2025 年前后，我国的二氧化碳排放总量很可能超过美国，居世界第一位；从人均来看，目前我国人均二氧化碳排放量低于世界平均水平，到 2025 年可能达到世界平均水平，虽然仍低于发达国家的人均二氧化碳排放量水平，但已丧失人均二氧化碳排放水平低的优势。从排放强度来看，由于技术和设备相对陈旧、落后，能源消费强度大，我国单位国内生产总值的温室气体排放量也比较高。

（2）机遇

发达国家完成二氧化碳排放项目的成本，比在发展中国家高出 5～20 倍，从“成本有效”的角度来说，由发达国家出钱、出技术在发展中国家减少气体排放，排放的额度归发达国家，这是一种务实而又灵活的机制。所以发达国家愿意向发展中国家转移资金、技术，提高他们的能源利用效率和可持续发展能力，以此履行《京都议定书》规定的义务。

我国企业积极参与 CDM 项目活动，不仅能够提高企业获得部分国际资金，促进清洁能源技术的推广，为企业节能降耗创造额外收入；同时通过项目的实施，企业也可以在国际社会这个平台上提高如何根据国际规则成功地实施一个项目获取资金的能力。2004 年 12 月 3 日，世界银行与山西晋城煤业集团公司签订协议，用 1900 万美元购买该企业减少的二氧化碳排放指标，这是世行在我国购买的第一个环保减排指标项目，第一次让普通人发现过去一致被视为“废气”的二氧化碳居然这么值钱。

我们应利用暂时不承担减排CO_2的有限时间，研究水泥工业减排CO_2的实用技术，参与国际交流与合作，争取“排放权交易”资金，调整我国水泥工业结构，为下一时段顺利承担减排CO_2任务奠定基础。为此，我们首先要遵照CDM规则，按诸多严格复杂的国内外程序申办批准手续，同时，还要找到CDM的国际买家。但是必须注意，CDM项目必须按照法则行事。以余热发电CDM项为例，应在余热发电工程前期就开始介入，越早越好。亦即在编制余热发电可行性研究报告的同时，就应包含有CO_2减排额度销售的申报内容。中央或省市主管部门对该可研报告的审批文件中也应包含对CDM项目的批准意见，以利CDM项目的进一步实施执行。因为按CDM规则，一旦余热发电工程已经完成或已开始发电调试，再拟出售CO_2减排额度就很难获准了。所以有关水泥企业一定要早做准备，必须与余热发电项目同步进行。

如果是一家水泥（集团）公司，分别在不同的地区有几条PC窑生产线，可以捆绑在一起申办CMD项目，分阶段实施，这样国际买家将会更欢迎。一般来说，CDM项目要求的熟料生产线能力至少为2500t/d，否则买家难找，且影响售价，效益锐减。

我国负责CDM项目的政府机构是2003年10月经国务院批准成立的国家气候变化对策协调小组。该小组的办公室设在国家发展和改革委员会的地区经济司，负责执行或批准执行CDM项目的国内与国际合作事宜。各省市政府的发改委也有相应的机构、指导和执行这项工作。此外，一些国内外的中介机构也可以承接CDM项目的业务。

2011年3月25日，联合国清洁发展机制执行理事会对南阳中联16MW水泥窑纯低温余热发电CDM项目第一笔核证减排量进行了签发，标志着南阳中联CDM项目进入实质性收益阶段，该项目是中国联合水泥第三家通过碳交易减排核证签发的水泥余热发电CDM项目；本次签发的二氧化碳减排量为46920t，碳交易额约为370万元人民币。目前南阳中联已向联合国清洁发展机制执行理事会申请了第二阶段碳减排量的核证。

水泥企业申请CDM项目时应注意哪些问题？

2.4.5 氟化物、氯化氢排放控制技术

熟料烧成过程产生的氟化物来自于原燃料，特别是黏土和页岩。新型干法窑一般不用萤石，氟化物的产生和排放量大幅减少。文献证实，氟化物不太容易挥发而且也不会在窑系统中循环，水泥旋窑的例行状态测试发现，有88%～98%的氟化物与熟料结合，参与再循环的氟化物粉尘量极少，而残余的氟化物以粉尘状态出现；由于存在高含量的氧化钙，氟化物则主要以氟化钙的形态存在，因此水泥厂外排的粉尘中基本是尘氟而气氟很少。防治氟化物污染的可行办法之一是控制原料中氟的含量，更不能采用萤石降低烧成温度而使用。

水泥窑烟气中的氯化氢主要来源于所焚烧废弃物中的PVC及其他氯代碳氢化合物，由

于水泥烧成过程有吸酸作用，吸收率可达 98%，烟气中氯化氢排放浓度可达到《危险废物焚烧污染控制标准》（GB 18484—2001）的要求。

复习思考题

1. 什么是大气污染？
2. 大气污染源有哪些？
3. 水泥生产过程中产生的大气污染物主要有哪些？
4. 大气主要污染物的危害是什么？
5. 水泥生产过程中有组织排放粉尘的八个尘源点是哪些？
6. 水泥窑头和窑尾所产生的废气有哪些特性？
7. 烟气调质的定义是什么？有哪些方式可以对烟气进行调质？
8. 烟气调质的设备主要有哪些？
9. 增湿塔调质的机理是什么？
10. 简述袋式除尘器的除尘原理。
11. 袋式除尘器的类型及结构形式有哪些？
12. 袋式除尘器滤料的选用原则是什么？造成滤料提前失效的原因是什么？
13. 电除尘器与袋式除尘器相比具有哪些优势和不足？
14. 简述电除尘器的工作原理。
15. 电除尘器的类型有哪些？
16. 什么是“电-袋”除尘器？“电-袋”除尘器有哪些优势？
17. 新型干法水泥生产过程中一般采用哪些措施减少 SO_2 的排放？
18. 现阶段氮氧化物一次减排技术有哪些？
19. 水泥生产减排 CO_2 的途径有哪些？
20. 什么是清洁发展机制（CDM）？对我国水泥工业有何重要意义？

实训题　雨水酸度的测定

一、目的

1. 了解水样收集方法；了解本地区降水的酸度变化。
2. 学会玻璃电极法测定水样 pH 值的方法。

二、原理

pH 值为水中氢离子活度的负对数。pH 值可间接地表示水的酸碱程度。天然水的 pH 值一般在 6～9 范围内。由于 pH 值随水温变化而变化，测定时应在规定的温度下进行，或者校正温度。

玻璃电极法是以玻璃电极为指示电极，饱和甘汞电极为参比电极组成的工作电池，此电池可用下式表示：

（一）Ag，AgCl | HCl | 玻璃膜 | 水样 | | （饱和）KCl | Hg_2Cl_2，Hg（＋）

在一定条件下，上述电池的电动势与水样的 pH 值成直线关系，可表示为：

$$E=K'+0.059\text{pH}\ (25℃)$$

在实际工作中，不可能用上式直接计算 pH 值，而是用已知 pH 的标准缓冲溶液来校正酸度计（又称“定位”），校正时应选用与被测溶液的 pH 值接近的标准缓冲溶液。然后比较包含水样和包含标准缓冲溶液的两个工作电池的电动势来确定水样的 pH 值。

三、仪器和试剂

1. pHS-2 型酸度计，玻璃电极与饱和甘汞电极。

2. pH 标准缓冲溶液（25℃）：pH＝4.00（0.05mol/L $KHC_8H_4O_4$ 溶液）；pH＝6.86（0.025mol/L KH_2PO_4 和 0.025mol/L Na_2HPO_4 的混合溶液）；pH＝9.18（0.01mol/L $Na_2B_4O_7 \cdot 10H_2O$ 溶液）。

四、测定步骤

1. 按照酸度计说明书中的操作方法进行操作。

摘去饱和甘汞电极的橡皮帽，并检查内电极是否浸入饱和 KCl 溶液中，如未浸入，应补充饱和 KCl 溶液。安装玻璃电极和饱和甘汞电极，并使饱和甘汞电极稍低于玻璃电极，以防止杯底及搅拌子碰坏玻璃电极薄膜。

2. 将电极和塑料烧杯用水冲洗干净后，用标准缓冲溶液荡洗 1～2 次（电极用滤纸吸干）。

3. 用标准缓冲溶液校正仪器。

4. 用水样将电极和塑料烧杯冲洗 6～8 次后，测量水样。由仪器刻度表上读出 pH 值。

5. 测量完毕，将电极和塑料烧杯冲洗干净，妥善保存。

五、测定结果

采样时间__________；采样地点__________；

测定时间__________；雨水 pH 值__________；

是否属于酸雨__________。

六、注意事项

1. 玻璃电极在使用前应在蒸馏水中浸泡 24h 以上，用毕后要冲洗干净，浸泡在水中。

2. 水样由学生课余收集，采样瓶必须清洁干燥。测定前不宜提前打开水样瓶塞，以防止空气中的二氧化碳溶入或水样中的二氧化碳遗失。

3. 本实验以连续跟踪测定为佳。

关于 PM2.5 的几个问答

1. PM2.5 是什么?

“PM2.5——细颗粒物，是对空气中直径小于或等于 2.5μm 的固体颗粒或液滴的总称。这些颗粒如此细小，肉眼是看不到的，它们可以在空气中漂浮数天。人类纤细的头发直径大约是 70μm，这就比最大的 PM2.5 还大了近 30 倍。

准确的 PM2.5 定义要在“直径”之前加一个修饰语“空气动力学”，这可不是故作高深。空气中的颗粒物并非是规则的球形，那怎么定义又怎么测量其直径呢？在实际操作中，如果颗粒物在通过检测仪器时所表现出的空气动力学特征与直径小于或等于 2.5μm 且密度

为 $1g/cm^3$ 的球形颗粒一致，那就称其为 PM2.5。这样的定义也就决定了在测定 PM2.5 时，需要利用空气动力学原理把 PM2.5 与更大的颗粒物分开，而不是用孔径为 2.5μm 的滤膜来分离。

2. PM2.5 对健康有什么危害？

PM2.5 主要对呼吸系统和心血管系统造成伤害，包括呼吸道受刺激、咳嗽、呼吸困难、降低肺功能、加重哮喘、导致慢性支气管炎、心律失常、非致命性的心脏病、心肺病患者的过早死。老人、小孩以及心肺疾病患者是 PM2.5 污染的敏感人群。

如果空气中 PM2.5 的浓度长期高于 $10\mu g/m^3$，死亡风险就开始上升。浓度每增加 $10\mu g/m^3$，总的死亡风险就上升 4%，得心肺疾病的死亡风险上升 6%，得肺癌的死亡风险上升 8%。

PM2.5 的危害固然不可忽视，但仍不可与吸烟相比。对于烟民而言，千万不要有“反正空气污染，抽不抽烟一个样”的心理。吸烟可使男性得肺癌死亡的风险上升 22 倍（也就是上升 2200%），女性的风险上升 12 倍（1200%）；使中年人得心脏病死亡的风险上升 2 倍（200%）。

3. 灰霾天是 PM2.5 引起的吗？

虽然肉眼看不见空气中的颗粒物，但是颗粒物却能降低空气的能见度，使蓝天消失，天空变成灰蒙蒙的一片，这种天气就是灰霾天。根据《2010 年灰霾试点监测报告》，在灰霾天，PM2.5 的浓度明显比平时高，PM2.5 的浓度越高，能见度就越低。

虽然空气中不同大小的颗粒物均能降低能见度，不过相比于粗颗粒物，更为细小的 PM2.5 降低能见度的能力更强。能见度的降低其本质上是可见光的传播受到阻碍。当颗粒物的直径和可见光的波长接近的时候，颗粒对光的散射消光能力最强。可见光的波长在 0.4～0.7μm之间，而粒径在这个尺寸附近的颗粒物正是 PM2.5 的主要组成部分。

值得一提的是，灰霾天是颗粒物污染导致的，而雾天则是自然的天气现象，和人为污染没有必然联系。两者的主要区别在于空气湿度，通常在湿度大于 90%时称之为雾，而湿度小于 80%时称之为霾，湿度在 80%～90%之间则为雾霾的混合体。

第3章　水泥工业噪声污染及其防治

知识目标

了解噪声的定义和分类；了解日常噪声源的声级以及对人的影响；熟悉环境噪声污染的特点；熟悉噪声对人体及环境的危害；熟悉水泥生产中噪声的来源及特点；熟悉噪声控制的基本原理。

能力目标

掌握单项噪声治理技术；掌握主要高噪声工段降噪措施。

3.1　概述

3.1.1　噪声的分类

凡是人们在日常生活、工作和休息中遇到的不需要的、使人厌烦的声音统称为噪声。噪声不仅取决于声音的物理性质，而且与人的生活、精神状态有关，是一种感觉性污染。如一个发烧友在家中尽情欣赏摇滚乐，常常陶醉于其中，而对于一个十分疲倦的邻居，这种音乐就成了噪声。图3-1为可怕的噪声。

图3-1　可怕的噪声

产生噪声的声源称为噪声源。可以按照不同的分类方法作以下划分。

(1) 按照噪声随时间的变化划分

噪声随时间的变化可分为稳态噪声和非稳态噪声。

① 稳态噪声：其强度不随时间而变化，如电机、风机、织机等产生的噪声。

② 非稳态噪声：其强度随时间而变化，可分为周期性的、瞬时的、脉冲的和无规则的。

（2）按照噪声产生的机理划分

按噪声产生的机理可分为机械噪声、空气动力性噪声和电磁性噪声三大类。

① 机械噪声：机械噪声是机械设备运转时，各部件之间的相互撞击、摩擦产生的交变机械作用力使设备金属板、轴承、齿轮或其他运动部件发生振动而辐射出来的声音。如锻锤、织机、机床、机车等产生的噪声。机械噪声又可分为撞击噪声、摩擦噪声、结构噪声、轴承噪声和齿轮噪声等。

② 空气动力性噪声：空气压缩机、引风机、鼓风机运转时，叶片高速旋转会使叶片两侧的空气发生用力突变，气体通过进出口时激发声波而产生的噪声。按发生机理又可分为喷射噪声、涡流噪声、旋转噪声、燃烧噪声等。

③ 电磁性噪声：由于电机等交变力相互作用而产生的噪声称为电磁性噪声。如电流和磁场的相互作用产生的噪声，发电机、变压器产生的噪声等。

（3）按噪声的来源划分

与人们生活密切相关的是城市噪声，它的来源大致可分为工厂生产噪声、交通噪声、施工噪声和社会噪声等。

① 工厂生产噪声：特别是地处居民区而没有声学防护措施或防护措施不好的工厂辐射出的噪声，对居民的日常生活干扰十分严重。例如大型鼓风机、空压机放空排气时，排气口附近的噪声级可达 110～150dB，传到居民区常常超过 90dB。

② 交通噪声：主要来自交通运输。载重汽车、公共汽车、拖拉机等重型车辆行进噪声约 80～92dB，电喇叭大约 90～100dB，气喇叭大约 92～105dB。

③ 施工噪声：我国城市现代化建设速度加快，城市建筑施工噪声越来越严重。建筑施工噪声尽管具有暂时性，但由于城市人口增长过快，施工面广且工期长，因此噪声污染相当严重。

④ 社会噪声：主要指人群活动出现的噪声。如人们的喧闹声、沿街的吆喝声，家庭用洗衣机、收音机、缝纫机等发出的声音都属于社会噪声。

3.1.2　噪声的单位

噪声的单位用分贝表示，分贝的英语为 decibel，它的缩写是 dB。0dB 大约是人耳刚能听到其敏感频率的声音，每增加 10dB，其响度约增加 1 倍。用来测量声音的仪器称之为声级计，在声级计上标有 A、C 或线性等挡位选择。A 挡就是模仿人耳特性即人耳对低频迟钝，中、高频敏感的特点而设计的电路。我国规定在测量噪声对人们的影响时，要用 A 挡测量。所测量的声级称之为 A 声级，也称噪声级，用 dB（A）或分贝（A）来表示。表 3-1 列出了日常噪声源的声级以及身处其境时人的感受。

表 3-1　日常噪声源的声级以及对人的影响

声级（dB）	噪声源	对人的影响
0～20	夜深人静时，手表嘀嗒声	消声状态，环境相当安静
20～40	人们的轻声耳语，图书馆里书页轻轻翻动的声音	环境舒适清幽，适宜人们充分的睡眠和休息
40～70	办公室的工作环境在 50dB 左右，人们一般的交谈在 60dB 左右	适合正常的学习和工作，正常的睡眠受到影响
70～90	繁华的街道上、公共汽车内、建筑工地上	人们的谈话、学习和工作会受到干扰

续表

声级（dB）	噪声源	对人的影响
>90	如机场附近、火车通过、电锯开动	人的听力会明显下降甚至耳聋，并且出现眼痛、头疼、心慌、失眠、血压升高等症状，引发神经、消化和心血管系统的疾病
>150	火箭导弹发射	突然暴露在150dB的环境中，人的鼓膜会破裂出血，双耳完全失去听力，最严重时会置人于死地

一般来说噪声为60dB以下的环境是安全的环境，在这种环境中读书、写字不受干扰。噪声污染是指80dB以上的噪声环境。除了声音强弱外，噪声的声调高低对人的影响也不同，声音越尖，即噪声频率越大，对人的干扰越大。噪声频率在1000Hz以上，为高频噪声；在500～1000Hz，为中频噪声；在500Hz以下为低频噪声。表3-2为城市各类区域噪声标准值。

表3-2　城市各类区域噪声标准值　L_{ep}［dB（A）］

适用区域	昼间	夜间	适用区域		昼间	夜间
0类（康复疗养区）	50	40	3类（工业生产、仓储物流区）		65	55
1类（居民、文教区）	55	45	4类②（交通干线道路两侧）	4a	70	55
2类（混合区①）	60	50		4b	70	60

① 指以商业金融、集市贸易为主要功能，或者居住、商业、工业混杂，需要维护住宅安静的区域。

② 4a类为高速公路、一级公路、二级公路、城市快速路、城市主干路、城市次干路、城市轨道交通（地面段）、内河航道两侧区域；4b类为铁路干线两侧区域。

3.1.3　环境噪声与环境噪声污染

我国现行的《中华人民共和国环境噪声污染防治法》中规定所称的噪声污染，是指在工业生产、建设施工、交通运输和社会生活中所产生的干扰周围生活环境的声音。环境噪声污染是指所产生的环境噪声超过国家规定的环境噪声排放标准，并干扰其他人正常生活、工作和学习的现象。

环境噪声污染的特点是：环境噪声属于感觉污染，因此与其他有害有毒物质引起的污染不同，它没有污染物，即噪声在空中传播时并未给周围环境留下什么毒害性的物质；环境噪声影响范围有限，因此环境噪声具有局限性；环境噪声源往往不是单一的，比较分散，不能集中治理，因此环境噪声具有分散性的特点；此外，噪声污染不具有叠加性，噪声源停止发声，噪声即时消失。噪声主要来源于交通运输、工业生产、建筑施工和日常生活。

3.1.4　噪声的危害

科学研究表明，适合人类生存的最佳声环境为15～45dB，而城市中60～85dB的中等噪声最为广泛。按照国家标准规定，居住、文教机关为主的区域的噪声，昼间不能超过55dB，夜间应低于45dB，若超过这个标准，便会影响人们的睡眠和休息、干扰工作、损害听力，甚至引起心血管系统、神经系统、消化系统等方面的疾病。主要表现为以下几个方面。

1. 损伤听力

噪声可以使人造成暂时性的或持久性的听力损伤。长期在噪声环境下工作和生活，将造成人们听力损伤。一般噪声达到 85dB 时就会对耳朵造成伤害。配有耳塞的收音机或随身听，噪声就会“蚕食”听力。

2. 干扰睡眠

休息和睡眠是人们消除疲劳、恢复体力和维持健康的必要条件。当睡眠受到干扰辗转不能入睡时，就会出现呼吸急促、脉搏跳动加快、神经兴奋等现象，第二天会感到疲倦、易累，从而影响到工作效率。久而久之，就会引起失眠、耳鸣多梦、疲劳无力、记忆力衰退等病症。

3. 对生理影响

由于噪声是通过听觉器官作用于大脑中枢神经系统，以致影响到全身各个器官，故噪声除对人的听力造成损伤外，还会给人体其他系统带来危害。许多证据表明，长期工作在噪声环境中，会导致肠胃功能紊乱，如消化不良、食欲不振、恶心呕吐等；易患心血管系统疾病，如冠心病和高血压的发病率比正常情况高出 2～3 倍；噪声对视觉器官也会造成不良影响，如会导致眼痛、视力减退、眼花等症。

4. 对动物的影响

噪声能对动物的听觉器官、视觉器官、内脏器官及中枢神经系统造成病理性变化。噪声对动物的行为有一定的影响，可使动物失去行为控制能力，出现烦躁不安、失去常态等现象，强噪声会引起动物死亡。鸟类在噪声中会出现羽毛脱落，影响产卵率等现象。

5. 对建筑物的损害

一般的噪声对建筑物几乎没有什么影响，但是噪声级超过 140dB 时，对轻型建筑开始有破坏作用。例如，当超声速飞机在低空掠过时，在飞机头部和尾部会产生压力和密度突变，经地面反射后形成 N 形冲击波，传到地面时听起来像爆炸声，这种特殊的噪声叫做轰声。在轰声的作用下，建筑物会受到不同程度的破坏，如出现门窗损伤、玻璃破碎、墙壁开裂、抹灰震落、烟囱倒塌等现象。由于轰声衰减较慢，因此传播较远，影响范围较广。此外，在建筑物附近使用空气锤、打桩或爆破，也会导致建筑物的损伤。

6. 对儿童和胎儿的影响

噪声污染是优生优育的障碍。调查表明，高强度噪声区的母亲孕育婴儿平均体重比低噪声区偏低。在噪声污染的环境中生长的儿童比安静处生长的儿童平均智力低 20%。

从上可以看出，噪声对人健康的危害是多方面的，同时噪声还会引起社会矛盾激化，影响社会安定团结，造成经济损失等，应引起人们的高度重视。

20 世纪 60 年代初，美国空军 F104 喷气战斗机在某市上空进行超声速飞行试验，10000m 的高度每天飞行 8 次，整整飞行了 6 个月，结果在飞机轰轰声作用下，一个农场的 10000 只鸡被轰声杀死了 6000 只，剩下的还在死亡。

1997 年 7 月农用飞机的超低空飞行，给辽宁省新民市大民屯镇南岗村养鸡户张适岩带来了一场灾难，飞机巨大的噪声使 1000 多只肉食鸡受惊吓致死，6000 多只肉食鸡平均体重下降，年饲养 10000 余只肉食鸡场遭赔破产。

广场舞有益身心健康，但噪声扰民你觉得该怎么办？

3.2 水泥生产与噪声污染

噪声是水泥厂生产中仅次于粉尘的污染源。在现有的水泥厂生产中广泛使用大型破碎机、磨机、高中压风机、空气压缩机等设备，这些设备在工作时的噪声往往超过了国家标准的规定值；并且这些设备的工作时间常常是每天 24 小时，长年如此不停地工作，因而对水泥厂生产区域内人员及厂界周边环境产生较大的污染。为了改善声环境，确保作业区域达到《工业企业厂界环境噪声排放标准》（GB 12348—2008），根据《中华人民共和国噪声污染防治法》必须对生产区内的噪声进行综合治理。

3.2.1 水泥生产中噪声的来源

水泥生产中的噪声来源于水泥生产的各个环节：矿山开采、原料制备、生料制备、熟料烧成、水泥制成、水泥厂附属服务等。其中磨机、破碎机、物料输送机工作时产生机械噪声；风机、空压机工作时产生空气动力噪声；电机工作时产生电磁噪声等。因此，水泥企业噪声源的性质较复杂、噪声污染相对严重。经调研统计，新型干法水泥生产线其主要设置和生产运行中所产生的噪声见表 3-3。

表 3-3 主要设备的噪声级

序号	设备名称	台数	噪声级［dB（A）］	声源位置
1	煤磨	1	85～105	煤磨车间内
2	原料磨（立磨）	1	约 85	原料磨车间内
3	窑尾预热器风机	1	95～115	窑尾
4	原料磨风机	1	约 95	原料磨车间
5	电收尘器排风机	1	约 85	窑尾
6	生料均化库罗茨风机	2	约 85	均化库底
7	生料入窑罗茨风机	2	约 85	窑尾
8	熟料篦式冷机风机	6	约 110	窑头
9	熟料电收尘风机	1	约 85	窑头
10	水泥磨	1	约 115	水泥磨房内
11	空压机	3	约 85	空压机房内

3.2.2 水泥生产中噪声的特点

从表 3-3 可看出，水泥厂噪声的特点是：声源固定，声源种类复杂、声源分布广，声压级别高，如原料磨、煤磨、水泥磨、风机、空压机等声压级都在 85～115dB（A），属于强噪声源。

1. 磨机的噪声特点

磨机是水泥厂重要的粉磨设备，水泥厂生产过程中，磨机主要用于煤粉、生料和水泥的制备。以球磨机为例，其噪声主要有：磨机运行中电机产生的电磁噪声；减速机齿轮产生的机械噪声；磨机筒体旋转中研磨体物料和衬板相互研磨撞击产生的机械性振动噪声；除尘设备和分级设备的风机产生的空气动力性噪声；还有通过基础振动辐射的固体声。声压级在 85～105dB 左右，大型球磨机的噪声在 120dB 左右；峰值频率为 500～2000Hz 之间。其特点是噪声级高、频带宽、传播距离远，不仅影响操作工人的身体健康，而且对周围环境造成严重污染。新型干法水泥厂基本上采用立式磨粉磨生料，生料磨的噪声较传统管磨低。

2. 风机的噪声特点

风机是水泥厂主要的排风和供风设备，如水泥厂水泥磨、原料磨、窑尾、电除尘器等都有排风机。风机工作时由于进出口空气摩擦及风机振动会产生噪声，其噪声特点是声压级高，高压风机的噪声在 100dB 左右，频带宽。

3. 空压机的噪声特点

传统空压机的噪声也很大，采用螺杆压缩机的技术可较好地降低噪声并达到环保要求。空压机的基频一般在 20Hz 左右，它的高次谐波频率一般在几十至几百赫兹，因此，空压机进气噪声呈典型的低频性。空压机进气噪声的强度随着空压机负荷的增加而增强，一般进气噪声较空压机其他部位的噪声高出 7～10dB（A）。

4. 破碎机的噪声特点

石灰石等坚硬的物料破碎噪声也非常大，超过 100dB，目前也只有靠封闭厂房和减少运行时间来缓解噪声问题。发达国家已经大量采用绞齿辊破碎机取代锤式破碎机，我国也研制出相关设备，即将投入应用。

3.3　水泥厂噪声防治技术

3.3.1　噪声控制基本原理

噪声在传播过程中有三个要素，即噪声源、传播途径、接收者。只有这三个要素同时存在时，噪声才能对人造成干扰和危害。

噪声控制的原理就是在噪声到达耳膜之前，采用阻尼、隔振、吸声、隔声、消声器、个人防护和建筑等措施，尽力减少或降低声源的振动，或将传播中的声能吸收掉，或设置障碍使声音全部或部分反射出去，减弱对耳膜的作用。

3.3.2　单项噪声治理技术

控制噪声必须从噪声的三要素去考虑，既要对其分别进行研究，又要将它作为一个系统综合考虑。从发生噪声污染的全过程来分析，可以通过以下一些途径。

1. 设备选型与布置原则

（1）源头控制

对新建水泥厂，应从根本上降低噪声。尽量采用噪声小的、功能及其他方面较优良的设备。例如用立磨或辊压机替代管磨机，立式辊磨是通过挤压原理对物料进行粉磨，产生的噪声低于靠冲击力对物料进行粉磨的管式磨约 20dB（A）。采用低噪声型的离心风机、三叶罗茨风机、螺杆式压缩机；或采用加工精度较高的进口设备，都可降低噪声。

（2）优化布置

水泥厂整体设计时，应综合考虑噪声设备整体布局的合理性。高噪声的磨机、风机等噪声设备所在车间的布置，应尽可能远离厂前区、车间办公室、化验室等对噪声敏感的区域。如果条件允许，可用仓库、食堂、围墙等对噪声不敏感的建筑物做屏障隔声，或利用自然地形降低噪声。

（3）设备状况

对运行时产生高噪声的设备要定期检修维护，确保设备良好的运行状态，以减少噪声污染。

2. 控制噪声的传播途径

（1）吸声

由于室内声源发出的声波将被墙面、顶棚、地面及其他物体表面多次反射，使得室内声源的噪声级比同样声源在露天的噪声级高。如果用吸声材料装饰在房间的内表面，或在室内悬挂空间吸声体，房间结构的反射声就会被吸掉，房间内的噪声级就会降低。这种控制噪声的方法就叫吸声。

吸声材料用的是一些多孔、透气的材料。如玻璃棉、矿渣棉、卡普隆纤维、石棉、工业毛毡、加气混凝土、木屑、木丝板、甘蔗板等。此外，聚酯型和脲醛型泡沫塑料也具有吸声功能。多孔吸声材料的结构特征是在材料中具有许许多多贯通的微小间隙，因而具有一定的通气性。

吸声材料因为质地疏松，使用时需用对吸声材料吸声程度影响不大的金属网、塑料窗纱、玻璃布、纱布以及穿孔板或穿缝板等护面层进行护面处理。

有时为了充分发挥吸声材料的吸声效果，将吸声材料做成各种几何体（如平板状、球体、圆锥体、圆柱体、棱形体、正方体等），把它们悬挂在顶棚上，称它们为空间吸声体。图 3-2 是空间吸声体常用的几何形状，在这些形状中又以平板矩形最为常用。

根据对多孔吸声材料吸声特性的研究，多孔材料对中、高频声吸收较好，而对低频声吸收性能较差，若采用共振吸声结构则可以改善低频吸声性能。最常见的共振吸声结构是穿孔板共振吸声结构。在金属板、薄木板上穿一些孔，并在它后面设置空腔（8～10cm 厚），这就是最简单的吸声结构。

吸声结构多用在室内墙壁、天花板等光滑坚硬材料，室内混响声较强的场合，一般可以降低噪声 5～10dB。

（2）隔声

隔声是利用围护结构（如墙板、门窗、隔罩），把声音限制在一定范围内，或者使噪声在传播途径中受到阻挡，不能顺利通过，从而得到降低的过程。图 3-3 是一个车间噪声控制示意图。

砖墙、钢板、钢筋混凝土、木板等材料是较好的隔声材料。

采用有空气夹层的双层板结构或一层重墙一层轻墙构成双层墙，并在两层间的空气层中填充多孔吸声材料，隔声效果会更好。

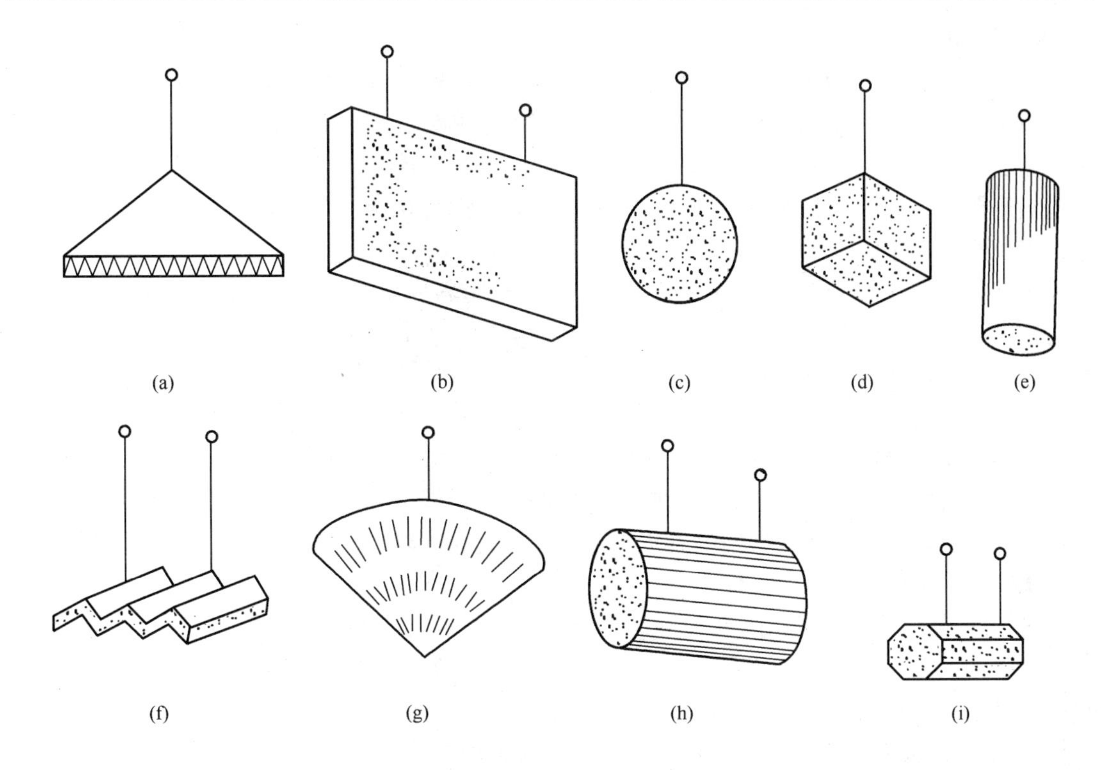

图 3-2　空间吸声体常用的几何形状

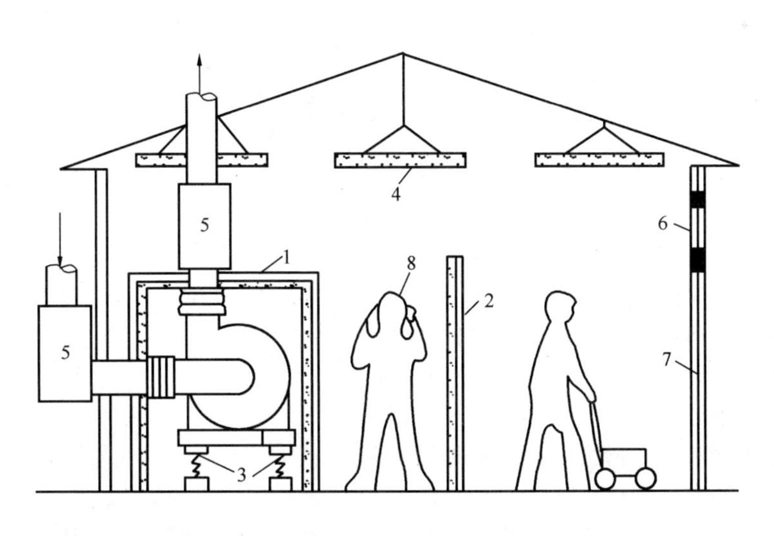

图 3-3　车间噪声控制示意图

1—风机隔声罩；2—隔声屏；3—减振弹簧；4—空间吸声体；
5—消声器；6—隔声窗；7—隔声门；8—防声耳罩

安装隔声门、窗能起到很好的隔声效果，对于噪声很大的柴油机、汽车发动机、电动机、空压机等，采取加设隔声罩的方法来减少噪声干扰。

（3）消声

消声是消除空气动力性噪声的方法。如果把消声器安装在空气动力设备的气流通道上，就可以降低这种设备的噪声。消声器就是阻止或减弱噪声传播而允许气流通过的一种装置。

消声器的结构形式有很多，按消声原理可分为阻性消声器、抗性消声器和阻抗复合消声器，以及我国近年研制成功的微穿孔消声器。

① 阻性消声器是利用吸声材料消声的。把吸声材料固定在气流流动的管道内壁，或者把它按一定方式在管道内排列组合，排列成哪种就构成哪种形式的阻性消声器。如直管式、片型、折板型、声流式、蜂窝型、弯头型以及迷宫型等多种阻性消声器。阻性消声器适用于中、高频噪声的衰减治理，对低频噪声的消声效果较差。

② 抗性消声器不使用吸声材料，而是利用管道截面尺寸的变化，把部分声波向声源反射回去，经过多次反射，沿通道继续向前传播的声波只剩一小部分，从而达到消声的目的。抗性消声器的种类很多，较常用的有扩张式、共振式和干涉式抗性消声器。抗性消声器适用于消除低、中频噪声。

③ 阻抗复合消声器是由阻性和抗性消声器串联而成，能在较宽的频率范围内消除空气动力性噪声，通常抗性部分放在前端，即在气流的入口处；阻性部分放在后端，即气流的出口处。其消声效果大致为阻、抗消声量之和。

④ 微穿孔板消声器是使用钻有许多微孔的薄金属板代替吸声材料，能在较宽的频率范围内消除气流噪声，同时又克服了阻抗复合消声器不耐高温，怕水蒸气的缺点。可适用于排气放空及内燃机等排气系统的消声。

小知识　　　　　　绿色屏障

在城市，除了大力种树、花、草外，还可大力发展垂直绿化，种植一些攀缘植物，如爬山虎、牵牛花、紫藤、地锦、葡萄等，它们基本上不占地，适合在房基下、围墙边或凉台等处种植。这些植物生长快，繁殖容易，大多数攀缘植物抗污染能力较强，适应城市环境。这种形式的绿化对减噪非常有效，尤其对高层建筑防治噪声具有一定的作用。如果房屋墙壁被攀缘植物覆盖，那么与抹灰泥的砖墙比较，其吸声能力增加4～5倍，这样进入室内的噪声就由于垂直绿化而大大降低。

（4）隔振与阻尼

隔振是在机器和其基础之间安装减振器或隔振垫，以弹性支撑代替刚性连接，从而降低从机器传到地基的振动力。

减振器主要分三类：橡胶减振器、弹簧减振器和空气减振器。这三种可以组合使用。

隔振垫有软木、毛毡、橡胶垫和玻璃纤维板等，可以按需要裁成不同大小，也可以重叠起来使用。

抑制金属薄板振动可以采用涂抹阻尼材料的方法。阻尼材料有石棉漆、硅石阻尼浆、石棉沥青膏、软橡胶以及一些高分子涂料等。一般的涂层厚度为金属板厚的1～3倍，而且应当紧密地黏附在金属板上。

3. 人员防护

在声源和传播途径上控制噪声难以达到标准时，采用个人防护还是最有效、最经济的方法。最常用的是佩戴护耳器，可使耳内噪声降低10～40dB。护耳器的种类很多，按结构差异分为耳塞、耳罩和头盔。

耳塞体积小，使用方便；耳罩隔声性能较耳塞优越，易清洁，但不适于高温下佩戴；头盔的隔声效果好，防止噪声的气导泄漏，但制作工艺复杂，价格较贵，通常用于如火箭发射场等特殊场所。另外，每个车间要设置隔声工作间、观察间，同时注意门窗观察孔的隔声处理。

在日本一些大城市的十字街头、公园等地都有“演奏家”时时刻刻在那里演奏音乐。其实它们是把噪声变成音乐的神奇大师——音乐屏蔽噪声装置。音乐屏蔽噪声的原理是“以声治声”。

美国和日本一些厂商依据“以声治声”原理，制成噪声控制系统，如该系统被安装在轿车、冰箱和卸货机的真空泵上，一般可降低噪声10～15dB。

在日本横滨车站的背后有一座桥，设计师们在桥的栏杆上安装了一种传感器，传感器吸收了车辆、行人过桥时产生的振动，使这种振动去轻轻敲击金属片，金属片就会发出像蒙蒙细雨落地时的那种“沙沙”声。这种声音虽然不是音乐，但听起来很悦耳。日本人很亲切地把这座桥叫做“细雨桥”。现在“细雨桥”已经遍布日本的大小桥梁。

“以声治声”的原理是什么？录影棚里歌手戴的耳罩是起什么作用的？

3.3.3　主要高噪声工段降噪措施

1. 生料、燃料和水泥制备系统

球磨机是水泥厂重要的设备，也是水泥企业的强噪声源，其声压级可达105dB，通常采用隔声罩、隔声屏、筒体阻尼包覆、用橡胶衬板代替锰钢衬板、非球形钢研磨体等措施进行降噪。仅能降噪10dB左右，降噪效果不理想。要使噪声级降低到85dB以下，较理想的途径是采用隔声室。当然，生料粉磨最好采用噪声较低的立式磨替代管磨。

隔声室降噪就是将球磨机运转区域进行封闭，降低球磨机噪声。一般水泥企业的球磨机房为两面或三面砖墙，砖墙本身的隔声量和阻尼作用已经很大，一般不做考虑。隔声室设计时，重点是考虑门、窗和磨房内墙的吸声处理。

(1) 安装隔声门

隔声门的设计应具有足够的隔声量而且开启方便，面板可选用一定厚度木质纤维板，夹层内装一定厚度的岩棉，隔声量可达30dB (A) 左右，如图3-4 (a) 所示。隔声门的大小应考虑大修时设备的进出，考虑大修时的安全与便利性，解决检修、运行检查与降噪之间的矛盾。

（2）设置隔声窗

在隔声墙上设置非等距双层梯形隔声窗，双层玻璃中间加空气层，以进行吸声处理。玻璃与窗框、窗框与墙壁之间用橡皮嵌条密封，如图 3-4（b）所示。操作人员在室外通过隔声窗观察磨机运行情况，工人处于一个安全且符合国家噪声标准的环境里，保护了职工的身体健康，改善了工作环境。

（3）对隔声室内梁柱及屋顶进行隔声和吸声处理

根据球磨机噪声的频谱特性，在车间内墙上设计吸声层，最大限度地吸收噪声，如图 3-4（c)所示。也可在混凝土预制板结构的屋面上增加阻尼层，在屋面下部适当部位安装隔声装饰板，进一步增大隔声量，还可起到装饰作用。

（4）设置强制性机械通风设备，保证室内能有较好的清新环境

在进气口和排气口装排风扇，并设置消声装置，消除增加通风设备后产生的附加噪声，尽量减少通风口漏声现象。

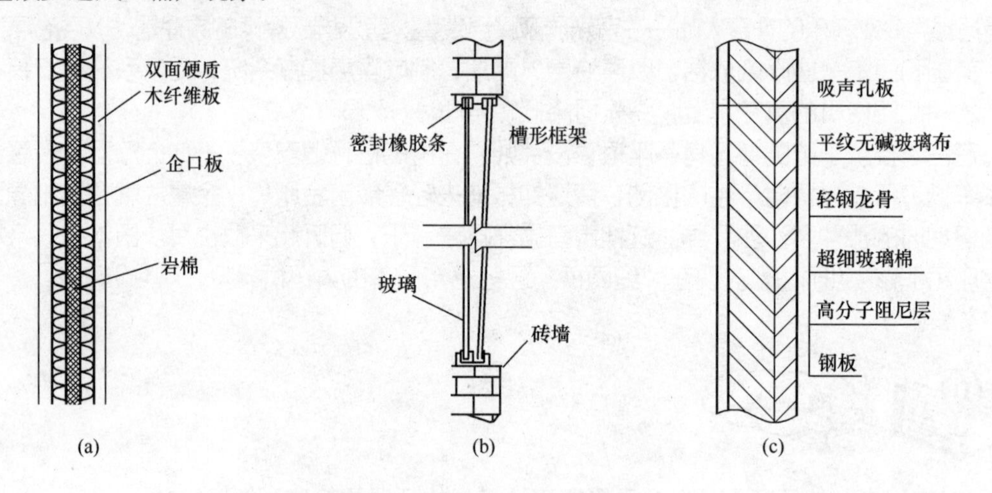

图 3-4　隔声室的隔声处理形式

（a）隔声门；（b）梯形隔声窗；（c）隔声墙

2. 烧成系统

风机也是水泥厂一大噪声源，特别是新型干法水泥厂的窑尾排风机和熟料篦式冷却机风机，噪声高达 105dB（A）。对风机进行降噪处理，是减小水泥企业噪声污染的重要方面。

① 风机的进出风管道安装消声器。在气流通过的管道内，将超细矿渣棉、矿渣棉、玻璃丝、工业毛毡等多孔消声材料与管道内壁紧密接触，吸收噪声。消声材料的厚度可根据噪声的频率选择，高频噪声应选用较厚的消声材料，消声材料厚度小时对低频声的吸收效果较好。

② 根据消声量确定消声器长度和消声弯头的数量。消声器有效长度长，采用消声弯头时，消声效果好，但压力损失大，较高的气流速度又会产生新的噪声。

③ 风管用阻尼材料外包扎减少通风风管传播噪声，使用阻尼涂料粉刷风机、风管。

④ 增大增重风机、电机基础及采用橡胶隔振垫等隔振措施，也可用密封罩密封风机等。

⑤ 风机房屋采用吸声的墙体，如多孔混凝土砌块、内贴吸声材料，或采用双墙隔声墙处理等。

水泥生产过程中的一些原料、半成品及成品均为粉料，一直以来，环保工作的重点都放

在粉尘的治理上，并取得了较好的效果。随着人们环保意识的增强，水泥企业的噪声污染也严重地影响到环境和人们的身体健康，水泥企业噪声控制已得到重视。在生产中，通过对噪声源分析，有针对性地采用吸声、隔声、消声及改变管理制度等控制方法进行综合治理，具有较好的降噪效果。通过噪声治理，改善车间的工作环境和厂区周围的生活环境，是利国利民和保证水泥企业可持续发展的重要方面。

复习思考题

1. 简述噪声的含义。
2. 按照噪声产生的机理噪声可分为哪几种？
3. 适合人类生存的最佳声环境为多少分贝？
4. 什么是环境噪声污染？
5. 环境噪声污染具有哪些特征？
6. 噪声有哪些危害？
7. 水泥生产中噪声污染具有哪些特点？
8. 噪声控制的基本原理是什么？
9. 球磨机的噪声特点是什么？
10. 水泥生产中从哪几个方面来防治噪声污染？

实训题　校园环境噪声监测

一、目的

1. 了解环境噪声监测的一般过程。
2. 了解声级计的使用方法。
3. 了解噪声污染图的绘制方法。

二、仪器

PSJ-2B普通声级计，精度为±1.0dB。

三、实训内容

1. 用声级计测量校园环境噪声。

2. 对环境噪声测量，分别计算测量点白天的L_{10}、L_{50}、L_{90}、L_{eq}，然后以该点的一天的L_{eq}算术平均值作为该点的噪声评价量。

四、测量步骤

1. 将学校的平面图按比例划分为25m×25m的网格（可放大），以网格中心为测量点。

2. 每组4位同学配置一台声级计，顺序到各网点测量，以8：00～17：00为宜，每个网格至少测四次，每次连续读200个数据。

3. 慢档方式读数，每隔5s读一个瞬时A声级，连续读取200个数据，同时判断和记录附近主要噪声源和天气条件。

五、结果处理

用等效连续声级表示。

L_{10}表示10%的时间超过的噪声级，相当于噪声的平均峰值。

L_{50}表示50%的时间超过的噪声级，相当于噪声的平均值。

L_{90}表示90%的时间超过的噪声级，相当于噪声的本底值。

将各网格每一次的测量数据从小到大排列，第20个数为L_{90}，第100个数为L_{50}，第180个数为L_{10}。

$$d = L_{10} - L_{90}$$

$$L_{eq} = L_{50} + \frac{d^2}{60}$$

再将各网点一整天的各次L_{eq}值求出算术平均值，作为该网格的环境噪声评价量。

以5dB（A）为一等级，用不同颜色或不同记号绘制学校噪声污染图。

六、注意事项

1. 测量时要求天气条件为无雨、无雪及较小风力。风力三级以上须加风罩，避免风噪声干扰，五级以上大风应停止测量。

2. 声级计可手持或固定在三脚架上，传声器离地面高1.2m，手持时应使人体与传声器距离0.5m以上。

3. 要保持传声器膜片清洁。

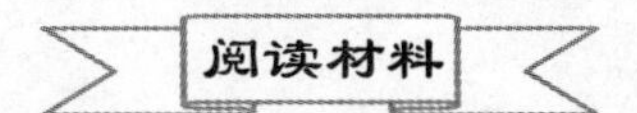

室内如何减少噪声污染

室内噪声分别来自室外环境噪声辐射和室内声源两方面。室外来源包括道路交通噪声、商业噪声、工业和建筑噪声以及居民区内电梯运行噪声等等；室内声源包括家用电器使用及其他由于人们生活活动产生的声音，这些活动一旦声音过大或者发生在不恰当的时间即为噪声，可能会影响邻里和谐。如何减少室内噪声污染，可以从以下诸方面进行考虑。

1. 在选购房产时，尽量选择在清洁安静的区域，尽量远离交通干线、立交桥等噪声较大地区。如果是紧邻交通干线或者其他声源，还要注意观察是否有隔声设施来减少噪声。

2. 在装修阶段考虑控制和减少噪声的影响。

墙面隔声：家庭墙面在装修时进行隔声处理，可以在专业人士指导下用吸声棉和石膏板做一层隔墙，或者使用专业的隔声材料。

地面隔声：地面使用实木地板的隔声效果好一些，如果楼板隔声效果太差，在铺装地砖时应进行采用地面浮筑隔声工艺，可以大大降低楼板传声。在地面或者在通道部分铺装地毯也可以降低噪声。也可以用专业的隔声材料做专门的隔声吊顶。

窗体隔声：选择效果好的隔声窗，90%的外部噪声是从门窗传进来的，因此选择隔声好的门窗非常重要。现在比较流行的方法是选用中空双层玻璃窗和塑钢平开密封窗，可以隔离70%～80%的噪声，而普通的铝合金单层玻璃窗只能隔离30%～40%的噪声。

室内门隔声：注意进户门和室内门的隔声，选择质量较好的防火隔声门，可以隔离掉30dB左右的噪声。另外户内门的隔声往往被大家忽视，实际上室内门的隔声也很重要，特别是有老人和孩子的家庭，在装修时应注意室内门的隔声，减少家人生活的互相影响。

卫生间隔声： 解决卫生间的 PVC 下水管传声问题，可以在水管上包覆吸声板，或者在装修时在下水管道外安装龙骨支架，然后在外面钉上吸声板。还可以在吸声板里面粘上一层海绵或者聚氯乙烯泡沫板（板材厚度应在 1cm 以上），就可以隔声消噪了。

孔洞隔声： 注意墙面孔洞的空气传声。一些房屋墙面的电线盒、插座盒是相通的，会成为墙面传声的通道，还有的空调孔等，如果在装修中没有认真处理，也会成为传声通道。

软装饰吸声： 多选用布工艺装饰和软性装饰，因为布工艺饰品有非常好的吸声效果。一般来说，越厚的窗帘吸声效果越好，质地以棉麻最佳。一条质地好的窗帘可以减少 10%～20%的外界噪声。另外铺地毯也对室内噪声有吸收作用。

植物降低噪声： 利用室内摆放的绿色植物进行降低噪声，可以在临街的窗台、阳台摆放一些枝叶比较多的绿色植物，也能够降低噪声的传入。

房屋格局隔声： 合理安排房屋格局，如果房屋隔声不好，卧室应尽量远离声源，特别是高层楼房的卫生间和厨房，尽量不要和卧室、儿童房相邻。

发烧友消声处理： 如果是音乐发烧友和家中需要练习音乐的音响室，在装修时更应该进行隔声和消声处理，防止对家人或者邻居的生活造成影响。室内装饰装修时尽量采用吸声材料，地面尽量采用软性材料。

第4章 水泥工业水污染及其防治

知识目标

了解水体污染的涵义、污染源、危害及水质指标；熟悉废水处理的工艺、处理技术；熟悉水泥生产中水污染的来源；熟悉水泥厂废水集中处理技术；熟悉垃圾渗滤液及污泥析出污水治理技术。

能力目标

掌握水泥生产中水污染的特点；掌握水泥厂水污染防治原则；掌握水泥厂各类废水处理工艺。

4.1 概述

水体是江河湖海、地下水、冰川等的总称，是被水覆盖地段的自然综合体。它不仅包括水，还包括水中溶解物质、悬浮物、底泥、水生生物等。水与水体是两个紧密联系又有区别的概念。从水体概念去研究水环境污染，才能得出全面、准确的认识。排入水体的污染物质一旦超过了水体的自净能力，使水体恶化，达到了影响水体原有用途的程度，这时可以说，水被污染了。

小知识　　环境学中的水体

环境学中把水体当作包括水中悬浮物、溶解物质、底泥和水生生物等的完整生态系统或自然综合体。水体按类型还可划分为海洋水体和陆地水体，陆地水体又分为地表水体和地下水体，地表水体包括河流、湖泊等。

4.1.1 水体污染的定义

1984年颁布的《中华人民共和国水污染防治法》指出：水污染即指“水体因某种物质的介入而导致其物理、化学、生物或者放射性等方面特性的改变，从而影响水的有效利用，危害人体健康或破坏生态环境，造成水质恶化的现象”。

4.1.2 水体污染源

1. 生活污水

生活污水中含有大量的有机物、病原菌、寄生虫卵等，排入水体或渗入地下将造成污染。

2. 工业废水

在工业生产过程中消耗大量的清水，排出大量的废水，其中夹带许多原料、中间产品或成品，例如重金属、有毒化学品、酸碱、有机物、油类、悬浮物以及放射性物质等，是造成地面水和地下水污染的最主要来源。

3. 畜禽养殖废水

现代化封闭型的规模化畜禽养殖业排除大量的粪尿与污水，其污染负荷已经超过了生活污水和工业废水的总和，是最大的氮污染源。

4. 大气降水

大气和地面上的污染物随雨、雪进入水体，大气中的酸性物质，农田施用的化肥、农药随地面径流进入水体中，造成水体污染，又称面污染源。图 4-1 为水体污染的来源。

图 4-1　水体污染源

4.1.3　水体污染的危害

1. 严重威胁着人类生命健康

水污染严重的地区，饮水安全受到威胁。农、牧、渔产品受到污染，对人体健康已构成威胁。据一些地区居民健康普查结果，污染区居民的肠道疾病率及婴儿先天性畸形、畸胎的发生率均比对照区有明显提高。图 4-2 为被污染的水中污染物进入人体的途径，水污染引发的疾病如图 4-3 所示。

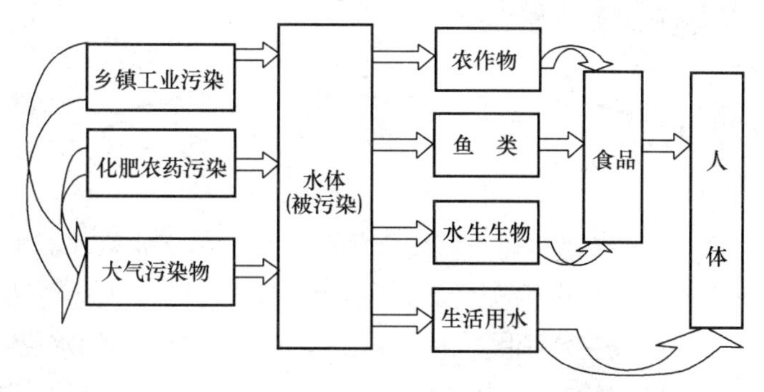

图 4-2　被污染的水中污染物进入人体的途径

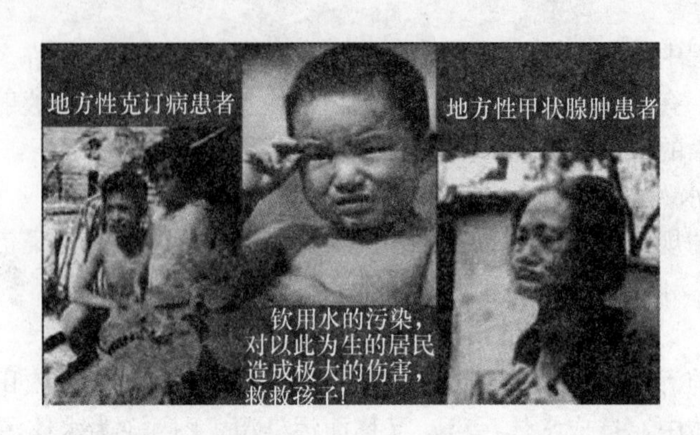

图 4-3 水污染引发的疾病

2. 影响了农业生产

采用污水灌溉农田污染土壤，造成作物枯萎死亡，使农作物减产，污染作物，一些污水灌溉区生长的蔬菜或粮食作物中，检出了痕量有机物，包括有毒，有害的农药等，它们必将危及消费者的健康。

3. 影响了渔业生产的发展

水污染造成：鱼类死亡影响产量；使鱼类和水生物发生变异；在鱼类和水生物体内富集有害物质，使他们的食用价值大大降低。

4. 制约了工业的发展

水质的恶化：影响产品的质量；造成冷却水循环系统的堵塞、腐蚀和结垢问题；大大提高工业用水的成本。

5. 加速了生态环境的退化和破坏

水污染造成的水质恶化：对水体中天然鱼类和水生物造成严重危害；污染物在水体中形成的沉积物，对水体的生态环境也有直接影响。

6. 造成了经济损失

水污染对人体健康、农业生产、渔业生产、工业生产以及生态环境的负面影响，都会表现为经济损失。人体健康受到危害将减少劳动力，降低劳动生产率，疾病多发需要支付更多医药费；对工农业渔业产量质量的影响更是直接的经济损失；对生态环境的破坏意味着对污染治理和环境修复费用的需求将大幅度增加。

2014 年 4 月 11 日，兰州市威立雅水务集团出厂水及自流沟水样中苯含量严重超标。苯是应用广泛的工业化学物质，食物和饮水中含有苯会引起呕吐、眩晕、痉挛、大剂量服用甚至会导致死亡。这次事件引发兰州市民争相抢购矿泉水，一时“兰州水贵”，各大超市的瓶装水被抢空，据《新闻 30 分》报道，12 瓶水 12 元涨到 100 元。水污染原因依然在调查中。如图 4-4 所示。

图 4-4　兰州市民抢购饮用水

4.1.4　水体主要污染物及水质指标

1. 水体污染物

废水中的污染物大致可分为以下几种：固体污染，酸、碱、盐污染，耗氧物质污染，植物营养物质污染，有毒化学物质污染，石油污染，热污染，生物污染等。见表 4-1。

表 4-1　水体中的主要污染物

污染物的类型	主要污染物
固体污染	泥沙、有机质胶体、微生物、无机悬浮物、胶体等
耗氧物质污染	碳水化合物、蛋白质、脂肪和木质素等
植物营养物质污染	有机氮：尿素、氨基酸等；无机氮：氨氮、亚硝酸氮、硝酸氮、磷酸盐等
无机有毒物	氰、氟、硫的化合物
无机有害物	酸、碱、盐类
重金属	汞、镉、铬、铅、砷、铜
易分解有机毒物	酚、苯、醛、有机磷农药
难分解有机毒物	DDT、666、多环芳烃、芳香烃等
油	石油及其制品
病原微生物	病菌、病毒、寄生虫

2. 水质指标

水质是水与其中所含杂质共同表现出来的特性，它须通过所含杂质（或污染物）的组分、种类与数量等指标来表示。水质指标是水质性质及其量化的具体体现，是对水体进行监测、评价、利用以及污染治理的主要依据。环境保护机构和其他有关部门通常按照不同的要求制定各种水质标准，以及相应的测定方法。

1）物理指标

（1）臭味

臭味是判断水质优劣的感官指标之一。洁净的水是没有气味的，受到污染后会产生各种臭味。常见的水臭味有：霉烂臭味（主要来自生物体的腐烂）、粪便臭味、汽油臭味、臭蛋味（来自硫化氢）。化学品引起的臭味是多种多样的，如氯气味、药房气味（主要来自酚类的污染）等。饮用有臭味的水会引起厌恶感。在有臭味的水中生长的鱼类和其他水生生物也可能有异味。游览区的河水和湖水有臭味会影响旅游。中国颁布的《生活饮用水卫生标准》和《地面水卫生标准》都规定水不得有异臭。

（2）色度

一般纯净的天然水是清澈透明的，即无色的。但带有金属化合物或有机化合物等有色污染物的污水呈各种颜色。将有色污水用蒸馏水稀释后与参比水样对比，一直稀释到二水样色差一样，此时污水的稀释倍数即为其色度。

（3）水温

温度是水体的一项重要物理指标。日常监测中发现水温突然升高，表明水体可能受到新污染源的污染。热污染也可能引起生物繁殖增快而使水体产生生物性污染。卫生和农业用水都很重视水温这项指标。水温通常用刻度为0.1℃的温度计测定。深水可用倒置温度计。用热敏电阻温度计能快速而准确测定水温。水温要在现场测定。

（4）悬浮物

水样经过滤，凡不能通过滤器的固体颗粒物称为悬浮物。悬浮物是测定多泥沙的河水和某些工业废水的重要指标。悬浮物多，会堵塞管道，淤积河床；悬浮物透光性差，使水质浑浊，影响水生生物的生长。测定悬浮物通常用玻璃砂芯滤器、滤纸、滤膜等作为滤器。现在国际上常采用0.45μm作为滤器的孔径标准。

2）化学指标

（1）有机物性指标

生活污水和某些工业废水中所含的碳水化合物、蛋白质、脂肪等有机化合物在微生物作用下最终分解为简单的无机物质、二氧化碳和水等。这些有机物在分解过程中需要消耗大量的氧，故属耗氧污染物。耗氧有机污染物是使水体产生黑臭的主要原因之一。

污水的有机污染物的组成较复杂，现有技术难以分别测定各类有机物的含量，通常也没有必要。从水体有机污染物看，其主要危害是消耗水中溶解氧。在实际工作中一般采用溶解氧（DO）、生物化学需氧量（BOD）、化学需氧量（COD、OC）、总有机碳（TOC）、总需氧量（TOD）等指标来反映水中需氧有机物的含量。其中TOC、TOD的测定都是燃烧化学氧化反应，前者测定结果以碳表示，后者则以氧表示。

小资料　　BOD、COD、TOC

BOD即生化需氧量（Bio-chemical Oxygen Demand），指在有氧条件下，由于微生物（主要是细菌）的生活活动降解有机物所需要的氧量。

COD即化学需氧量（Chemical Oxygen Demand），只在酸性条件下，用强氧化剂将有机物氧化为CO_2、H_2O所消耗的氧量。

BOD、COD都是间接表征水被耗氧有机物污染的水质标准。

TOC即总有机碳（Total organic Carbon），表示水中所有有机污染物的总含碳量，是评价水中有机污染物质的一个综合参数。

2006 年 2 月和 3 月，素有“华北明珠”美誉的华北地区最大淡水湖泊白洋淀，相继发生大面积死鱼事件。调查结果显示，水体污染较重，水中溶解氧过低，造成鱼类窒息是此次死鱼事件的主要原因。这次事件造成任丘市所属 9．6 万亩水域全部污染，水色发黑，有臭味，网箱中养殖鱼类全部死亡，淀中漂浮着大量死亡的野生鱼类，部分水草发黑枯死。如图 4-5 所示。

图 4-5　白洋淀死鱼事件

（2）无机性指标

① 植物营养元素。污水中的 N、P 为植物营养元素，从农作物生长角度看，植物营养元素是宝贵的物质，但过多的 N、P 进入天然水体却易导致富营养化。水体中氮、磷含量的高低与水体富营养化程度有密切关系，就污水对水体富营养化作用来说，磷的作用远大于氮。主要的检测项目包括总氮、有机氮、总磷、正磷等。

② pH 值。主要是指示水样的酸碱性。清洁天然水的 pH 值为 6.5～8.5，pH 值异常，表示水体受到污染。

③ 重金属。工业废水中常含有重金属离子，重金属污染具有产生毒性浓度小、不易生物降解、生物累积等特点。污水中主要的重金属离子是指汞、镉、铅、铬、镍，以及类金属砷等生物毒性显著的元素，也包括具有一定毒害性的一般重金属，如锌、铜、钴、锡等。

3）生物指标

（1）细菌总数

反映水体受到生物性污染的程度。细菌总数增多表示水体的污染状况恶化，但不能说明污染物的来源和性质。要结合大肠菌群的检定才能判断污染物的来源和作为饮用水的安全程度。

各种细菌都有各自的生理特性、营养要求和繁殖条件。在不同的培养条件下细菌的繁殖状况是不同的，检定结果也有差异，因此各国都规定检定水中细菌总数的方法。我国把 1mL 水样，在 37℃条件下，用普通营养琼脂培养基培养 24h 所生长的菌落数作为细菌总数。

（2）大肠菌群

大肠菌群指一群既有需氧的又有厌氧的，在 37℃、24h 内能分解乳糖并能产酸、产气的，革兰氏阴性、无芽孢的大肠杆菌。大肠菌群能表示水体受人粪便污染的程度和作为饮用水的安全程度。

大肠菌群的培养温度为 37℃。我国规定的检验方法有发酵管法和滤膜法。用前一方法需要培养和检验时间为 48～72h；用后一方法只需 24h，但不适用于悬浮物多的水样。

1987年11月1日，瑞士山多士化工厂发生火灾，大量化学物质随灭火后的废水排入莱茵河，向中下游扩散，造成西德境内一场灾难，死鱼50余万条，引起国际纠纷。

1987年1月2日，山西长子县化肥厂因检修设备，将10多立方米的碳酸氢铵母液排入南漳河，使河水中氨氮浓度达100mg/L，死鱼11万条，15457人有恶心、呕吐、腹泻等中毒反应。

你的日常行为中有哪些对水环境造成了污染？

4.2 废水处理技术概述

对各种生活污水和工业废水进行处理所采用的办法是：将污染物质从水中除去，或是改变其性质，使有害物质变为无害物质，因此废水得以净化。

处理生活污水与工业废水的方法可以归纳成四大类：物理法、化学法、物理化学法和生物法。

4.2.1 物理法

物理法是利用物理作用使生活污水和工业废水中呈悬浮状态的污染物与水分离而除去。以下是几种主要的物理法处理技术：

1. 格栅与筛网

格栅是由一组平行的金属栅条制成的框架，倾斜安装在污水流经的渠道上，或泵站集水池的进口处，去除可能堵塞水泵机组及管道阀门的较粗大悬浮物或漂浮物，并保证后续处理设施能正常运行。如杂草、树叶、碎纸片、破布头等。格栅截留的污物可以人工清除，也可用机械清除。污物可以作填埋、焚烧、堆肥或与其他污泥混合后进行消化处理，也可将污物粉碎后送回污水处理厂进口。图4-6为粗格栅，图4-7为细格栅。

图4-6　粗格栅

图4-7　细格栅

当需要从水中去除纤维、纸浆、藻类等稍小的杂物时，可用筛网过滤的办法去除。

微滤机就是一种截留细小悬浮物的筛网过滤装置。微滤机可用于自来水厂去除原水中的藻类、水蚤等浮游生物，也可用于工业废水中有用物质的回收等。

2. 沉淀

在污水处理厂中通常根据需要设置两种不同的沉淀设备。一种是沉淀无机固体为主的设备，称为沉砂池；另一种是沉淀有机固体为主的设备，称为沉淀池。

（1）沉砂池

沉砂池的功能是去除水中砂粒、煤渣等相对密度较大的无机颗粒物，一般设在沉淀池之前。沉砂池构造简单，比如平流式沉砂池只是加宽、加深了的明渠，两端设置闸板，底部设置砂斗。平流式沉砂池如图 4-8 所示。常用的还有曝气沉砂池、钟式沉砂池等曝气沉砂池如图 4-9 所示。

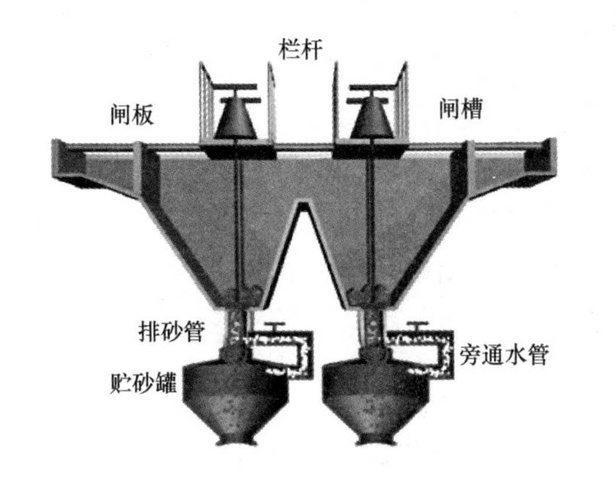

图 4-8　平流式沉砂池

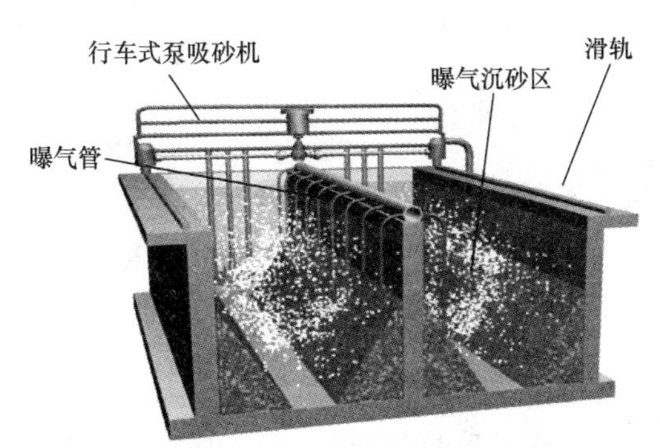

图 4-9　曝气沉砂池

（2）沉淀池

在污水处理厂内，按工艺布置的不同分为初次沉淀池和二次沉淀池，初次沉淀池设在沉砂池之后，某些生物处理构筑物之前，其作用主要是去除有机固体颗粒，降低生物处理的有机负荷。二次沉淀池设在某些生物处理构筑物之后，沉淀生物处理构筑物出水中的微生物固体，与生物处理构筑物共同构成处理系统。

沉淀池按构筑物形式可分为平流式、竖流式和辐流式三种。

平流式沉淀池是使用最广的一种沉淀池。它是一个矩形的池子，废水从一端进入后沿水平方向向前流动，悬浮物则逐渐沉至池底，清水通过设在另一端的溢流堰排出池外。堰板前设挡板及浮渣收集设备，池底则设置了机械刮泥机，将污泥刮至设在进口附近的污泥斗后排出池外。

竖流式沉淀池的平面形状为圆形或方形。水由中央管的下口进入池中，通过反射板的阻挡向四周分布并由下向上流动，澄清后的水则从池子四周的溢流堰排出，沉淀池底部设污泥斗，污泥可借静水压头排出池外。

辐流式沉淀池，其直径较大，水深相对较浅，水在其中的流动方向是从中心向四周呈辐射。辐流式沉淀池一般采用机械排泥，刮泥机每小时旋转 2～4 周。辐流式沉淀池适用于大型水处理厂。

3. 过滤

利用粒状介质层截留水中细小悬浮物的方法，被称为过滤。过滤常被用于废水的深度处理和饮用水处理过程。进行过滤操作的构筑物被称为滤池。普通快滤池是应用最广的一种滤池。普通快滤池的主要组成部分为底部配水系统、中部滤料层、顶部洗砂排水槽和池外管廊，其过滤操作是包括过滤和反冲洗两个过程的交替循环的过程。

4. 气浮

气浮法是利用高度分散的微小气泡作为载体去黏附废水中的悬浮物，使其随气泡浮升到水面，而从水中除去，如图 4-10 所示。其主要处理对象是乳化油及疏水性的细小悬浮物。有时需向废水中投加浮选药剂，选择性地将亲水性的污染物改变为疏水性质。

根据气泡的产生方式，气浮法可分为散气气浮法、溶气气浮法（包括真空气浮法）与电解气浮法。其中溶气气浮法中的加压溶气气浮是应用最多的一种。

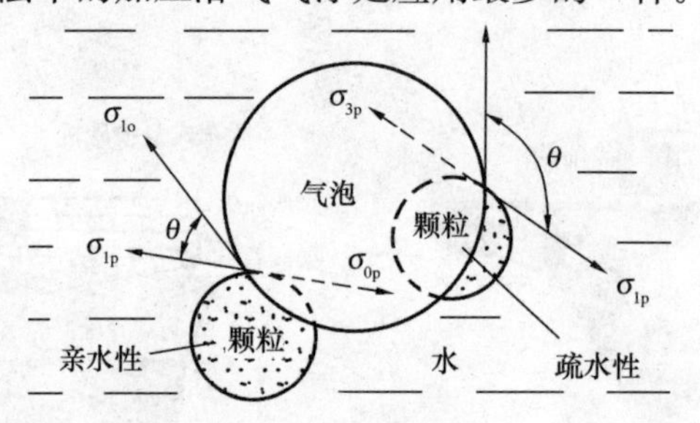

图 4-10　气浮法

5. 离心分离

当废水在容器中绕轴线旋转时，废水及废水中的悬浮固体颗粒将受到器壁所施加的向心力的作用，由于废水与悬浮固体颗粒的密度差，则重者（悬浮物）将做离心运动集中至器壁部分，并沿器壁下滑至器底，形成泥渣，由排泥管连续排出。轻者（废水）将做向心运动集中于容器中心轴部分，由设在容器的中心管进入出流室排出，从而达到悬浮固体与废水的分离。

此外，属于物理法的还有磁分离、蒸发、冷凝等。

在上述分离污染物的方法中，污染物的性质有没有发生变化？

4.2.2　化学法

化学法是利用化学反应来分离或转化废水中的污染物质。属于化学法的有混凝、中和、沉淀和氧化-还原等。

1. 混凝

向水中投加某些化学药剂（常称为混凝剂），使难以沉降的颗粒互相聚集增大，成为具有沉降性能的絮体，以便能通过自然沉降或过滤的方法从水中分离除去，即为混凝。混凝是水处理的一个重要工艺，主要用以去除呈细小悬浮和胶体状态的污染物。

常用的混凝剂有硫酸铝、聚合氯化铝等铝盐，硫酸亚铁、三氯化铁等铁盐，以及有机合成高分子絮凝剂等。

2. 中和

中和处理主要是针对酸性废水和碱性废水的。

当废水酸碱浓度较高（约 3%以上）时，应首先考虑进行酸、碱的回收。对低浓度的酸碱废水，可采取二者互相中和或投加药剂中和的方法，如投加石灰、苛性钠、碳酸钠中和酸性废水，投加硫酸、盐酸或利用 CO_2 气体中和碱性废水。也可采用过滤中和法，即以石灰石、大理石等作滤料，使酸性废水通过滤层得到中和。

3. 氧化还原

通过化学药剂与污染物质之间的氧化还原反应，将废水中有毒、有害污染物转化为无毒或微毒物质的方法，被称为氧化还原法。

水处理中常用的氧化剂有氧、臭氧、漂白粉、次氯酸钠、三氯化铁等；常用的还原剂有硫酸亚铁、亚硫酸盐、氯化亚铁、铁屑、锌粉、二氧化硫、硼氢化钠等。

常用的水消毒方法与氧化法相似，如氯消毒、臭氧消毒、二氧化氯消毒和紫外线消毒，所用的消毒剂都是氧化剂。

4. 化学沉淀

向水中投加某些化学药剂，使之与水中溶解性物质发生化学反应，生成难溶于水的化合物，并将其去除的方法。利用此法可在给水处理中去除钙、镁硬度，废水处理中去除重金属（如 Hg、Zn、Cd、Cr、Pb、Cu 等）和某些非金属（如 As、F 等）离子态污染物。

常用的化学药剂有氢氧化物、硫化物、碳酸盐、钡盐等。

化学药剂的选择原则是什么？

4.2.3　物理化学法

1. 吸附

吸附法是利用表面积很大的吸附剂将废水中细小的悬浮物和溶解状态的污染物吸附在它的表面，使废水得到净化。

多孔性物质如活性炭、活化煤、焦炭、煤渣、吸附树脂、木屑等均具有巨大的表面，都可用作吸附剂。

进行吸附操作之前，废水往往应先经预处理，以去除悬浮物及油类等杂质，防止堵塞吸附剂的孔隙。吸附饱和后的吸附剂要进行再生，即将吸附质从吸附剂的细孔中除去，以恢复其吸附能力。常用的再生方法有热再生法、蒸汽吹脱法、溶剂再生法、臭氧氧化法、生物氧化法等。

吸附法多应用于去除废水中的微量有害物质，包括生物难降解物质如杀虫剂、洗涤剂，以及一些重金属离子，也常用于去除水中的异味。

2. 离子交换

水中离子态污染物与不溶于水的离子化合物（被称为离子交换剂）发生离子的交换反应，称为离子交换。离子交换是一种特殊的吸附过程，通常是可逆性化学吸附。

离子交换装置可分为固定床和连续床两大类，其操作包括交换、反洗、再生、清洗四个步骤。反洗的目的在于松动树脂层；再生是交换反应的逆过程，它通过向饱和的树脂层引入高浓度的溶液，将被吸附的离子置换出来，使树脂的交换能力得以恢复；清洗的目的是除去残留在树脂层内的再生废液。

离子交换法被广泛地应用于水与废水的处理，如进行水质软化和除盐，去除废水中的重金属，以及净化放射性废水等。

3. 电解

电解质溶液在直流电作用下发生的电化学反应被称为电解，电解是电能转变为化学能的过程。电解法处理废水的作用有氧化反应、还原反应、凝聚反应、气浮反应等。

进行电解反应的装置为电解槽，槽内设有与电源正负极相连接的阳极与阴极。接通直流电源后，阴极和阳极之间存在电位差，驱使溶液中的正离子移向阴极，在阴极获得电子，进行还原反应；负离子移向阳极，在阳极放出电子，进行氧化反应。如用电解法处理含氰废水，就是使氰在阳极上被氧化；电解法处理含铬废水，是使六价铬还原为三价铬；电解法还可用于废水的脱色、除油以及其他重金属离子废水的处理。

4. 膜分离

利用特殊的薄膜（如半透膜）来对水中杂质进行浓缩、分离的方法，统称为膜分离。根据膜孔隙的大小及过滤时的推动力，膜分离法可分为以下几种：扩散渗析法、电渗析法、反渗透法和超滤法。以下将对水处理中常用的三种膜分离进行简要介绍。

小资料　　膜分离技术

膜分离技术是指在分子水平上不同粒径分子的混合物在通过半透膜时，实现选择性分离的技术，半透膜又称分离膜或滤膜，膜壁布满小孔，根据孔径大小可以分为：微滤膜（MF）、超滤膜（UF）、纳滤膜（NF）、反渗透膜（RO）等，膜分离都采用错流过滤方式。

（1）反渗透法

当纯水和咸水被一张薄膜隔开盛于同一容器内时，纯水中的水分子将在化学位的推动下，自动向咸水渗透，使咸水得到稀释，该膜只让水分子通过，而不让盐分子通过，因此该膜被称为半透膜。这种现象叫做渗透。在渗透过程中，纯水一侧液面不断下降，咸水一侧液面则不断上升。当两液面不再变化时，渗透便达到了平衡。此时两液面高差称为该种溶液的渗透压。如果在咸水一侧施加大于渗透压的压力 P，则咸水中的水就会透过半透膜流向淡水一侧，使咸水变得更浓，这种作用称为反渗透。

将半透膜的反渗透原理应用到废水处理中，已发展并广泛应用的技术是反渗透法，其主要设备是反渗透装置器也叫反渗透装置。常用的反渗透装置有板框式、管式、螺旋式等。

由于反渗透所分离的溶质一般为相对分子质量在 500 以下的糖、盐等低分子，此时溶液的渗透压较高，因而必须采用较高的操作压力，约为 2～10MPa。

（2）超滤法

超滤法与反渗透法相似，它的主要设备是超滤器。超滤器用的是孔径较大的半透膜，叫超滤膜。超滤膜较疏松，透水量大，施加的压力也较小，一般为 0.1～1.0MPa。在这种压力作用下，原料液中的水分子和某些盐分子可以透过超滤膜，而原料液中的油珠、胶体物、固体微粒及一些较大分子的物质被截留下来，从而使废水得到净化。

超滤法一般用于处理含油废水和有机废水。

(3) 电渗析法

电渗析法是在电场作用下使溶液中的离子通过膜进行传递的过程，所应用的膜为离子交换膜。阳离子交换膜只允许阳离子透过，阴离子交换膜则只允许阴离子通过。在电渗析设备中，阳离子交换膜和阴离子交换膜交替排列于正负两个电极之间，并用特制的隔板将其隔开，形成脱盐水和浓缩水两个系统。在直流电场作用下，阳离子向阴极迁移，阴离子向阳极迁移，由于离子交换膜的选择透过性，淡室中的盐水逐渐淡化，浓室中的盐水被浓缩，以此实现脱盐的目的。

电渗析法主要用于海水及苦咸水的淡化，纯水的制备，以及工业废水的处理，如电镀工业废水、造纸工业废水、重金属工业废水等。

4.2.4　生物法

利用微生物的呼吸作用，降解或稳定废水中溶解状及胶体状有机污染物质的方法，即为生物处理法。

根据微生物的呼吸特性，它可分为好氧微生物和厌氧微生物两大类，生物处理法因此而相应地分为好氧生物处理和厌氧生物处理两大类。

根据微生物生长的状态，生物处理法还可分为悬浮生长的系统和附着生长的系统两大类。

以下是对常用的生物处理系统的简单介绍。

1. 活性污泥法——好氧的悬浮生长系统

在人工充氧的条件下，用待处理的废水对微生物进行培养和驯化，驯化好的微生物会形成褐色絮凝体，称为活性污泥。它具有很强的分解废水中有机污染物的能力。利用活性污泥净化废水中有机物的方法称为活性污泥法。

活性污泥法的主要处理设备是曝气池和二次沉淀池。活性污泥净化废水的过程，一般包括吸附、氧化和絮凝沉淀三个阶段，前二者在曝气池中进行，后者则在二次沉淀池中进行。一部分污泥作为种泥回流到曝气池补充曝气池中活性污泥的数量，其余大部分污泥从池底排出，另作污泥处理。活性污泥法如图 4-11 所示。

近年来，在普通污泥法的基础上，发展了很多新型工艺，如纯氧曝气、深水曝气、氧化沟等。

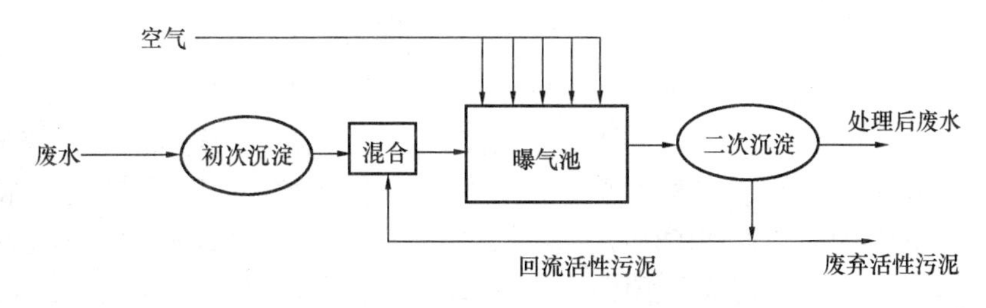

图 4-11　活性污泥法

2. 生物膜法——好氧的附着生长系统

让微生物附着生长于某种载体表面，并形成一定厚度的生物膜，当废水经过生物膜时，废水中的有机污染物被生物膜中的微生物分解，从而使废水得到净化，即生物膜法。

根据采用载体的种类、废水与载体的接触方式以及反应器的构造，常用的生物膜法有生物滤池、生物接触氧化池、生物转盘等。

生物膜法的新工艺——生物流化床和曝气生物滤池在研究和应用上也都有一定的进展。

3. 厌氧生物处理技术

厌氧生物处理技术是在无氧的条件下，利用兼性菌和厌氧菌分解稳定有机物的生物处理方法。

厌氧生物处理与好氧生物处理的显著差异在于：① 它不需供氧，相反，氧的存在将破坏其处理过程；② 它的最终产物是热值很高的甲烷气体，可被利用作能源。

由于厌氧处理不可能像好氧处理那样把有机物彻底分解成二氧化碳和水，所以废水在厌氧处理之后再进行好氧生物处理或其他深度处理，以达到排放标准，现已发展了厌氧—好氧联合生物处理系统，把二者联合起来，发挥了各自的优势，在城市污水和工业废水处理中得到广泛地应用。

4. 天然的生物净化系统

存在于天然条件下的大量微生物的生命活动，对废水具有很好的净化作用。利用天然条件下微生物的生命活动处理废水的系统，统称为天然的生物净化系统。

生物氧化塘是天然生物净化系统的一个典型例子。生物氧化塘的主要处理设施是生物塘，又称氧化塘或稳定塘，可以是天然的，也可以是人工修整的类似池塘的设施。最基本的条件是塘底必须是不透水层，以防止污水长期停留渗漏，污染地下水。

根据生物稳定塘内占优势的微生物种类、需氧量及供给方式，它可分为好氧塘、厌氧塘、兼性塘和曝气塘四种。

甲天下园林水族引用国外生物技术培植出能分解鱼类粪便、残饵的生物菌种，并经过菌种的筛选和接种，形成生物菌丛，运用生物工程学、物理学等原理，设计出最佳的生物净水循环系统，使得鱼池、鱼缸即使长了藻类（青苔），水质仍能长期保持清澈、透亮、不浑浊、无臭味，为鱼儿提供一个良好“活水”的生态环境，是目前养鱼最科学、最先进的水处理技术。系统包括生物砂、PVC 管、水泵、胶网及雨花石。

整个系统的关键是生物砂，它是通过用数十种培养基经过筛选培育出来，生物砂长期处于生长、不断繁殖的状态，在池底下成为天然的生物滤床，附在砂表面的微生物能有效地分解水中的残饵、鱼类粪便等腐败物，形成二氧化氮、硫化氢和氮气等气态物质排出水体，对水体进行自动净化处理，筛选的菌种对鱼类有益并能促进鱼类生长。再加上在水底的 PVC 管及水泵，起到增氧及水体循环的作用，鱼池、鱼缸水体一经改造，能够长期不用换水，帮你解除养鱼经常换水、清洗过滤海绵的烦恼，一次投入长期有效。

好氧生物处理和厌氧生物处理工艺有什么不同之处？

4. 2. 5　废水处理流程

1. 废水处理工艺原则

① 从整体优化的观念出发，整体工艺协调。

② 选择切实可行的工艺，考虑工艺的稳定性和可靠性。

③ 因地制宜，密切结合当地的实际条件和要求。

④ 考虑项目的经济性（建设投资和运行管理费用）、工程实施的切实可行性和运行管理的方便性，密切结合当地的社会经济和环境条件，坚持实事求是的原则。

⑤ 工艺的实用性、经济性和可靠性各方面的因素，不仅重视项目的建设，也顾及到工程运行的可能性。

⑥ 水的资源化目标相结合。

2. 废水处理流程

由于废水含有的污染物种类繁多，性质各异，一般都不可能仅采用一种方法使其净化。应根据废水性质、环境标准对废水排放的要求，以及不同处理方法的特点，选择处理方法并组成一定的废水处理流程。

按照不同的处理程度，废水处理流程可分为一级处理、二级处理和深度处理等。

一级处理指只去除废水中悬浮态污染物的处理，它主要采用物理法，如格栅、沉砂、沉淀等，处理后的出水并未达到完全净化，往往不能满足排放标准的要求。

二级处理是指一级处理再加上生物处理的流程，它可以去除废水中悬浮态的污染物和大部分溶解态的有机污染物，有时还能除去一部分氮、磷营养物。一般情况下，二级处理的出水可以满足排放标准的要求，也可用于农田灌溉。

深度处理是指在二级处理流程后再进一步去除出水中残留的有机物、悬浮物、氮、磷等的处理流程，其目的是将净化后的废水回收用于工业或城市用水。典型废水处理流程如图 4-12所示。

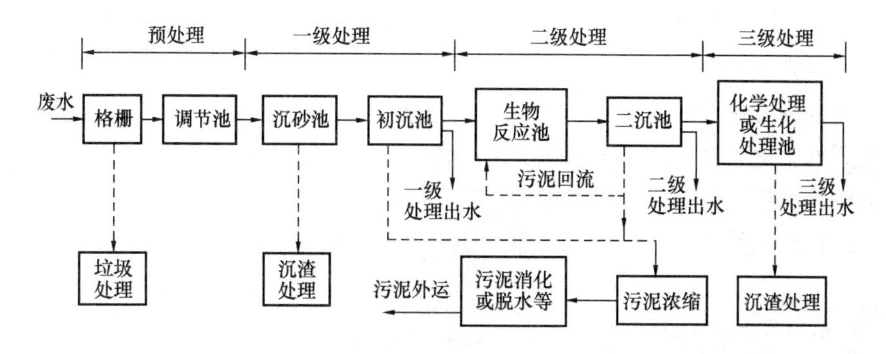

图 4-12　典型废水处理流程

4.3 水泥生产与水污染

在生产过程中，工业用水由于使用中混进了各种污染物，而丧失了使用价值，被废弃外排的水称为工业废水，一般指工艺废水、冷却用水、厂区清洁用水和维护用水。

工业生产的产品、原料和生产方法的多样化，导致排水污染性质也纷呈复杂，如有机污染、无机污染、热污染、色度污染等。大量工业废水排出后对水源将造成严重污染，危害人体健康，破坏自然环境，因此必须对工业生产排出的废水进行相应的处理。

废水处理应结合生产工艺、环境保护统一考虑，通过系统和综合的分析找出比较经济、合理的处理方案。

4.3.1 水泥生产中水污染的来源

按照废水来源，水泥厂废水一般分为生产废水、生活污水和雨水三种不同类型。

生产废水主要包括：循环水排污水、设备冷却废水、化验室废水、某些设备冲洗废水等，如果水泥厂利用水泥窑联合处置生活垃圾及市政污水处理厂污泥，厂内垃圾堆放时产生的垃圾渗滤液和污泥干化液也是需要处理的废水。

4.3.2 水泥生产中水污染的特点

水泥厂废水的种类和废水产生量与水泥厂的生产工艺、是否处理废弃物、水处理工艺以及管理水平有很大关系。

按照废水的流量特点，废水分为经常性废水和非经常性废水。

经常性废水即连续排放的废水，主要有余热锅炉连续排污冷却水、循环水系统反渗透水处理设备的排污水。

非经常性废水是指在设备检修、维护、保养期间产生的废水，如锅炉化学清洗排水、初期雨水等。

总体来说，水泥厂废水种类相对较少，但废水的水质、水量的特性差异较大。

(1) 设备循环冷却水特点

设备冷却废水占生产废水的绝大部分，水质无多大变化，主要是水温有所升高，或含微量机油。

(2) 化验室废水特点

化验室废水昼夜排放量不大，其中大部分为水泥试件养护水，另有少量化学分析洗涤水，水质无严重恶化（其 pH 值略变化，SS 增加）。

(3) 生活污水特点

生活污水日产生量不大，但含有大量有机物和致病细菌。

水泥生产中水污染的来源、特点有哪些?

4.4　水泥厂水污染防治技术

废水处理通常有两种方式：一种是集中处理；另一种是分类处理。

集中处理是指将各种来源的废水集中收集，然后进行处理。分类处理是指将水质类型相似的废水、收集在一起进行处理。不同类型的废水采用不同的工艺处理，处理后的水质可以按照不同的标准控制。根据水泥厂废水的特点及处理后回用或排放的要求，大部分水泥厂采用集中处理和分类处理相结合的处理方案。

4.4.1　废水处理原则

① 改进和优化生产工艺，尽可能在生产过程中杜绝有毒有害废水的产生，在生产过程中减少废水的排放和控制废水中污染物的浓度。

② 要本着综合利用水资源和满足经济效益的原则，尽可能对污水进行深度处理，实现污水资源化，考虑回收利用和循环使用。

③ 污水处理规模能满足企业发展需要，尽可能采用现代化管理手段，实现科学化、自动化管理。废水排放采取清浊分流，一水多用。将清、浊废水分别处理，可以减少废水处理的工作量和设施费用。

④ 根据水质化验报告，分析主生产过程排水的成分，选择合适的处理工艺，降低水污染程度，达标排放。废水处理工程采用先进、建设投资少、管理方便、运行可靠、处理成本低的技术和设备；工程选址要按照工程设计的有关规定，充分考虑污水输送，处理后回用，消防安全等因素，尽可能少占地，减少工程投资，并结合企业的总体规划和长远发展，合理选址。

⑤ 从全局出发，加强水务管理。对水泥厂的水源、用水和排水做全面规划管理，选择最优的全厂用水分配，采用最经济、合理的废水处理工艺和最大限度地提高回用水率，实现生产和生活的水耗量、排水量达到最理想的水平。

⑥ 低温地区，注意考虑寒冷气候对处理的影响。经过处理的工业废水应达到相应的控制标准，满足以下要求。一是满足废水再利用对水质的要求；二是满足物料回收工艺对水质的要求；三是满足废水排放对水质的要求。

4.4.2　各类废水处理工艺

（1）循环冷却水、锅炉外排水的处理

设备冷却废水占生产废水的绝大部分，水质无多大变化，主要是水温有所升高，或含微量机油。

循环冷却水经冷却塔冷却，隔油、沉淀等措施处理后，回流到循环冷却水池，循环使用。循环冷却水、锅炉外排水的处理流程图如图 4-13 所示。

（2）余热锅炉化学清洗废水（含有机清洗剂）

余热锅炉视运行状况每隔一段时间（一年到数年）进行一次，清洗废水由专业清洗公司负责处理。

（3）生活污水

生活污水含有大量有机物和致病细菌，排放前须经过处理。

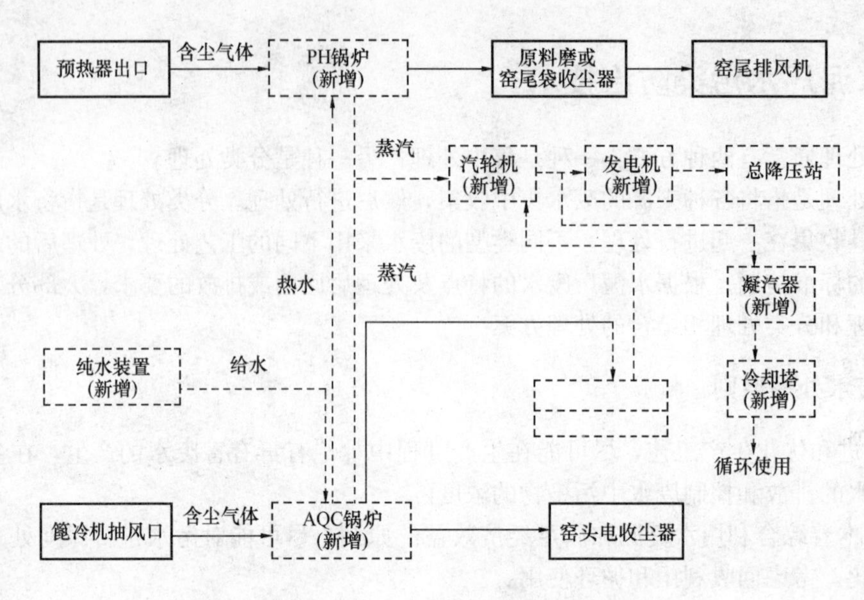

图 4-13　循环冷却水、锅炉外排水的处理流程图

采用物化（物理和化学）和生化（生物工程）相结合、以生化工艺为主导的工艺流程，对废水进行处理。经过分离、沉淀、调节、生化等工艺单元，将无机污染物以固体分离，有机污染物转换成 CO_2、H_2O 和剩余污泥，使污水得到净化。

生活污水处理方法可选用成熟的二级生化处理工艺，例如生物接触氧化法是具有活性污泥法和生物膜法特点的新型处理技术，目前应用广泛、技术成熟可靠。也可采用地埋式污水处理成套设备，它具有管理操作简便、运行费用低、占地面积小、处理效果好的特点。生活污水处理工艺流程，如图 4-14 所示。

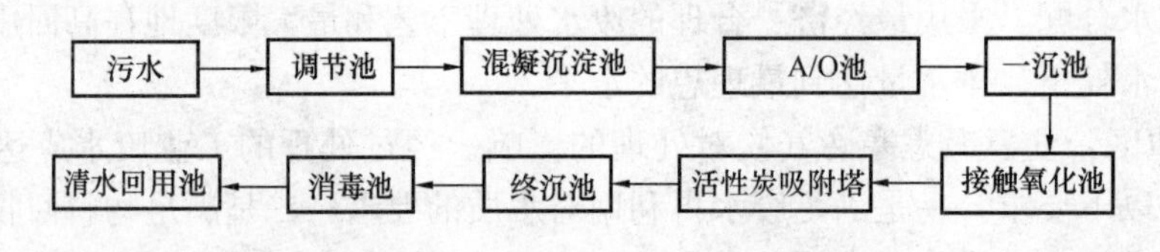

图 4-14　生活污水处理工艺流程

（4）化验室废水

化验室废水昼夜排放量不大，其中大部分为水泥试件养护水，另有少量化学分析洗涤水，水质无严重恶化（其碱性或酸性略有增加），经过加药剂絮凝沉淀、调整 pH 值后即可回用或达标排放。

（5）初期雨水

在厂区内建设合理的雨水排除系统，汇入雨水沟，采用道路边沟排放至市政雨水管网。在部分降雨强度大的地区，还应设置集雨池，防止瞬时雨量超过厂区雨水管网承载能力。

（6）垃圾渗滤液和污泥干化液特点

在协同处置生活垃圾时产生的垃圾渗滤液，可喷入窑内焚烧处理，处置污泥时污泥析出水需使用专门污水处理设施处理。

4.4.3　废水集中处理技术

（1）预处理

废水的预处理包括隔除杂质、污水沉砂、调节水质水量三个阶段。格栅能自动隔杂、收杂；沉砂除去污水中的泥砂，防止泥砂磨损管道、损坏设备；水质水量调节是平衡污水的负荷，稳定后段的处理效果。

无论是工业废水，还是城市污水或生活污水，水量和水质在 24h 之内都有波动。

这种变化对污水处理设备，特别是生物处理设备正常发挥其净化功能是不利的，甚至还可能遭到破坏。在这种情况下，应在废水处理系统之前，设置均化调节池，用以进行水量的调节和水质的均化，以保证废水处理的正常进行。

（2）物化处理

由于污水中大部分有机物及氨氮以悬浮状态存在，为确保后序单元的稳定运行和氨氮的去除率，需设物化处理系统，通过投加絮凝剂、将污水浊度降下来，同时去除大量的有机污染物和氨氮。

（3）生化处理

水经物化处理后，仍不能达到回用要求，必须进一步进行生化处理。生化处埋方法很多，主要分为好氧和厌氧生化处理两类。

（4）消毒技术的选择

根据污水处理的要求，污水经处理后、回用于生产，如不做消毒处理，污水中的微生物、细菌和大肠菌群，就会在循环水中大量繁殖，生成黏泥沉积于金属表面，不仅会降低传热效率，而且产生藻类堵塞管道。因此，最终的出水要进行消毒处理。水泥厂污水处理工艺如图 4-15 所示。

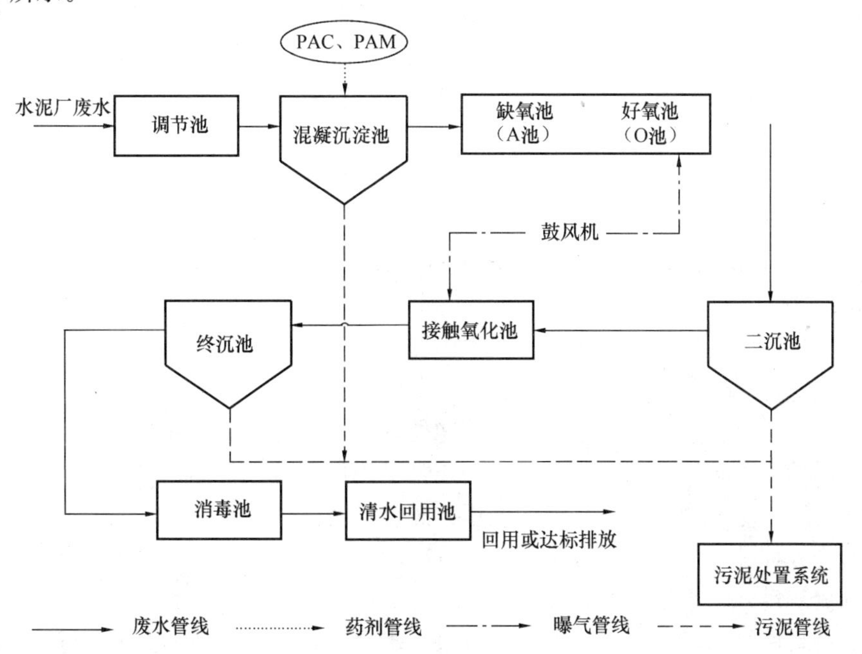

图 4-15　水泥厂污水处理工艺图

4.4.4 垃圾渗滤液及污泥析出污水治理技术

目前国内外对垃圾的处理主要有焚烧、填埋、堆肥以及综合利用等方式。其中，垃圾卫生填埋以其相对费用较低、技术比较成熟、管理方便等优点成为我国现阶段采用较广泛的方式。垃圾填埋过程中产生的大量渗滤液，是世界上公认的污染威胁大、性质复杂、难于处理的高浓度废水，从填埋场的运行到封场后管理，都需要对渗滤液的产生进行有效控制，对排出的渗滤液进行妥善处理。

1. 垃圾渗滤液的现状

垃圾渗滤液是指垃圾在填埋堆放过程中，由于厌氧发酵、有机物分解、降水的淋溶和冲刷、地表水和地下水的浸泡等原因，产生多种代谢物质和水分，形成了含高浓度悬浮物和高浓度有机或无机成分的液体，垃圾渗滤液的主要来源是：① 填埋场内自然降水；② 垃圾本身含水；③ 微生物厌氧分解水。渗滤液与其他污水相比的一个重要特点是水质水量波动大，雨季是产生渗滤液的高峰期，而干旱季节基本没有渗滤液流出。

垃圾渗滤液的组成成分比较复杂，根据填埋时间的不同，垃圾渗滤液各种物质的含量也有较大差异。渗滤液量及污染物浓度与气候变化、水文条件、季节变化、垃圾性质、垃圾填埋时间、填埋方式、垃圾含水率等诸多因素有关。同一垃圾卫生填埋场渗滤液的性质随着填埋场的使用时间而变化。新填埋场渗滤液呈弱酸性，pH 值约为 6.5，可生化性较好，氨氮浓度较高；老填埋场渗滤液的 pH 值约为 8.0，可生化性极差，而氨氮浓度依然较高。

2. 垃圾渗滤液的处理方法

城市垃圾填埋场渗滤液的处理一直是填埋场设计、运行和管理中非常棘手的问题。由于液体在流动过程中有许多因素可能影响到渗滤液的性质，包括物理因素、化学因素以及生物因素等，所以渗滤液的性质在一个相当大的范围内变动。一般来说，其 pH 值在 4～9 之间，COD 在 2000～62000mg/L 的范围内，BOD_5 从 60～45000mg/L，重金属浓度和市政污水中重金属的浓度基本一致。城市垃圾填埋场渗滤液是一种成分复杂的高浓度有机废水，若不加处理而直接排入环境，会造成严重的环境污染。以保护环境为目的，对渗滤液进行处理是必不可少的。

垃圾填埋场渗滤液的处理技术既有与常规废水处理技术的共性，也有其极为显著的特殊性。渗滤液的处理一般有如下几种形式：

① 直接排入或运输至城市污水处理厂进行合并处理。

② 渗滤液循环回喷填埋场。

③ 经必要的预处理后汇入城市污水处理厂合并处理。

④ 在填埋场建设污水处理站（厂）进行现场处理。

这些处理方案需在充分的技术经济比较和处理可行性研究的基础上合理而慎重地选用。通常有两方面的问题必须首先加以研究：首先是采用何种处理方案，其次是采用什么样的处理工艺方法。通常所说的垃圾渗滤液的处理方法包括物化法和生物法，渗滤液循环回喷填埋场也可认为是一种独立的处理方法。

（1）运输或排入污水处理厂合并处理

将渗滤液直接排入城市污水处理厂与城市污水合并处理，是最为简单的处理方案，不仅可以节省单独建设渗滤液处理系统的大额费用，还可以降低处理成本。利用污水处理厂对渗滤液的缓冲、稀释作用和城市污水中的营养物质实现渗滤液和城市污水的同时处理，并非是普遍适用的方法：一方面，由于垃圾填埋场往往远离城市污水处理厂，渗滤液的输送将造成较大的经济负担，而且渗滤液输送过程中的卫生、安全问题也很突出；另一方面，由于渗滤液特有的水质及变化特点，在采用此种方案时如不加控制，则因垃圾渗滤液中含有较高浓度的有机污染物和 NH_3-N 物质，易造成对城市污水处理厂的冲击负荷，影响甚至破坏城市污水处理厂的正常运行。

一般认为，只要渗滤液的量小于城市污水总量的 0.5%，并且渗滤液带来的冲击负荷增加控制在 10%以下，合并处理就不会对城市污水的生物处理效果产生负面影响，那么合并处理就是一种经济可行，价格低廉的方法。

目前，在我国大部分地区尚无经济实力独建场内渗滤液处理站（厂）的情况下，采用此方案具有实际意义，但要求城市具有污水处理厂且与垃圾卫生填埋场不能太远。

（2）垃圾渗滤液循环回喷填埋场

将垃圾渗滤液收集并通过回灌，使之回到填埋场，称之为循环喷洒处理。垃圾渗滤液的循环喷洒是一种较为有效的处理方案，是垃圾填埋场常用的减少渗滤液量和处理渗滤液的方法。通过回喷可提高垃圾层的水分含量（含水率由 20%～25%提高到 60%～70%），使垃圾渗滤液中微生物的营养成分回到填埋场中，增强垃圾中微生物的活性，加速产甲烷的速率、垃圾中污染物溶出及有机物的分解，降低垃圾渗滤液的有害物质浓度，缩短填埋垃圾水量和水质的稳定化进程，增大垃圾填埋场的沉降速率和总沉降幅度。

垃圾渗滤液的场内喷洒处理法也具有四个方面的弊端：① 不能完全消除渗滤液。由于喷洒或回灌的渗滤液量受填埋场特性的限制，因而仍有大量的渗滤液需外排处理。② 通过喷洒循环后的渗滤液仍需进行处理方能排放，尤其是由于渗滤液在垃圾中的循环导致 NH_3-N不断积累，甚至最终使其浓度远高于其在非循环渗滤液中的浓度。对含高浓度 NH_3-N的垃圾渗滤液进行二次处理，将使费用增高。③ 垃圾渗滤液回喷在年降水量大（>700mm）的地区应慎用。④ 渗滤液回喷过程中所带来的环境卫生、安全及设计技术等问题应慎重处理。

在采用循环喷洒技术时，要求在填埋场的顶部有部分敞开以便于设立规则性排列的沟道及回喷配水系统。基于以上原因，循环喷洒处理法在我国应用较少。

（3）垃圾渗滤液现场处理系统

由于垃圾填埋场大多远离城市，采用预处理——合并处理将会因渗滤液远距离输送而带来较高的一次性投资，或因城市污水处理厂的水量负荷小，造成处理水超标的问题。再有，采用回灌处理也存在处理不彻底仍需二次处理及安全卫生等问题，所以建立垃圾渗滤液现场处理系统将是大多数填埋场的合理选择。

3. 垃圾渗滤液的处理工艺

目前国内外渗滤液的处理工艺有生物处理、物化处理、土地处理等多种。一般情况下必须将两种以上处理技术合理组合，才能使处理后渗滤液达标排放。

（1）生物处理

生物处理是垃圾渗滤液主要的处理方法，由于渗滤液水质不同于城市污水，所以不能完全按照城市污水生物处理方法处理，一般生物处理技术主要包括厌氧处理和好氧处理两种。

厌氧处理技术主要特点是：承受的负荷高、能耗较少、污泥产率低、提高生化性，投资运行费用低，适用于有机浓度高，生化性差的垃圾渗滤液。所以可以作为好氧处理的预处理单元，一方面去除水中的COD和BOD有机污染物，另一方面可以提高渗滤液的生化性，偏于后续的好氧处理单元处理。

厌氧处理技术主要包括上流式厌氧滤池（AF）、上流式厌氧污泥床反应器（UASB）、厌氧折流板反应器（ABR）、厌氧序批示反应器（ASBR）等。

好氧处理可以有效地去除污水中的COD、BOD_5和氨氮，好氧工艺比其他工艺发展成熟，处理效果稳定。常规好氧工艺包括活性污泥法、氧化沟、SBR等。

（2）物化处理

物化处理技术不受水质水量的影响，运行比较可靠，出水稳定。对于生化性差的垃圾渗滤液也有较好的处理效果，自90年代中后期被用于处理渗滤液常用处理技术之一，鉴于2008年颁布新的排放标准，一般的生物处理方法很难达到排放要求，所以用物化法作为生物的预处理或者后续的深度处理是十分必要的。

目前处理垃圾渗滤液的物化法主要有微电解、混凝沉淀、吹脱、吸附（活性炭吸附）、膜分离（反渗透、超滤）、化学氧化法（臭氧氧化、电解氧化、Fenton试剂氧化等）。

（3）土地处理

土地处理技术主要通过土壤颗粒的过滤、离子交换吸附和沉淀等作用去除渗滤液中悬浮固体和溶解成分，通过土壤中的微生物作用使渗滤液中的有机物和氮发生转化，通过蒸发作用减少渗滤液量，主要包括：人工快滤、慢速渗流、地下渗流、快速渗流等处理系统。目前应用在垃圾渗滤液方面的土地处理技术主要是人工湿地。人工湿地是通过植物系统综合生物、物理和化学三种共同作用净化废水，人工湿地是近年来用于处理垃圾渗滤液比较普遍的一种土地处理技术。

垃圾渗滤液对生态环境的危害？

复习思考题

1. 什么是水体污染？
2. 水污染的来源有哪些？简述其产生的原因？
3. 水体污染的水质指标有哪些？
4. 水泥生产中水污染的来源和特点？
5. 格栅、筛网的主要功能是什么？
6. 沉淀法有哪几种类型？平流式沉淀池有何优缺点？
7. 废水处理原则是什么？
8. 水泥厂各类废水处理技术是什么？
9. 垃圾渗滤液的特点和处理方法？

实训题　水中溶解氧（DO）的测定

一、目的

1. 了解碘量法测定水中溶解氧（DO）的原理和方法。

2. 掌握碘量法测定溶解氧的实际应用。

二、原理

溶于水中的氧称为溶解氧，当水体受到还原性物质污染时，溶解氧即下降，而有藻类繁殖时，溶解氧呈过饱和。因此，水体中溶解氧的变化情况，在一定程度上反映了水体受污染的程度，正常水样溶解氧为 8～12mg/L。

在水样中分别加入硫酸锰和碱性碘化钾，水中的溶解氧会将低价锰氧化成高价锰，生成四价锰的氢氧化物棕色沉淀。加酸后，沉淀溶解并与碘离子反应，释出游离碘。用淀粉作指示剂，用硫代硫酸钠滴定释出的碘，从而可计算出水样中溶解氧的含量。反应式如下：

$$MnSO_4 + 2NaOH = Mn(OH)_2 \downarrow (白色) + Na_2SO_4$$

$$2Mn(OH)_2 + O_2 = 2MnO(OH)_2 \downarrow (棕色)$$

$$MnO(OH)_2 + 2KI + 2H_2SO_4 = I_2 + MnSO_4 + K_2SO_4 + 3H_2O$$

$$I_2 + 2Na_2S_2O_3 = 2NaI + Na_2S_4O_6 (连四硫酸钠)$$

水中溶解氧含量 DO（O_2，$mg \cdot L^{-1}$）的计算公式如下：

$$DO = \frac{C_1 V_1 M_{O_2} \times 1000}{4V}$$

式中，DO 为水中溶解氧，$mg \cdot L^{-1}$；C_1 为 $Na_2S_2O_3$ 标准溶液的浓度，$mol \cdot L^{-1}$；V_1 为滴定时所消耗 $Na_2S_2O_3$ 标准溶液的体积，mL；M_{O_2} 为 O_2 的摩尔质量，$g \cdot mol^{-1}$；$\frac{1}{4}$ 为 O_2 与 $Na_2S_2O_3$ 反应的化学计量比；V 为水样体积，mL。

三、仪器及试剂

1. 仪器

250mL 具塞试剂瓶，50mL 酸式滴定管，移液管，量筒，250mL 碘量瓶。

2. 试剂

① 饱和硫酸锰溶液：称取 $MnSO_4 \cdot 4H_2O$ 480g 或 $MnSO_4 \cdot H_2O$ 364g 溶于蒸馏水中，过滤并稀释至 1000mL。

② 碱性碘化钾溶液：称取 500g 氢氧化钠溶于 300～400mL 蒸馏水中，冷却。另将 150g 碘化钾溶于 200mL 蒸馏水中，慢慢加入已冷却的氧氧化钠溶液，摇匀后用蒸馏水稀释至 1000mL，贮于塑料瓶中。

③ 1%淀粉指示液。

④ 0.013$mol \cdot L^{-1}$硫代硫酸钠溶液：称取 3.2g 硫代硫酸钠（$Na_2S_2O_3 \cdot 5H_2O$，摩尔质量为 248.17$g \cdot mol^{-1}$）溶于煮沸放冷的蒸馏水中，加入 0.2g 碳酸钠，用水稀释至 1000mL，贮于棕色瓶中，使用前用重铬酸钾溶液，$C(\frac{1}{6}K_2Cr_2O_7)$ =0.02500$mol \cdot L^{-1}$标准溶液标定。

⑤ H_2SO_4 溶液（1+1）。

四、步骤

1. 水样的采集

用量筒量取440mL水样，沿瓶壁直接倾注溶解氧试剂瓶中。

2. 溶解氧的固定

用吸量管吸取1mL的饱和硫酸锰溶液，然后插入溶解氧瓶的液面下放开，让溶液充分与水样混合，同样方法取1mL碱性碘化钾溶液于溶解氧瓶中，盖好瓶塞（瓶中切不可留有气泡，如有气泡，则实验作废），然后将瓶上下转动15次以上，静置。待棕色沉淀物降瓶内一半时，再使瓶子上下转动混合，待沉淀物下降到瓶底。以上操作称为溶解氧的固定，大多在取样现场进行。

3. 碘析出

轻轻打开瓶塞，立即用移液管加入4.0mL硫酸溶液（1＋1），管尖应立即插入液面下，让酸慢慢流入，小心盖好瓶塞，按上述方法使之混合摇匀，至沉淀物全部溶解为止（如不溶再加硫酸直至溶解为止），放置暗处5min。

4. 滴定

移取100.0mL上述溶液于250mL锥形瓶中，用硫代硫酸钠滴定至溶液呈淡黄色（红棕色至淡黄色），加1mL淀粉溶液，继续滴定至蓝色刚好褪去为止，记录硫代硫酸钠用量。计算水中溶解氧的含量（质量浓度，以$mg \cdot L^{-1}$计）。

五、注意事项

1. 如果水样中NO_2^-含量大于$0.05mg \cdot L^{-1}$，Fe^{2+}含量大于$1mg \cdot L^{-1}$，对测定有干扰，可在水样中加入叠氮化钠NaN_3 10g。如果Fe^{3+}含量大于$100mg \cdot L^{-1}$时，可加入1mL 40％KF溶液将它掩蔽，以消除干扰。也可用H_3PO_4代替H_2SO_4酸化后滴定。

2. 水中溶解氧经固定后，可放置数小时并不影响测定结果。生成沉淀的棕色越深，表示溶解氧含量越高。

地下水危机

据统计，目前全球大约15亿人口的饮水来源是地下水，亚洲1/3人口的饮水靠地下水提供。目前工业用水在全部地下水用水中的份额已占了19％，且有不断上升趋势。地下水正在以惊人的速度减少着，而且由于地下蓄水层沉积物变得致密，地下蓄水层的蓄水量不可逆转地永久性缩减。

在地下水储量缩小的同时，地下水污染也在许多地方突出地表现出来。地下水污染与地表水污染有着明显的不同：地下水污染往往是逐渐深入的，很难及时发觉。经过层层过滤，当地下水受到某些组分的严重污染时，往往是无色无味的，不易察觉。由于地层的阻留，地下水中的污染物含量一般是微量的，不会引起人类的急性疾病，但是却会在人体内富集，造成多系统的损伤，甚至会影响到几代人的健康。

工业生产过程中会排出大量含有各种有毒有害元素的废水，人类通过化学、物理、生物等各种方法处理了部分工业污水，但还是会有大量废水没有经过处理而排入城市下水道、江河湖海或直接排到水沟、大渗坑里让其自行消失，这些都是导致地下水工业污染的主要原因。

长期以来，城市的生活污水没有经过任何处理而直接排放，只是靠地表水体的自净能力来消除其中的污染物质，但水体的自净能力是有限的。据统计，我国约有 80%以上的河流遭到污染，有的污染相当严重，甚至不能用于灌溉农田，这些污染后的地表水都成了地下水污染的源头之一。

地下水早已不再是人们想象当中的地下水了，其污染状况不容忽视，人类需要对地下水环境的治理高度重视起来，这样的醒悟越早越好。

第 5 章　水泥工业固体废物的利用和处置

知识目标

了解固体废物的污染现状；熟悉固体废物的来源和分类；了解固体废物对环境的危害；了解危险废物的越境转移；熟悉水泥生产中固体废物的来源和分类；熟悉熟悉水泥窑协同处理污泥典型的技术；熟悉水泥窑协同处理生活垃圾典型技术。

能力目标

掌握固体废物的处理原则及设备；掌握水泥生产中各类废物的处理工艺；掌握水泥窑协同处理工业废物分类。

5.1　概述

5.1.1　基本概念

1. 固体废物

固体废物亦称废物，是指在生产和生活活动中丢弃的固体、半固体物质以及装在容器中的危险性废液和废气。废物是一个相对概念，在某种条件下它为废物，在另一种条件下却可能成为宝贵原料。故固体废物有“放错位置的原料”之称。如图 5-1 所示。

图 5-1　固体废物

2. 固体废物的处理

固体废物的处理是指经过采取一定的防止污染措施后，排放于可允许的环境中；或暂储于特定的设施中，待具备适宜的经济技术条件时，再加以利用或进行无害化的最终处置。

3. 固体废物的处置

固体废物的处置系指固体废物的最终处理，是解决固体废物的最终归宿问题。

5.1.2　固体废物的来源和分类

固体废物主要来源于人类的生产和生活活动。我国《固体废物污染环境防治法》中将固体废物分为：

1. 工矿业固体废物（废渣）

工业固体废弃物主要有冶金钢渣、煤灰、硫铁矿渣、碱渣、含油污泥、木屑以及各种机械加工产生的固体边角料等；矿业废弃物主要来自采、选矿过程中废弃的尾矿等。

2. 城市垃圾

城市垃圾是指城市居民在日常生活中抛弃的固态和液态废弃物、企事业单位和机关团体的办公垃圾、商业网点经营活动的垃圾、医疗垃圾和市政维护管理的垃圾等。

小知识　　慎用塑料包装食品

目前市场上有一些食品包装袋是一些不法商贩利用非食品用原料（如工业用原料）生产的，或用回收的废旧塑料再加工的劣质塑料袋，透明度低、弹性差，有的具有刺鼻气味。这类产品含有多种对人体有害的化学物质，如果盛装油类食品，其有害物质会溶解到油脂中，对食品造成污染，危及人体健康；增塑剂溶出后对人体有害，可能有致癌作用；重金属铅等成分会在人体蓄积，影响人体健康。因此日常生活中要慎用塑料包装食品。

3. 危险废物

危险废物又称有害废物，1998年7月1日实施的《国家有害废物名录》中列出我国有害废物共47类。这类固体废物有含铬、镉、汞、铅等重金属及砷的废渣，含氰化物的废渣，含有机有毒物、农药残留物的废渣，含油的废渣等，其数量约占一般固体废物量的1.5%～2.0%，其中大约一半为化学工业固体废物。固体废弃物种类、组成及其来源，见表5-1。

小知识　　危险固体废物

简称危险废物，旧称有害废物。通常用于识别和鉴别是否属于危险废物的典型判据是：① 易燃性；② 腐蚀性；③ 反应性；④ 传染性；⑤ 毒性；⑥ 放射性等。其中毒性判据包括急性毒性、浸出毒性、遗传变异性、生物需急性、水生生物毒性、口服毒性、吸入毒性、刺激性、皮肤吸收毒性、植物毒性等。习惯上将带放射性和带有传染性的废物不划入危险废物进行管理。

表5-1　固体废物种类、组成及其来源

废弃物种类	主要来源	组成
生活垃圾	纸屑、木屑、废塑胶、废皮革、包装废弃物、灰烬等一般性垃圾	家庭、餐厅、市场、食堂、宾馆、机关、学校、商店
	保洁垃圾	户外空地、水域

续表

废弃物种类	主要来源	组成
餐厨垃圾	厨余垃圾（准备、烹调与膳后的废弃物，菜市场有机废弃物）	家庭、农贸市场与超市
	餐饮垃圾（泔水、剩饭剩菜等）	餐饮业、规模非营利食堂
	食品废弃物（食品储存、加工、销售、消费过程的过期食品、腐变食品等）	食品及其半成品经营企业、家庭、餐饮业、规模非营利食堂
大件垃圾	大件家具、电器	家庭、餐厅、市场、食堂、机关、学校、商店
建筑废弃物	工程拆除物（拆除建筑物或工程的木材、钢材、混凝土、砖、石块、下挖土及其他）、营建废料（木材、钢材及其他营建的废料）	拆建场地、新建工程、装修
城镇水和污水处理厂污泥	筛除物、沉砂、浮渣、污泥	净水厂、污水厂
绿化垃圾	枝叶花草	住宅区、商业区、户外空地、水域、工业区、农业区
粪渣	粪便及其残余物	粪坑、化粪池
动物尸骸	鸡、鸭、猫、狗、猪、牛、羊、马等尸骸	家庭、养殖场、户外空地区域
医疗垃圾	废注射器、伤口包扎物、带血废物	医院、门诊、科研机构
电子垃圾	冰箱、空调、洗衣机、电视机、计算机、手机、废电子元器件	家庭、餐厅、市场、商店、学校、机关、电子电器工厂
废弃车辆	汽车等机动车、脚踏车	家庭、企事业单位
工业废弃物	废渣、废屑、废塑胶、废弃化学品、污泥、尾矿、包装废物	各类工业、矿厂、火力电厂
农业废弃物	农资废弃物、农作物废弃物	田野、农场、林场、禽畜养殖场、牛奶场、牧场
有害废弃物	具有燃烧性、爆炸性、放射性、化学反应性、致病性的废弃物	家庭、医院、旅馆、工厂、商店、科研机构

在日常生活中，你会产出哪些固体废物？

5.1.3 固体废物对环境的危害

1. 侵占土地

我国的工矿业固体废弃物即废渣和尾矿的排放量已超过 6 亿 t/a。历年堆存的工矿业固体废弃物占地面积已超过 100 万亩（1 亩≈$0.067hm^2$≈$667m^2$），其中约 1/4 为农田。如图 5-2所示。

图 5-2　固体废物侵占土地

2. 污染土壤

固体废物的存放不仅占用大量的土地，而且常常是群蝇乱舞，灰尘飞扬。上述这些固体废弃物被雨雪淋湿，浸出大量毒物和有害物，到处流失，其渗出液所含的有毒物质会改变土质和土壤结构，使土壤遭到污染。使土地毒化、酸化、碱化，污染面积往往超过所占土地数倍。

3. 污染水体

固体废物在雨水的作用下，可以很容易地流入江河湖海或通过土壤而渗到地下水中，造成严重污染与破坏。更恶劣的是直接把固体废物倾倒入河流、湖泊、海洋，造成更严重的污染，引起大批水生生物中毒死亡。

4. 污染大气

固体废物可通过多种途径污染大气。如一些有机固体废物在适宜的温度和湿度下被微生物分解，释放出有害气体；露天堆置的固体废弃物也会对大气造成严重的污染，如尾矿和粉煤灰在 4 级以上风力作用下，可飞扬 40～50m，使其周围灰砂弥漫，长期堆放的煤矸石因含硫量高可引起自燃，向大气中散发大量的 SO_2、CO_2、NH_3 等气体都会造成严重的大气污染。

5. 造成巨大的直接经济损失和资源能源的浪费

中国的资源能源利用率很低，大量的资源、能源会随固体废物的排放而流失。矿物资源一般只能利用 50%左右，能源利用只有 30%。同时，废物的排放和处置也要增加许多额外的经济负担。

此外，某些有害固体废物的排放除了上述危害之外，还可能造成燃烧、爆炸、中毒、严重腐蚀等意外事故和特殊损害。

腊芙运河化学垃圾污染事件是典型的固体废弃物无控填埋污染事件。

20 世纪 40 年代，美国一家化学公司利用已干涸而废弃不用的腊芙运河，当作垃圾仓库来倾倒工业废弃物。填埋 10 余年后在该地区陆续发生了一些如井水变臭、婴儿畸形、人患怪病等现象。经化验分析研究当地空气、用作水源的地下水和土壤中都含有六六六、三氯苯、二氯苯酚等 82 种有毒化学物质，其中列在美国环保局优先污染清单上的就有 27 种，被怀疑是人类致癌物质的多达 11 种。许多住宅的地下室和周围庭院里渗进了有毒化学浸出液，于是迫使卡特总统在 1978 年 8 月宣布该地区处于“卫生紧急状态”，先后两次近千户被迫搬迁，造成了极大的社会问题和经济损失。

5.1.4　危险废物的越境转移

发达国家每年大约有 5 亿 t 危险废物，美国就占 3 亿 t。危险废物在发达国家国内储存处理费用高，每吨需 75～300 美元不等，于是美国、德国、加拿大、挪威、比利时、荷兰、西班牙等发达国家，向亚、非、拉发展中国家大量倾销危险垃圾，在这些地区储存和处理危险废物每吨只需 2.5～40 美元。对输出废物国家来说，废物出口的经济效益和环境效益相当明显；但对输入废物国家来说，这是一种严重的环境剥削。某些发展中国家，由于经济贫困，债务沉重，不得不进口废物，忍受环境剥削。

小知识　　　　洋垃圾

洋垃圾，指进口固体废物，有时又特指以走私、夹带等方式进口国家禁止进口的固体废物或未经许可擅自进口属于限制进口的固体废物。对于走私电子、服装等洋垃圾，《中华人民共和国刑法》第 155 条规定：逃避海关监管将境外固体废物运输进境的将以走私罪论处，依法追究刑事责任。

生活中你接触过洋垃圾吗?

5.1.5　固体废物的处理原则及技术

1. 固体废物的处理原则

固体废物处理通常是指通过物理、化学、生物、物化及生化方法把固体废物转化为适于运输、储存、利用或处置的过程。固体废物处理的原则是：“无害化”“减量化”和“资源化”。

（1）固体废物的“无害化”处理

固体废物的“无害化”处理的基本任务是将固体废物通过工程处理，达到不损害人体健康，不污染周围的自然环境的目的。比如：垃圾的焚烧、卫生填埋、堆肥、粪便的厌氧发酵、有害废物的热处理和解毒处理等。

（2）固体废物的“减量化”处理

通过适宜的手段，减少和减小固体废物的数量和容积。如城市生活垃圾的焚烧处理是减少城市垃圾量的主要方法之一。积极推广清洁生产使生产过程中不产生或少产生废物。

（3）固体废物的“资源化”处理

采取工艺措施从固体废物中回收有用的物质和能源。例如，具有高位发热量的煤矸石，可以通过燃烧回收热能或转换电能，也可以用来代土节煤生产内燃砖。

2. 固体废弃物的处理、处置技术

目前采用的主要方法包括压实、破碎、分选、固化、焚烧、填埋、生物处理等。

(1) 压实技术

压实是一种通过对固体废物实行减容化，降低运输成本、延长填埋场寿命的预处理技术。如汽车、易拉罐、塑料瓶等通常首先采用压实处理。适于压实减少体积处理的固体废弃物还有垃圾、松散废物、纸袋、纸箱及某些纤维制品等。对于那些可能使压实设备损坏的废弃物不宜采用压实处理，某些可能引起操作问题的废弃物，如焦油、污泥或液体物料，一般也不宜做压实处理。

常用的金属类废物压实器主要有：三向联合式压实器和回转式压实器。

三向联合式压实器是适合压实松散金属废物的三向联合式压实器，它具有三个互相垂直的压头，金属被置于容器单元内，而后依次启动 1、2、3 三个压头，逐渐使固体废物的空间体积缩小，容重增大，最终达到一定尺寸。压后尺寸一般在 200～1000mm 之间。三向联合式压实器如图 5-3 所示。

回转式压实器是将废物装容器单元后，先按水平压头 1 的方向压缩，然后按箭头的运动方向驱动旋动压头 2，最后按水平压头 3 的运动方向将废物压至一定尺寸排出。这种压实器适宜于压实体积小、质量轻的固体废物。回转式压实器如图 5-4 所示。

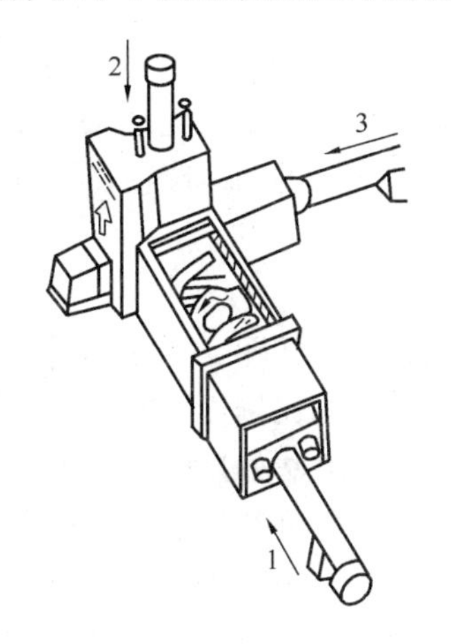

图 5-3　三向联合式压实器

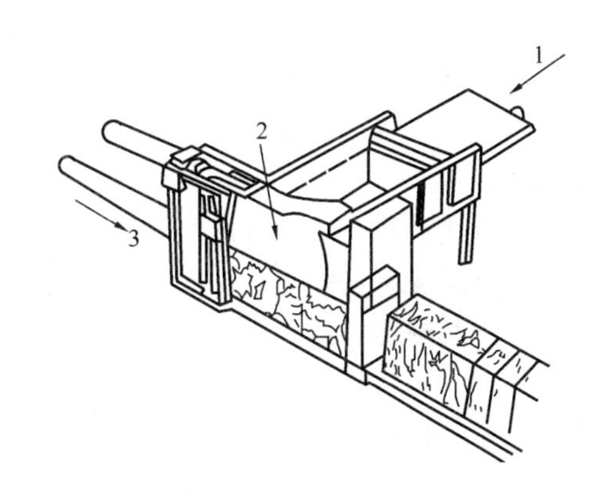

图 5-4　回转式压实器

(2) 破碎技术

为了使进入焚烧炉、填埋场、堆肥系统等废弃物的外形尺寸减小，预先必须对固体废弃物进行破碎处理。经过破碎处理的废物，由于消除了大的空隙，不仅使尺寸大小均匀，而且质地也均匀，在填埋过程中更容易压实。固体废弃物的破碎方法很多，主要有冲击破碎、剪切破碎、挤压破碎、摩擦破碎等，此外还有专用的低温破碎和湿式破碎等。湿式破碎机如图 5-5所示，锤式破碎机如图 5-6 所示。

(3) 分选技术

固体废物分选是实现固体废物资源化、减量化的重要手段，通过分选将有用的充分选出来加以利用，将有害的充分分离出来；另一种是将不同粒度级别的废弃物加以分离。分选的基本原理是利用物料的某些性质方面的差异，将其分选开。根据物料的物理性质和化学性质分别采用不同的分选方法，包括人工分选、筛分、风力分选、重力分选、磁力分选、电力分选、光电分选、磨擦及弹性分选等分选技术。悬挂带式磁力分选机如图 5-7 所示。

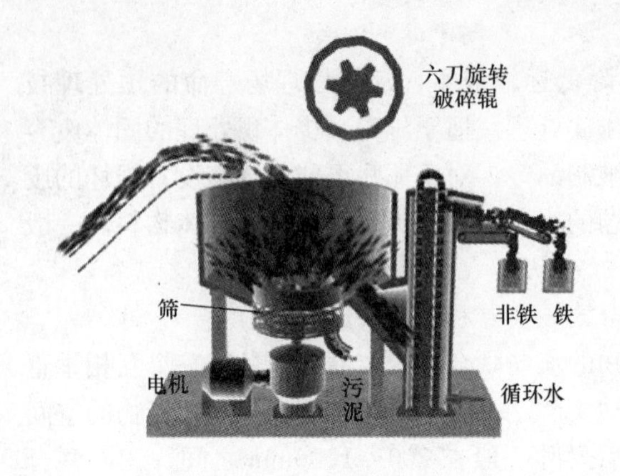

图 5-5　湿式破碎机

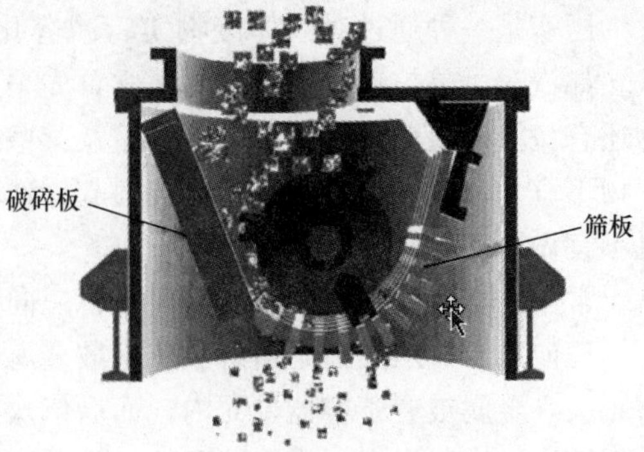

破碎板
筛板

图 5-6　锤式破碎机

(4) 固化技术

固化技术是指通过物理或化学法，将废物固定或包含在坚固的固体中，以降低或消除有害成分的溶出特性的一种固体废物处理技术。

根据固化基材及固化过程，常用的固化方法有：① 水泥固化；② 石灰固化；③ 塑性材料固化；④ 有机聚合物固化；⑤ 自胶结固化；⑥ 熔融固化（玻璃固化）；⑦ 陶瓷固化。

固化技术适用于液态或半液态废物，或易于浸出有害成分的固体废物，如电镀污泥、砷渣、汞渣、氰渣、铬渣和镉渣等。

(5) 焚烧和热解技术

焚烧法是固体废物高温分解和深度氧化的综合处理过程，如图 5-8 所示。优点是把大量有害的废料分解而变成无害的物质。由于固体废物中可燃物的比例逐渐增加，采用焚烧方法处理固体废物，利用其热能已成为必然的发展趋势。以此种方法处理固体废物，占地少，处理量大，在保护环境、提供能源等方面可取得良好的效果。但是焚烧法也有缺点，例如，投资较大，焚烧过程排烟造成二次污染，设备锈蚀现象严重等。

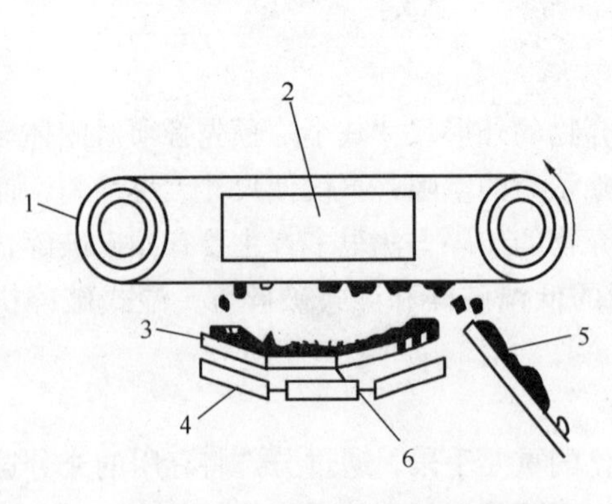

图 5-7　悬挂带式磁力分选机

1—传动皮带；2—悬挂式固定磁铁；3—传送带；4—滚轴；5—金属物；6—来自破碎机的固体废物

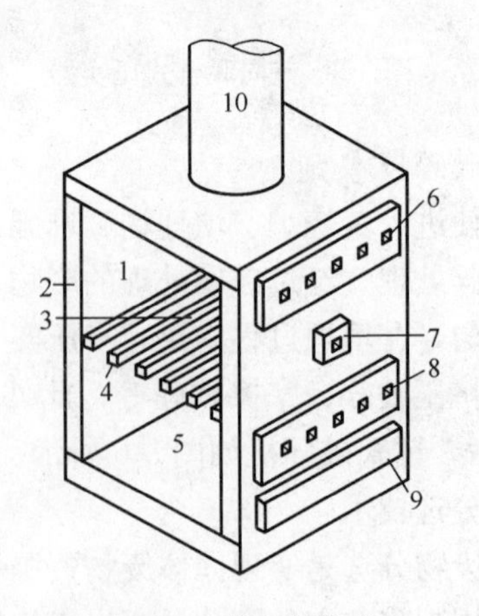

图 5-8　单室焚烧炉

1—燃烧室；2—耐火层；3—垃圾；4—炉条；5—灰槽；6—炉排上部空气孔；7—助燃；8—炉排下部空气孔；9—清扫口；10—烟囱

热解是将有机物在无氧或缺氧条件下高温（500～1000℃）加热，使之分解为气、液、固三类产物。与焚烧法相比，热解法则是更有前途的处理方法，它的显著优点是基建投资少。

（6）填埋法

安全填埋法是处置有害废物的一种较好的方法。安全填埋场对可能产生的二次污染采取了一定的技术措施，以防止浸出液的渗出，填埋场必须位于地下水位之上，要设有浸出液的收集、处理和监测系统，采取措施将地表水引走，不使其渗入填埋场等，以便将废物长久、安全的与周围环境隔离。

安全填埋场用于处置经过适度预处理的毒性和腐蚀性无机废物，不处置易燃、易爆、有化学反应性或体积膨胀性的废物以及含油废物。

（7）生物处理技术

生物处理技术是利用微生物对有机固体废物的分解作用使其无害化。这种技术可以使有机固体废物转化为能源、食品、饲料和肥料，还可以用来从废品和废渣中提取金属，是固体废物资源化的有效的技术方法。目前应用比较广泛的有：堆肥化、沼气化、废纤维素糖化、废纤维饲料化、生物浸出等。

不同类型的固体废物该如何选择合适的处理技术？

5.2　水泥厂自产废物的利用和处置技术

5.2.1　水泥生产中固体废物的来源和分类

水泥生产过程中产生的固体废物和副产品有窑灰、炉渣、粉尘、废旧耐火砖、废水泥袋、废机油、废油桶、油棉纱、废钢材、废滤袋、废水泥石块等。

5.2.2　各类废物的处理工艺

窑灰、灰渣、粉尘等可以返回系统重新利用。水泥厂自产的少量生活垃圾（也可运送到垃圾处理厂处置和垃圾场填埋）、废油、油棉纱等可以入窑处置。不含铬的废旧耐火砖可以作为原料或作为混合材使用。含铬的废旧耐火砖必须由有资质单位回收利用处置。可燃的无毒无害的废滤袋入窑煅烧处置，不可燃烧的有毒有害的废滤袋必须送专门机构回收利用和处置。

5.3　水泥窑协同处置工业废物技术

随着我国城市化和经济的高速发展，工业废物与城市垃圾处置矛盾日益突出，已经成为困扰社会的一大难题。据有关统计显示：目前我国城市垃圾年产量约为1.5亿t左右，历年堆存的垃圾量多达70多亿吨；垃圾堆存侵占的土地面积达5亿m^2，2/3的大中城市陷入垃圾包围之中。2004年，全国工业固体废物产生量为12亿t，比上年增加20%。其中工矿企业每年产生的有毒有害危险废弃物约3000万t，这些危险废弃物具有腐蚀性、可燃性、反应性、急性毒性和浸出毒性，是大气、水源、土壤的主要污染源。

国外于20世纪70年代开始研究利用水泥回转窑处置工业废弃物，80年代逐渐在发达国家推广。90年代末，我国的水泥科研院所、大专院校也进行了深入的研究，并在北京水泥厂、上海万安集团企业总公司、广州水泥厂等企业进行了实践，已经取得了良好的效果。

小知识　　工业废物

工业废物，即工业固体废弃物，是指工矿企业在生产活动过程中排放出来的各种废渣、粉尘及其他废物等。这种固体废物，数量庞大，成分复杂，种类繁多。有一般工业废物和工业有害固体废物之分。前者如高炉渣、钢渣、赤泥、粉煤灰、煤渣等；后者包括有毒的、易燃的、有腐蚀性的、能传播疾病的及有强化学反应的废弃物。

利用水泥厂回转窑处理工业废物，只需要建立和完善分拣、除铁、破碎和喂料系统，而不需要建立专门的焚烧炉，不需要专门的气体净化装置，不产生废渣，真正实现了“减量、再用、循环”的无害化处理。

5.3.1　水泥窑协同处置工业废物分类

各国根据水泥生产的特点，通过调整水泥工业结构，积极开发利废技术，有效地利用其他工业废料废渣和城市垃圾作为水泥生产的原料、燃料以及混合材料，已经成为水泥工业综合利废、保护资源、节能降耗、变废为利的一条有效途径。

水泥窑协同处置工业废物，按在水泥窑系统中的主要作用，分为替代原料、替代燃料、销毁处置三种类别。水泥工业可大量利用工业废弃物，但在使用过程中作水泥生产原料、燃料必须满足如下基本原则：

① 所用废弃物应比传统的原、燃料更经济。

② 对产品质量无不利影响。

③ 不会造成新的污染，制造新的污染源。

④ 来料供应稳定。

⑤ 满足其他特殊要求。

1. 替代水泥原料的废弃物

水泥生产以石灰石、黏土为主要原料，同时辅以铁质、铝质或硅质等校正原料。石灰石系由碳酸钙所组成的化学与生物化学沉积岩，主要提供水泥生产的氧化钙组分，除天然石灰质原料外，电石渣、碱渣、糖泥等工业废弃物也可作为石灰质替代原料。我国利用废弃物作水泥生产的原料已有较长的历史，一些工业废料如煤矸石、粉煤灰、废渣、铁矿渣、电石渣、赤泥以及富含CaO、SiO_2、Al_2O_3等成分的淤泥，只要其成分经配料后在煅烧熟料允许的范围，均可以作为原料应用于水泥熟料的煅烧。

此类工业废弃物作水泥原料时不仅消耗了工业废弃物，同时由于高炉炉渣等工业废弃物

中含有大量的 CaO、SiO_2，此类物料作为原料必将减少燃料的消耗量，相应地降低熟料煅烧的热耗和废气中 CO_2、NO_x 的排放量。

1）钙质替代原料

（1）石灰质原料

电石渣是生产聚氯乙烯时，乙炔站消解电石排放的废渣，其主要成分是氢氧化钙，颗粒状，粒度均匀，80%的粒径在 10～50μm 范围内。电石渣中二氧化硅含量较低，用作水泥原料时需要加硅质校正料。双氰胺渣含水分 20%左右，氧化钙 50%以上，主要以氢氧化钙存在于废渣中。电石渣和双氰胺渣中的氢氧化钙在较低温度时，便可以分解出氧化钙，有利于水泥熟料的烧成，而且两者化学成分比较稳定，因此可作为水泥生产原料中的石灰质原料。

（2）淤泥

富含二氧化硅、氧化钙、三氧化二铝等成分的淤泥应用于水泥生产可大量处理城乡污泥，降低水泥生产成本，改善城乡生态环境，提高资源利用率。含水率高的污泥，更适合湿法水泥窑，可直接作为生料组分加以利用。利用污泥生产的水泥熟料与普通的水泥熟料没有本质上的区别，污泥中的有机物可以在高温下分解，并可作为燃料释放热量。污泥中的重金属离子大部分可以结合在熟料晶格中，不会对人体和环境产生危害，也不会对混凝土的性能产生影响。

2）硅质替代原料

（1）煤矸石

小知识　　煤矸石

工业废物煤矸石是采煤过程和洗煤过程中排放的固体废物，是一种在成煤过程中与煤层伴生的一种含碳量较低、比煤坚硬的黑灰色岩石。其主要成分是 Al_2O_3、SiO_2。

煤矸石中 $SiO_2+Al_2O_3+CaO>70\%$（质量分数），可作为生料中硅质及铝质组分，替代黏土配料，烧制普通硅酸盐水泥和快硬硅酸盐水泥熟料。所以添加适量的煤矸石可降低熟料的烧成温度，有利于降低熟料热耗。此外，煤矸石作为水泥生产的替代原料可替代价格昂贵的铝矾土，有利于降低水泥生产成本。

（2）尾矿

尾矿是矿山选矿厂选矿后排放的矿物废料，主要含量为碳酸盐和二氧化硅，可以作为水泥生产中的部分替代原料。我国对尾矿替代部分黏土用于水泥生产已有研究。另外，尾矿中的硅以低熔点矿物存在，不是稳定的二氧化硅，易于与氧化钙化合。加上含有多种微量金属元素，一般三氧化二铁含量较高具有矿化作用，还可以替代铁粉。

（3）粉煤灰

粉煤灰应用于水泥工业中可以替代部分乃至全部黏土参与水泥配料。粉煤灰是一种具有一定活性的火山灰质材料，其化学成分为 SiO_2、Al_2O_3 以及少量的 Fe_2O_3、CaO。所以不仅可作为混合材料，还可作为替代原料，替代黏土参与水泥配料，生产水泥熟料。

粉煤灰的化学成分因煤的产地不同而略有不同，主要是 SiO_2 和 $A1_2O_3$ 的含量波动比较大。一般来说粉煤灰中 Al_2O_3 含量比黏土中的要高，可以用粉煤灰部分替代黏土，作为调整黏土中硅高铝低的校正料。另外还可以用粉煤灰全部替代黏土，而用硅质校正料来弥补硅率的不足，此举不仅可以提高废渣的利用，还为企业带来了可观的经济效益。使用粉煤灰作为替代原料既带来不少好处，同时也存在一些问题，使用时要引起重视。

注意的问题：① 由于 SiO_2 和 Al_2O_3 的含量波动大，所以要加强均化，减少 SiO_2 和 Al_2O_3 的波动对窑热工制度的影响和水泥质量的影响。② 粉煤灰的流动性较好，需要解决配料精确的问题。③ 注意带入的可燃物对煅烧的影响。

3）铁质替代原料

一般作为铁质替代原料的工业废渣主要有：硫铁矿渣、炼铁厂尾矿、铜矿渣、铅矿渣等。

其中，硫铁矿渣在我国水泥生产中应用较广，俗称铁粉，是硫酸生产过程中焙烧硫铁矿的残渣，Fe_2O_3＞50％。不同地区的硫铁矿其铁的氧化物中会含有不同的重金属，因此，用作原料时必须考虑到这一点。

水泥窑协同处理工业废物中，粉煤灰是怎么使用的？

2. 替代水泥燃料的废弃物

20世纪70年代初，国外开始对可燃废弃物作为替代燃料在水泥生产中的应用进行研究。大量试验证明，回转窑利用可燃性废弃物作为替代燃料生产水泥，不仅在技术上是可行的，对环境和水泥质量均无影响，而且节约了能源，实现了资源的综合利用，降低了水泥生产成本，实现了经济、社会、环境三个效益的统一，是水泥行业今后重点发展趋势，更是实现水泥行业可持续发展的必要途径。

通过大量的研究试验和环境监测表明，水泥回转窑在处理可燃废弃物中，具有自身独特的优势，主要体现在以下几点：① 回转窑内温度高。回转窑内温度在1350～1650℃（最高的气流温度可达1800℃或更高），对有害物的热解更加完全，即使是很稳定的有机物也能完全焚烧裂解。废弃物中有害有机物的焚烧率可高达99.9999％。② 焚烧空间大。回转窑不仅可以接受处理大量的废料，而且可以维持均匀的、稳定的燃烧气氛，满足了燃烧空间紊乱度，确保达到完全燃烧。③ 焚烧停留时间长。由于水泥回转窑筒体长，物料在窑中高温下停留时间长，气体在窑内停留时间也在8s以上，是其他窑炉所无法比拟的。④ 水泥回转窑内呈碱性气氛。一方面能对燃烧后产生的酸性物质（如 HCl、SO_2 和 CO 等）起中和作用，使它们变成盐类固定下来，可减少或避免一般焚烧炉燃烧后产生“二噁英”的现象，起到尾气净化的作用。另一方面也使有害废料中可能存在的金属元素（包括重金属），固定在氧化物固体中，使焚烧后的残渣均成为无害盐类，固定在水泥熟料中而不存在焚烧灰的处理问题。另外，水泥回转窑是负压状态运转，因此，烟气和粉尘很少外溢。并且与专用废弃物焚烧炉相比，回转窑还有建设投资节省、运行费用低、经济效益好、焚烧彻底等优点。

（1）通常可燃废弃物按物料形态可分为以下几类

① 固体废弃物：如炭黑、干洗废料、复印机粉、活性炭、树脂、橡胶、轮胎、木渣、废纸、废塑料、废衣物、废织物等。

② 污泥状废弃物：如废油漆、涂料、化妆品油、印刷油墨、储油罐底泥等。

③ 液体废弃物：包括废溶剂类如丙酮、丁酮、乙醇等，汽油类溶剂如甲苯、二甲苯等，三氯乙烷、二氯甲烷、四氯乙烯等，废油及其产品、溶剂蒸馏釜底物、环氧树脂、胶粘剂、油墨及其他液态废燃料。

(2) 可燃废弃物使用的工艺路线通常有喷射法、投入法等形式

① 窑头喷射法系统：液体可燃废弃物经由废液库被送入储油罐，再经油泵、输送管路最后入水泥窑的燃烧喷嘴，按一定比例混合后入窑燃烧。煤及可燃废弃物的喷入量分别由计量、调速装置和油阀调节器来控制，以保持水泥煅烧的热工稳定性。

② 固体可燃废弃物投入法系统：固体可燃废弃物被堆放在储库或堆场，经人工或机械打包，用铲车送至窑尾地面后用吊车吊到窑尾操作平台，倒入开口的料仓，通过仓下往复式的卸料装置，经计量链板机送入分解炉燃烧。通常设有双道锁风阀防止漏风，以保持热工稳定。

3. 销毁处置

利用水泥回转窑自身独特的优势，可以对某些有毒有害的废弃物进行销毁处置，如各种废农药、杀虫剂、多氯联苯、废药品等。但有些废弃物却不适合于用水泥窑进行处置，主要有以下四类废弃物：① 核废弃物、电子废弃物、各类电池；② 具有传染性和生物活性的医疗废弃物、无机酸和腐蚀剂、爆炸物；③ 包含石棉的废弃物、放射性废弃物、含高浓度的氰化物废弃物；④ 将要销毁的化学武器或生物武器、未分类市政垃圾、其他不知组成成分的废弃物。

不同的工业废物有哪些途径可以实现废物利用?

5.3.2　水泥窑协同处置污泥典型技术

1. 污泥的定义

污泥是污水处理后的产物，是一种由有机残片、细菌菌体、无机颗粒、胶体等组成的极其复杂的非均质体。污泥的主要特性是含水率高（可高达 99%以上），有机物含量高，容易腐化发臭，并且颗粒较细，密度较小，呈胶状液态。它是介于液体和固体之间的浓稠物，可以用泵运输，但它很难通过沉降进行固液分离（图 5-9）。

图 5-9　污泥

2. 污泥的分类

由于污泥的来源及水处理方法不同，产生的污泥性质不一。污泥的种类很多，分类比较

复杂，目前一般可按以下方法分类。

（1）按来源分

污泥主要有生活污水污泥，工业废水污泥和给水污泥。

（2）按处理方法和分离过程分

初沉污泥：指污水一级处理过程中产生的沉淀物。

活性污泥：指活性污泥法处理工艺二次沉淀池产生的沉淀物。

腐殖污泥：指生物膜法（如生物滤池、生物转盘、部分生物接触氧化池等）污水处理工艺中二次沉淀池产生的沉淀物。

化学污泥：指化学强化一级处理（或三级处理）后产生的污泥。

（3）按污泥的成分和性质分

污泥可分为有机污泥和无机污泥，亲水性污泥和疏水性污泥。

生活污水处理产生的混合污泥和工业废水产生的生物处理污泥是典型的有机污泥，其特性是有机物含量高，颗粒细，密度小，呈胶体结构，是一种亲水性污泥；而给水处理沉砂池以及某些工业废水物理、化学处理过程中的沉淀物均属无机污泥（或称沉渣），沉渣的特性是颗粒较粗，密度较大，含水量较低，一般是疏水性污泥。

3. 污泥的处理

污泥经单元工艺组合处理，达到减量化、稳定化、无害化目的的全过程叫污泥的处理。处理后的污泥，弃置于自然环境中（地面、地下、水中）或再利用，能够达到长期稳定并对生态环境无不良影响的最终消纳方式。

污泥的处理目的：一是减少污泥的体积，即降低含水率，为后续处理、利用、运输创造条件。二是使污泥无害化、稳定化。污泥中常含有大量的有机物，也可能含有多种病原菌；有时还含有其他有毒有害物质，必须消除这些会散发恶臭、导致病害及污染环境的因素。三是通过处理改善污泥的成分和某种性质，以利于应用并达到回收能源和资源的目的。

为了实现污泥处理的目的，常采用浓缩、消化、化学调理、干化、干燥、脱水、焚烧等工艺对污泥进行处理。通过生产实践表明，污泥脱水用单一方法很难奏效，必须采用几种方法配合使用，才能收到良好的效果，如图 5-10 所示。

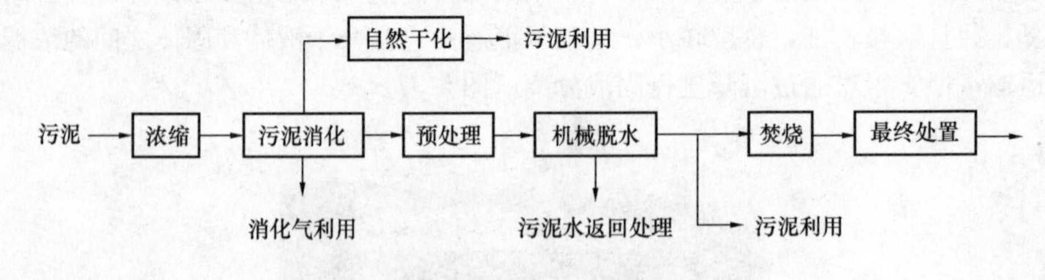

图 5-10　污泥处理流程

4. 水泥窑协同处理污泥技术

国家发展和改革委员会于 2006 年 10 月 17 日颁布了《水泥工业产业发展政策》（发改令第 50 号），明确提出：鼓励和支持利用在大城市或中心城市附近大型水泥厂的新型干法水泥窑处置工业废弃物、污泥和生活垃圾，把水泥工厂同时作为处理固体废物综合利用的企业。所以，利用干法水泥窑处理市政污泥，既是污泥减量化、无害化很好的途径，又符合国家发展循环经济，鼓励利用废弃物作为原料生产水泥，达到节能降耗的要求。

1）污泥处理技术

来自污水处理厂的湿污泥到厂后需要进行储存、输送，并通过污泥干化系统完成干化，干化后的污泥经气固分离后，收集的干污泥作为替代燃料供分解炉使用。污泥预处理的总的工艺环节为：湿污泥运输、储存；污泥的干化；干污泥的储存、计量、输送；废气处理。如图 5-11 所示。

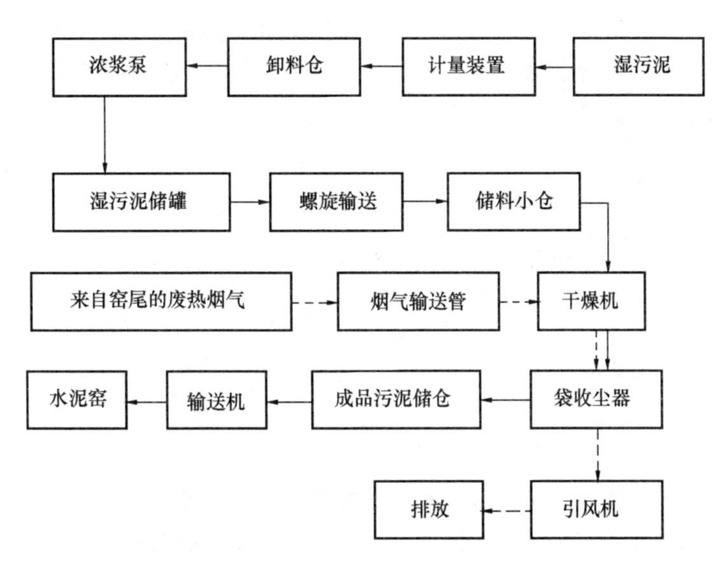

图 5-11　水泥窑处理污泥工艺流程图

（1）湿污泥运输、储存

由专用车辆运输进厂的污泥首先经过计量秤，污泥的输送采用两级输送，设立一个卸料储存仓，储仓下采用两台浓浆泵输送，两台泵采用一用一备布置。污泥经浓浆泵输送至大的湿污泥储罐。湿污泥储罐下设双轴预压螺旋输送机，污泥经螺旋输送机直接输送至干燥机前储料小仓。

在湿污泥卸料仓和湿污泥储罐下均布置有污泥滑架卸料机构，滑架采用液压驱动，保证湿污泥 100％的实现卸空。滑架下方采用预压螺旋出料，保证污泥的下料的顺畅。

（2）污泥干化与输送

干化是最有效的减量方式，是在单位时间里将一定数量的热能传给物料所含的湿分，这些湿分受热后汽化，与物料分离，失去湿分的物料与汽化的湿分被分别收集起来，这就是干化的工艺过程。污泥的干化可以将污泥含水率从 70％降到 10％以下。

污泥干化采用的废热来自现有的熟料生产线余热 PC 锅炉出口的废热烟气，气体温度 255℃，经过高效旋风收尘器收尘，控制进入干燥机系统的含尘浓度为 30～40g/Nm^3，应尽可能提高窑尾系统的选粉效率实现尽可能高的气固分离效率，废气通过防积灰管道送入污泥干化车间。

（3）干污泥的储存、输送及入窑

设置为一个干污泥料仓。干污泥的最终出路是在水泥窑中焚烧，成品污泥出干泥仓后，可以经过螺旋输送、胶带输送机、提升机、胶带输送机、锁风装置送到分解炉焚烧处理。

（4）烟气净化系统

为了防止城市污泥焚烧处理过程中对环境产生二次污染，必须采取严格的措施，利用烟气净化系统控制城市污泥焚烧烟气的排放。焚烧尾气颗粒物处理利用高效收尘器处理，污泥干化车间颗粒物通过专用袋式收尘器除尘处理。本项目粉尘排放浓度控制指标为30mg/Nm^3。

（5）污泥干化尾气除臭

污泥干化尾气除臭，目前广泛应用的处理方法有物理法、化学法以及生物法。物理法包括活性炭吸附等方法；化学法包括高温燃烧、臭氧氧化、酸碱中和、化学氧化等方法；生物法包括土壤法、填料式生物过滤法、活性污泥法等方法。

污泥的预处理工艺是什么？

（6）污泥焚烧

干燥后的污泥发热量低，不同污水处置工艺形成的污泥其空气干燥基低位发热量通常在3000kcal/kg以下，仅仅相当于泥炭类物质；而干化污泥的着火点远远低于普通的烟煤，其着火温度通常在260～320℃之间；同时由于污泥的颗粒通常在0.005mm以下，在燃烧过程中形成的飞灰多，极其容易被燃烧形成的烟气裹胁离开燃烧空间内；又因为颗粒细，并且主要是微细的有机物质在菌丝的作用下包裹形成，污泥颗粒的孔隙结构发育良好，故燃烧时间短，燃烧速度很快。

污泥用作燃料燃烧，可从以下三个方面考虑选择进料位置：① 从污泥的储存、输送、计量的方便角度考虑，如生料磨进料。② 从充分利用热能角度考虑，如窑尾烟气热能、分解炉热能、窑头冷却机中熟料和烟气热能三个位置。③ 从污染物质生成的可能性角度考虑，如二氧化硫、氮氧化物、二噁英、氯离子、重金属。

经过技术经济比较，进料位置选择的顺序依次为生料磨、分解炉底部、窑尾、窑头冷却机，水泥回转窑利用污泥煅烧水泥熟料的工艺流程如图5-12所示。

① 生料磨进料：干化污泥在生料磨中加入的好处是对水泥窑整个生产线的影响最小，对分解炉和回转窑的运行没有什么影响，充分利用了烟气余热，增加的煤耗很少，所以是首选的进料方式。

② 分解炉底部进料：干化污泥成品将主要应用在分解炉上作为替代燃料使用，在分解炉内物料采用悬浮燃烧，因此对污泥干化成品是有一定的粒度控制要求，在污泥的干化过程中，对污泥成品的粒度应当控制在0.1～1mm范围为主，因此，采用直接接触换热，在污泥的粒度控制上具有最好的优势。

污泥经过分解炉的850～900℃的高温干化，完全能保证生物污泥的水分蒸发及燃烧，气体停留时间为2s左右，污泥中的有机物可以完全燃尽，气体中的有害成分也可以完全燃尽，物料焚烧后进入窑尾的旋风除尘器，进旋风分离器后再进入水泥生成系统，系统简单安全。生料中的石灰石能吸收污泥中的硫化物，不需要设置脱硫装置。

从分解炉底部进料的方式比较适合污泥处理，但是不适合飞灰的处置，因为飞灰中含有高浓度的氯离子，容易腐蚀分解炉的炉体和回流管的耐火材料，形成结皮和结圈，使系统无法使用。

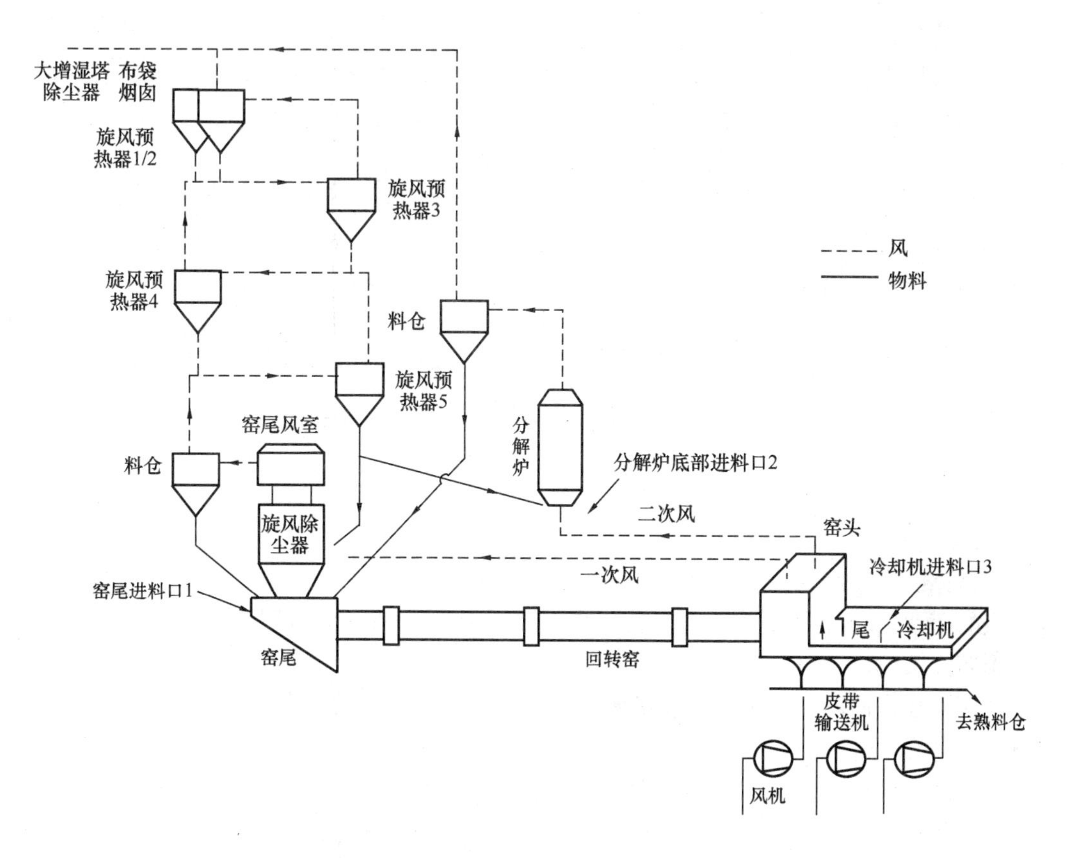

图5-12　水泥回转窑利用污泥煅烧水泥熟料的工艺流程

但是分解炉底部进料的缺点是：污泥量不能太大，因为污泥量大可能导致炉底局部温度下降过快，使得煤不能完全燃烧，耗煤量增加。

③ 窑尾、窑头冷却机进料：污泥（含水率80%）从窑尾投加到回转窑中，窑尾的温度很快从900℃下降到850℃左右，为保证熟料质量，必须提供耗煤量。实践表明，从窑尾进料的实际煤耗与窑尾进料的处理含水率65%污泥的理论计算值比较接近。

熟料从窑头出料，通过篦冷机冷却，温度从1100℃降低到190℃左右，在应急的情况下，可以直接将污泥用抓斗或者布料管均匀分布在水平篦上，利用熟料的高温使污泥中的水分蒸发掉，并使有机物分解。由于可能产生有害气体，所以只能作为应急措施。

污泥作为替代燃料时，可从哪些途径加入水泥窑系统中？

2）水泥窑处置污泥的主要污染物分析

采用水泥窑处置市政污泥等可燃性废物替代燃料，不可避免地会导致水泥窑系统污染物形成发生变化，以下就重金属、恶臭气体、二噁英等主要污染物在烟气、粉尘排放及对水泥产品质量等方面的影响进行分析。

（1）重金属

在采用替代燃料后，窑系统及产品中的重金属分布变化情况见表5-2，从表5-2可见，经过高温煅烧，污泥带入的重金属可固化在水泥熟料中，不会产生危害。

表5-2　水泥窑协同处理污泥的重金属排放估算

内　　容	As	Cd	Cr	Cu	Hg	Mn	Ni	Pb	Zn
熟料本底含量(平均)(mg/kg熟料)	5	1	10	10	0	100	50	5	100
废物总的带入量（mg/kg熟料）	0.8	0	3.1	9.3	0.1	4.6	2	1.3	35.6
熟料中总含量（mg/kg熟料）	5.8	1	13.1	19.3	0.1	104.6	53	6.3	135.6
总的烟气排放浓度（mg/Nm³）	0.1	0	0.2	0.2	0.05	0.4	0.2	0.3	2.8

和其他污泥处置方式相比，利用水泥窑系统对烟气处理系统进行处置，烟气的净化能力高，不会在环境中形成明显的重金属迁移形成的局部重金属浓度富集或异常，对周围的大气、水体及土壤不构成污染。

（2）二噁英

二噁英的形成需要以下的条件：① 不完全燃烧，尤其是350～500℃下的低温不完全燃烧反应的存在；② 有机氯化合物、有机苯环化合物的存在；③ 催化剂的存在，主要是铜、镧等副族元素化合物。

利用水泥窑协同处理污泥，通过调整系统的风、料、煤的配合关系，在燃烧条件优越的富氧区域（分解炉）加入废物替代燃料，可以保证污泥在分解炉内的高温燃烧，阻断了二噁英在高温燃烧区域的形成。二噁英形成需要催化剂，作为催化剂的重金属在窑尾主要以矿物的形式分布在生料粉中，在燃烧灰焦的表面存在很少，催化媒介很少，导致二噁英的形成受到很大的抑制。

水泥窑处置工业有毒有害废物的实践表明，在水泥窑内通过优化调整燃烧条件、控制系统中氯元素的含量是完全可以阻断二噁英的形成条件。

在垃圾的焚烧过程中产生大量的有毒物质，其中最为危险的当属被国际组织列为人类一级致癌物中毒性最强的二噁英。二噁英主要是由垃圾中的塑料制品焚烧产生，它不仅具有强致癌性，而且具有极强的生殖毒性、免疫毒性和内分泌毒性。这种比氰化钾毒性还要大1千多倍的化合物由于化学结构稳定，亲脂性高，又不能生物降解，因而具有很高的环境滞留性。无论存在于空气、水还是土壤中，它都能强烈地吸附于颗粒上，借助于水生和陆生食物链不断富集而最终危害人类。

（3）恶臭气体

污泥在处置的过程中，散发出来的臭味、异味主要来自于微生物需氧/厌氧发酵作用形成的，虽然所处置的废物经过了脱水预处理，但仍具有一定的微生物，在废物替代燃料的运输、储存、计量、入窑焚烧等一系列工艺过程中均存在着臭味、异味气体的处理预防问题。

在处置过程中，预处理车间内要采用负压操作，维持负压所抽取的空气及异味气体的混合物被送入回转窑焚烧。输送过程中采用拉链机进行密闭输送，在所有的扬尘点设置收尘装置，同时利用水泥窑的高温焚烧，可以保证有机物质的彻底分解，不会在排放烟气中出现有机恶臭气体。总之，水泥厂利用市政污泥不会在处置过程中向环境散发恶臭气体。

5.3.3　水泥窑协同处置生活垃圾典型技术

1. 生活垃圾现状

随着人们生活水平的提高，生活垃圾的排放将会越来越多。目前我国每年产生城市垃圾排放约 1.5 亿 t，每年以 9%的速度迅猛增长。垃圾围城现象愈发严重，而其带来的恶臭气味、地下水污染等影响越发凸显出来。我国城市垃圾处理由于起步较晚，基础设施较差及受种种客观因素的影响，目前主要以卫生填埋为主，虽然在一些城市建立了垃圾焚烧和发电厂，其处理量很少，同时伴随着有害的气体（二噁英）、污水（垃圾渗滤液）、废渣（重金属含量高）等排放问题没有彻底解决，目前也存在一定的争议。如何实现城市垃圾的“减量化、无害化、资源化”的处理要求是我们目前面临的难题。

调查一下你所在城市的垃圾组成和排放量。

2. 生活垃圾的处理与处置技术

1）生活垃圾的收集和运输

用金属或塑料制成的垃圾筒、垃圾箱和塑料袋、纸袋等，将分散的垃圾收集，运送到处理场所，是处理垃圾的第一步工序。

垃圾的收集、运送发行应尽量做到：① 收集容器、运输工具的车厢应密闭，以控制污染环境。② 最大限度地方便居民。③ 尽量改善清洁工人的工作条件。④ 收集、运送成本要低。

2）生活垃圾的破碎和分选

垃圾破碎和分选是对垃圾处理利用过程中的预处理过程。

（1）垃圾的破碎

破碎的目的是把固体废物破碎成小块或粉状小颗粒，以利于后续处理和利用。固体废物的破碎方式有机械破碎和物理破碎两种。机械破碎是借助于各种破碎机械对固体废物进行破碎。物理破碎有低温冷冻破碎和超声波破碎。低温冷冻破碎的原理是利用一些固体废物在低温（−120～−60℃）条件下脆化的性质而达到破碎的目的，可用于废塑料及其制品、废橡胶及其制品、废电线等的破碎。

（2）垃圾的分选

垃圾中有许多可以作为资源利用的组分，有目的地分选出需要的资源，从而可达到充分利用垃圾的目的。垃圾的分选方法有手工分选、风力分选、重力分选、筛分分选、浮选、光电分选、静电分选和磁力分选等。

3）利用生活垃圾制肥料

垃圾堆肥是城市垃圾的生物转化法，类似于我国传统的农家堆肥方法。堆肥过程是创造适宜的环境，使得从垃圾中分选出来的可降解性有机废物在微生物的作用下快速而高效地转化为稳定的腐殖质的过程。堆肥化的产物称作堆肥，是一种土壤改良剂。

堆肥有好氧堆肥和厌氧堆肥两种。厌氧堆是在密闭隔绝空气的条件下，将垃圾堆积发酵，其生物转化机制与有机废水厌氧处理相似。厌氧堆肥需要的时间较长，一般要 10 个月以上，不适于大规模堆肥。

好氧堆肥必须保证堆内：① 有足够的微生物；② 足够的有机物和适当的 C∶N∶P 比例关系；③ 保持适当的水分和酸、碱度；④ 适当通风，供给氧气。好氧堆肥分解转化快，一般 5～6 周即可完成，适于大规模、机械化堆肥。

堆肥产品质量控制包括有害成分的控制达标和有效成分的质量要求等。

4）利用生活垃圾制沼气

垃圾中含有大量的有机物，可以用来生产沼气。在完全隔绝氧气的条件下，利用多种厌氧菌的生物转化作用城市垃圾中可生物降解的有机物分解为稳定的无毒物质，同时获得以甲烷为主的沼气，是一种比较清洁的能源，而沼气液、沼气渣又是理想的有机肥料。制取沼气的过程还可以杀灭病虫卵，有利环境卫生。

制取沼气满足的工艺条件：① 接种丰富的厌氧微生物；② 沼气池必须密封，保持严格的厌氧环境；③ 适当的原料比，一般 C∶N 的比值在(25～30)∶1；④ 适宜的干物质浓度，一般为 7%～9%；⑤ 选定适宜的发酵温度，高温(47～55℃)、中温(35～38℃)和常温(22～28℃)；⑥控制适宜的 pH 值，最佳 pH 值为 7～9。

该技术在城市污水场的污泥、农业固体废物、粪便处理中已得到广泛应用。

据日本环境省统计，2002 年日本全国每年排出的生活垃圾达 5145 万 t，每人每天则平均制造生活垃圾约 1.1kg。照此下去，再过 12 年，日本本土所有的垃圾场将处于“饱和状态”。如何科学、有效地处理越来越多的生活垃圾将成为日本人必须解决的大问题。

有幸的是，首都东京以南的港口城市横须贺，正在努力开发将生活垃圾变为能源的新技术，并获得了初步成功。环保专家和能源专家都认为，此技术的积极开发对环保和能源都具有划时代意义。

据悉，科研人员首先利用一套特别设备，从堆积如山的垃圾堆中自动分拣和挑选出被丢弃的烂菜烂果和鱼骨肉骨等“可燃生活垃圾”，然后用甲烷菌对其作发酵处理，最后便可得到大量沼气，而剩留的残渣则可焚烧掉。沼气燃烧时既不会冒黑烟，排出的氧化硫、氧化氮等有害环境的有毒气体也很少。如能以此为燃料驱动汽车，那倒是个“绿色主意”。

尽管此技术的开发还刚刚处于“初级阶段”，但科研人员透露，全市的生活垃圾经处理后已经可为 650 辆市内公共汽车的运营提供全部燃料。

5）焚烧和热解

(1) 焚烧

将垃圾作为固体燃料送入炉膛内燃烧，在 800～1000℃的高温条件下，垃圾中的可燃烧组分与空气中的氧进行剧烈的化学反应，释放出热量并转化为高温的燃烧气和少量性质稳定的固定残渣。当垃圾有足够的热值时，垃圾能维持自燃，而不用提供辅助燃料。垃圾燃烧产生的高温燃烧气可作为热能用于发电或供热，烟气中的有害气体需经处理达标后排放，性质稳定的残渣可直接填埋处理。

（2）热解

将垃圾在无氧或缺氧状态下加热，使垃圾中固体有机废物分解为：① 以氢气、一氧化碳、甲烷等低分子碳氢化合物为主的可燃性气体；② 在常温下为液态的包括乙酸、丙酮、甲醇等化合物在内的燃烧油类；③ 纯碳与玻璃、金属、土砂等混合形成的炭黑的化学过程。

该方法主要优点是能够将废物中的有机物转化为便于储存和运输的有用燃料，而且尾气排放量和残渣量较少，是一种低污染的处理与资源化技术。

3. 水泥窑协同处置生活垃圾典型技术

国外利用水泥生产的独特生产工艺（碱性气氛、1000℃以上的高温）协同处置城市生活垃圾已有近 30 年历史，技术已成熟，处理系统稳定。目前主要有两种途经，在欧盟：生活垃圾不直接进入水泥窑焚烧，必须进行分选。为此，在水泥厂附近的地区内，都有若干个为水泥厂配套的工业垃圾和生活垃圾的分选处理厂。在日本：将在垃圾焚烧发电厂排放出来的废渣，经过处理，除掉有害成分，作为水泥厂的部分原料生产水泥，称之为“生态水泥”，其过程同样也有一套完整的技术规范和标准，控制水泥质量。

以上这两种水泥厂协同处理城市垃圾的方式虽然技术成熟，有成功的经验，但对我国目前的城市垃圾状况，借鉴有一定的难度，主要原因：一是中国人的传统饮食生活习惯，造成厨余垃圾的水分较大，热值较低，同时我国垃圾没有在初始阶段进行分类处理，到垃圾厂后，再分类，难度太大。我国城市垃圾与国外比较见表 5-3；二是在水泥厂附近建垃圾处理厂，成本较高，同时垃圾本是污染源，处理的地点越多，程序越复杂，治理的成本就越高。

表 5-3　国内外城市生活垃圾现状

	容重（kg/m^3）	含水率（%）	厨余（%）	灰土（%）	热值（MJ/kg）
发达国家	100～150	20～40	3～6	1～10	6.3～10
中国	250～500	40～60	40～60	1～20	1.5～5.0

水泥窑处理城市生活垃圾的难点是什么？

目前国内利用水泥窑协同处置生活垃圾技术主要有两种：

一是生活垃圾基本不分类，将垃圾焚烧，而该焚烧炉置于水泥窑边上，经焚烧后的垃圾炉渣，再进水泥窑系统做最终的处置，焚烧产生的热烟气（或燃气）进窑的预热分解炉系统，在给水泥窑提供热量的同时，有害气体将被窑内充满大量碱性物料 CaO 和气氛中和吸收。

二是将生活垃圾进行分类预处理，将可燃垃圾变为衍生燃料作为水泥窑的替代燃料，不可燃垃圾做其他处理。

(1) 实例——海螺川崎水泥厂协同处理城市垃圾技术（CKK 系统）

如图 5-13 所示，该技术利用垃圾气化处理技术将垃圾转化成可燃气体，将此气体通入新型干法水泥窑系统的分解炉中，替代部分燃料进行燃烧，并利用分解炉内 900℃以上的高温和碱性气体等条件，吸收和处理垃圾产生的二噁英等有害气体，使垃圾处理达到“无害化、减量化、资源化”的要求。

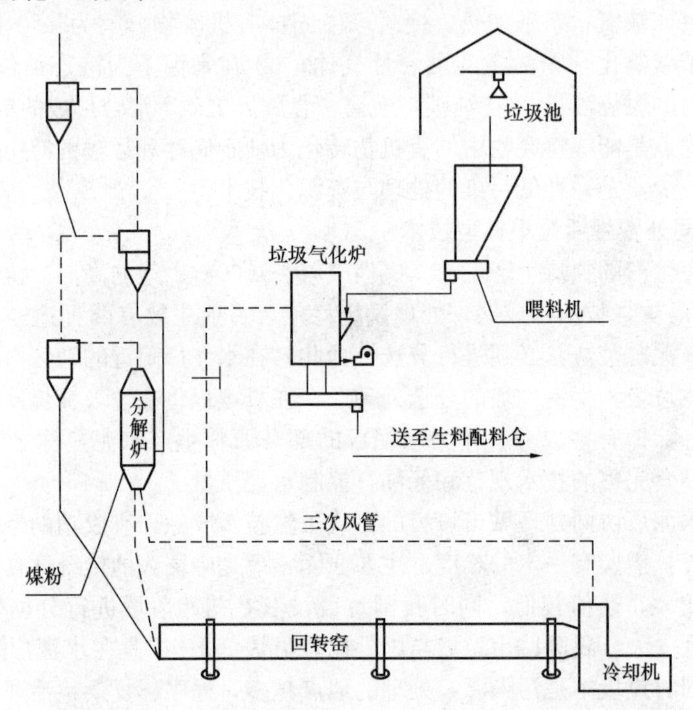

图 5-13　水泥窑处理生活垃圾工艺流程图

该系统分为：垃圾储存和喂料、垃圾焚烧、灰渣处理、渗滤液处理、有害成分分离等五个部分。形成一套完整的城市生活垃圾处理系统，无二次污染和再次处理的问题，将水泥生产和城市垃圾处理有机的结合，利用行业的特点，各自发挥作用，以期达到双赢的目的。主要生产工艺为：

① 垃圾储存和喂料：该部分与传统的垃圾焚烧发电厂相似，城市生活垃圾通过车辆输送到密封垃圾储料仓库，发酵、破碎后的垃圾采用专用抓斗送入喂料小仓，准备入炉煅烧。储料仓库内为负压，防止臭气外漏，抽出的空气供焚烧炉燃烧。

② 垃圾焚烧：垃圾通过供料装置均匀地向气化焚烧炉内喂料，投入炉内的垃圾与炉内的高温流动介质（流化砂）接触，一部分通过燃烧向流动介质提供热源，另一部分气化后形成部分可燃性气体送入水泥生产线的分解炉内，经分解炉、预热器及废气处理系统净化后排出，同时，焚烧后的垃圾废渣在流动介质中一边沉降一边移动，到炉底时分离排除，作为原料掺入水泥原料中。

③ 灰渣处理：排出的炉渣和流化砂通过输送设备送入流化砂分级装置分离，流化砂重新入炉使用，废渣通过金属分离器分离出铁和铝，送入专用小仓，作为原料喂入生料磨。

④ 渗滤液处理：垃圾储坑渗出的污水经污水过滤器送入污水储存槽，采用密封泵将污水提升向气化炉内喷射，通过高温气化炉进行蒸发氧化处理，完全分解有机成分，实现无害

化，达到污水零排放的目的。

⑤ 有害成分分离：考虑到在水泥生产和垃圾处理过程中，所产生的碱、氯等有害物质的影响，在水泥窑尾烟室部位，设置旁路放风系统，当水泥生产时出现有害成分异常时，采用该系统，以达到安全生产的目的。

目前，该系统已在海螺安徽铜陵水泥厂 5000t/d 生产线上投入使用，设计产量为处理城市生活垃圾 300t/d，该系统的运行为我国城市生活垃圾的处理探索出一条新的思路。

（2）实例——合肥院水泥厂协同处理城市垃圾技术

如图 5-14 所示，该系统针对我国城市垃圾水分大、灰分高、热值低的特点，结合水泥生产独特的工艺，在回转窑旁设置回转式垃圾焚烧炉联合处理原生态城市生活垃圾，从窑头抽取高温热气体，在回转式焚烧炉内煅烧城市垃圾，由于炉内良好的通风和搅拌设施，使垃圾得到充分地燃烧，煅烧温度高、停留时间长，完全满足垃圾焚烧的“三 T”（温度、湍流、时间）要求，燃烧后的高温气体作为入分解炉三次风，经过分解炉、预热器和窑尾废气处理系统处理后排除，燃烧垃圾产生的一些有害成分在水泥烧成过程中产生的高温碱性气体中得到缓解和吸收，达到无害化处理的目的。该系统分为：垃圾储存和喂料、垃圾焚烧、灰渣处理、渗滤液处理等四个部分。其主要流程如下：

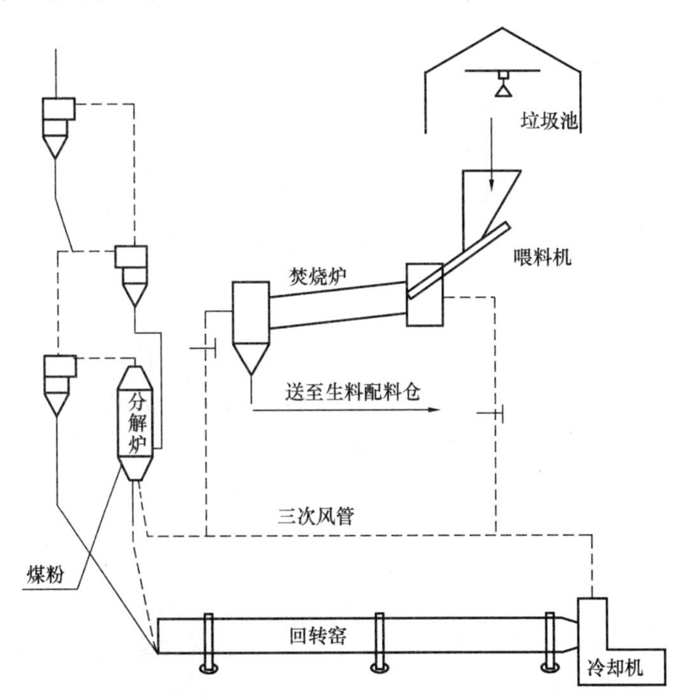

图 5-14　合肥院水泥厂协同生活垃圾工艺流程图

① 垃圾储存和喂料：基本与通常城市垃圾焚烧发电厂相同，没有特殊设计。

② 垃圾焚烧：垃圾通过喂料小仓下设置的喂料设备，均匀地向炉内喂入，遇到从窑头抽入的高温气体（700℃左右），通过回转式焚烧炉内扬料装置的翻滚，为垃圾焚烧创造了良好的煅烧条件，到达焚烧炉出口时完成了垃圾煅烧过程，出炉高温气体（1000℃左右）随三次风管进入分解炉，炉渣通过排料装置送入卸料坑。

③ 灰渣处理：炉渣经过冷却处理后通过金属分离器分离出有关金属，送入原料配料仓，

按一定比例随同原料进入生料磨粉磨进入生料库。

④ 渗滤液处理：采用减量法处理垃圾渗透液，收集的渗滤液通过污水泵向窑尾喷射，通过高温气体的蒸发和氧化处理，使其有机成分得到分解，达到无害化的目的。

该技术已在四川广旺能源发展集团有限责任公司 300t/d 水泥生产线上运用，项目通过了安徽省科技厅组织的相关技术鉴定，并获得多项国家技术专利，为我国水泥厂协同处理城市生活垃圾开创了一条道路。

国内利用现代水泥厂协同处理城市生活垃圾的工作正在兴起，国内很多机构和专家做了大量的工作，但由于很多客观的原因，这项工作正在起步阶段，相关的标准和实施细则正在制定。

4. 利用水泥窑处置废弃物的建议

实践证明，利用水泥回转窑无害化处置危险废弃物，是最彻底、最经济的处置方法。利用水泥回转窑处置废弃物从技术上说是成熟的，经济上说是合算的，从环保角度看是合格的。十五期间我国建设了数百条新型干法大型水泥生产线，分布在各大中城市周边。利用水泥窑处置废弃物将会给社会带来良好的社会效益和经济效益。虽然目前还有许多困难和问题，但未来的应用潜力将十分巨大。

(1) 建立、健全配套的法律法规

城市垃圾和工业废弃物的处置工作是一项复杂的社会系统工程，需要有政府牵头，多部门合作，全社会参与。但首要工作是要建立一系列的法律法规。

(2) 起草、修订各项技术规范、操作准则

借鉴国外发达国家和发展中国家的先进经验，结合我国实际情况，组织各方面专家学者，总结前一阶段的经验教训，制定、修订各类处置城市垃圾、工业废弃物的标准、规范、操作准则等技术文件，以防止处置过程中的二次污染问题。

(3) 加快建立垃圾的分拣、预处理工厂

无论采取填埋、焚烧、物理化学哪种处置方法，建立垃圾预处理工厂都是必需的。因为只有这样才能有效地利用这部分废物，最大限度利用资源，发展循环经济。

(4) 环保资金向利用水泥窑处置废弃物项目倾斜

水泥窑处置与焚烧炉、垃圾发电处置相比具有诸多优势，而且投资小，效果好。建议国家减少投资新建焚烧炉和垃圾发电厂，将部分资金向水泥窑处置废弃物企业倾斜。

(5) 严格执法，监督工矿企业定点有偿处置危险废弃物

(6) 合理定价，减免税收，形成良好的处置危险废弃物市场环境

根据处置危险废弃物运行成本，确定每吨危险废弃物的处置收费标准，产生危险废弃物的工矿企事业依据此标准付费，政府物价部门要制定出合理的收费标准，以保证处废企业的正常运转。另外要给予处废企业减免税收的政策优惠，以弥补部分亏损，支持企业维持运转。

复习思考题

1. 什么是固体废弃物？固体废弃物的来源和分类？
2. 固体废弃物对环境造成的危害主要表现在哪些方面？

3. 为了降低污染，常采用的固体废弃物处理的方法有哪些？
4. 固体废弃物的处理原则和设备有哪些？
5. 固体废弃物的压实原理和设备？
6. 常用固体废弃物的分选技术有哪些？
7. 水泥厂自产废物的来源和分类、处理工艺？
8. 固体废弃物用于水泥窑处置的途径？
9. 焚烧法的最佳操作条件有哪些？
10. 水泥回转窑处理可燃废物的特点是什么？
11. 水泥窑处置污泥的特点是什么？
12. 污泥干化的方法？干化尾气的除臭工艺？
13. 水泥回转窑处理污泥对水泥产量造成影响的原因是什么？
14. 水泥回转窑处理城市生活垃圾的难点所在？
15. 水泥回转窑处理城市生活垃圾的工艺是什么？

实训题　固体废物综合利用考察

工业固体废物的处理以综合利用为主，我国近年来发展很快，处理技术也达到了国际中上水平。2010 年我国工业固体废物综合利用量达到 15.2 亿 t，综合利用率达到 69%。其中煤矸石、粉煤灰、钢铁渣、尾矿、工业副产石膏的综合利用量分别达到 4 亿 t、3 亿 t、1.8 亿 t、1.7 亿 t 和 0.5 亿 t；再生资源的回收利用量达到 1.4 亿 t，并形成了一批规模化的骨干企业。

通过对周边水泥企业参观考察，完成一篇考察报告。须达到以下要求：

① 了解水泥厂自产废物的利用和处置情况；
② 了解水泥厂协同处置工业废弃物的情况；
③ 了解水泥窑协同处置污泥和城市生活垃圾的情况。

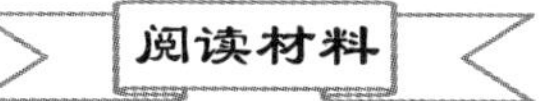

垃圾食品

【垃圾食品】 垃圾食品，一般情况下是指高热量食品，这些食品很容易使人发胖，而营养素却不足。世界卫生组织公布的十大垃圾食品是：油炸类食品、腌制类食品、加工类肉食品、饼干类食品、汽水可乐类饮料、方便类食品、罐头类食品、话梅蜜饯果脯类食品、冷冻甜品类食品、烧烤类食品。

（摘自《百科知识》2013 年 3 月）

【解读误区】 一提到“垃圾食品”，很多人会联想到汉堡、薯条、炸鸡、比萨、可乐，认为这些外来食品才是所谓的垃圾食品。其实我们的传统小吃中也有不少垃圾食品，如葱油饼、油炸饼、油条、烧饼等。这些东西都只含油脂与面粉，只提供热量，是地道的中国口味的垃圾食品。事实上，垃圾食品还指那些提供超过人体需求，变成多余成分的食品。如酱菜、罐头类食品，这些食品造成过多的钠滞留体内，成为垃圾。（引自互联网）

第6章 水泥工业的清洁生产

知识目标

了解清洁生产对水泥工业的意义；了解国内外清洁生产简介；了解清洁生产审核的实施；了解清洁生产机会的示例及效果介绍；了解水泥工业清洁生产实施途径；熟悉识别清洁生产机会的必要性；熟悉清洁生产的定义和内涵；熟悉水泥工业清洁生产的必要性；熟悉清洁生产审核的内容；熟悉水泥工业清洁生产等级指标。

能力目标

掌握清洁生产审核的目的、原则、方式、类型和范围；掌握识别清洁生产机会的方法。

6.1 概述

6.1.1 清洁生产的定义和内涵

发达国家通过治理污染的实践，逐步认识到控制工业污染不能只依靠末端治理，要从根本上解决工业污染问题，必须以“预防为主”，将污染物尽可能消除在生产过程之中，实行工业生产全过程控制。20世纪70年代末期以来，不少发达国家的政府和各大企业集团都纷纷研究开发和采用清洁工艺（少废无废技术），开辟污染预防的新途径，把推行清洁生产作为经济和环境协调发展的一项战略措施。

清洁生产的概念最早大约可追溯到1976年。当年，欧共体在巴黎举行了“无废工艺和无废生产国际研讨会”，会上提出“消除造成污染的根源”的思想。1979年4月欧共体理事会宣布推行清洁生产政策，联合国工业发展组织在20世纪80年代初就提出了将环境保护纳入该组织工作内容，而后成立了国际清洁工艺协会，鼓励采用清洁工艺，提高资源、能源的转化率，减少使用有毒、有害原材料，少排或不排废物。1984年、1985年、1987年欧共体环境事务委员会三次拨款支持建立清洁生产示范工程。1989年联合国环境规划署提出《清洁生产计划》推行清洁生产。20世纪80年代美国化工行业提出的污染预防审计，后来发展成为清洁生产审核，并迅速风行全球。

清洁生产自20世纪80年代末在美国等发达国家明确提出来以后，得到了国际社会的普遍响应，成为一种环保潮流，被认作是环境战略由被动反应转向主动行动的转折点。在90年代，逐渐形成了在工业发展中实施综合环境预防战略，推行清洁生产的政策。1992年联合国在巴西的里约热内卢召开了“环境与发展大会”，发表了《关于环境与发展宣言》，这是一次有深远意义的国际环境盛会，标志着人类文明新的历史阶段的开始，会议通过《21世纪议程》，提出可持续发展战略，进一步把清洁生产提到一个新的高度。1996年，联合国环境规划署再次明确定义：清洁生产是一种新的、创造性的思想，该思想将整体预防的环境战略持续应用于生产过程、产品和服务中，以增加生态效率和减少人类及环境的风险。

2002 年 6 月 29 日，我国全国人民代表大会常务委员会颁布了《清洁生产促进法》，结合我国国情，定义了清洁生产就是“不断采取改进设计、使用清洁的能源和原料、采用先进的工艺技术与设备、改善管理、综合利用等措施，从源头消减污染，提高资源利用效率，减少或者避免生产、服务和产品使用过程中污染物的产生和排放，以减轻或者消除对人类健康和环境危害”。

清洁生产是在什么样的背景下提出的?

6.1.2　水泥工业清洁生产必要性

1. 我国水泥工业污染源和“环境负荷”需要削减

我国水泥工业已有 100 多年的历史，经历了较长时期索取型、粗放型发展阶段，改革开放以来，随着国民经济的迅速发展和人民生活水平的提高，尤其是“十五”期间电力、交通、能源、城乡安居工程、国家其他基本建设的发展，促进了我国水泥工业的快速发展，带动了水泥产量大幅度增长，但从环境和质量能效角度来看，我国水泥工业还处于粗放型、质量效益型并存阶段。水泥工业在生产了大量国家急需的建筑材料、构筑现代物质文明的同时，也给环境带来了负面的影响，全行业的环境负荷越来越重。据不完全统计，我国水泥工业对环境污染和环境负荷的有关情况如下。

① 2004 年全国水泥工业燃料（标准煤）消耗量为 1.3 亿 t，煤耗比发达国家高出 50%，占全国工业煤耗的 10%。

② 2004 年全国水泥工业电力消耗量为 950×10^8 kW·h，是个耗电大户，电耗比发达国家平均高出 5%～10%。

③ 石灰石是水泥工业的重要资源，2004 年全国水泥工业石灰石耗用量为 9 亿 t。我国石灰岩储量虽然丰富，但是人均水平低，加上石灰岩资源分布存在不平衡，渤海湾、江苏沿海、浙闽粤琼东南、内蒙古中部、吉林东部、赣西、陕北等地资源短缺，况且石灰岩又属不可再生资源，据测算，仅能维持 50 多年生产，资源支撑度低。

④ 2004 年全国水泥工业 CO_2 放量为 7.0 亿 t。CO_2 产生温室效应，使气候变暖，危害环境。减少 CO_2 排放量，必须推行清洁生产减少生料消耗量、降低熟料耗热量。同时，提高熟料质量以便增加水泥或混凝土中工业废渣的掺入量，减少熟料或水泥用量。

⑤ 2004 年全国水泥工业 SO_2 排放量为 94 万 t，约占全国工业 SO_2 排放量的 5%，（每煅烧 1t 熟料要向大气排放 0.74kg SO_2）。SO_2 会产生硫酸盐型酸雨危害环境，而我国酸雨形势不容乐观。

⑥ 2004 年全国水泥工业 NO_x 排放量约 190 万 t。NO_x 会产生硝酸盐型酸雨危害环境。我国酸雨形势一个重要特点就是某些地区，由以硫酸盐型酸雨为主逐步向硝酸盐型酸雨为主方向发展，脱硝防硝酸盐型酸雨的形势更加严峻。

⑦ 粉尘污染是水泥工业对环境的主要污染。2004 年水泥工业粉尘排放量 520 万 t，约占全国工业粉尘排放总量的 63.74%，占全球水泥工业粉尘排放量约 900 万 t 的 58%；其中

70%左右是立窑企业和地方中小型水泥企业所排放。

⑧ 水泥工业不但产生和排放固体废物量少，同时还有条件利用煤炭、冶金、电力等行业的矸石、矿渣、粉煤灰、钢渣等废渣、废料作为原材料生产水泥，帮助这些行业缓解对环境的污染。“十五”期间，水泥工业年消纳工业废渣已超过2亿t，占工业废渣总利用量一半以上，可见水泥工业对工业废渣的消纳潜力不容置疑。

⑨ 水泥工业不但行业本身不产生和排放危险废物，而且还能利用水泥回转窑优越条件，将一些可燃性危险废物作为可燃物在水泥回转窑内加以燃烧分解，并利用燃烬物作原料生产水泥，有条件为全国危险废物负增长做出贡献。

2. 我国水泥工业需要削减末端治理费用，推进企业技术进步

以往的经验和教训表明，我们再也不能走先污染再治理、“亡羊补牢”的老路，必须通过对传统的技术装备实施清洁生产技术改造，在传统材料的生产和使用中按照“环境材料”型的要求，更全面地采取环境保护措施，努力预防污染、减少水泥产品的环境负荷，改善水泥企业环境协调性，逐渐实现水泥生产与生态环境和谐共容。

3. 我国水泥工业需要为国家经济、社会发展和实现社会文明、进步做贡献

水泥工业是我国重要的产业，在我国经济、社会发展中担任重要角色，同时也是污染大户、耗能大户、消耗资源大户，水泥工业全行业都要切实负起社会责任，通过清洁生产节能、降耗、减污，为实现我国经济与社会协调、可持续、全面发展和实现社会文明、进步贡献力量。

6.1.3 清洁生产对水泥工业的意义

清洁生产是控制环境污染的有效措施，彻底改变了过去被动、滞后的污染控制手段，强调在污染产生之前就进行有效控制和削减。因此进行清洁生产，可以提高生产效率、增加社会效益和经济效益，提高企业市场竞争力。

为了引导我国水泥行业向着可持续发展的循环经济方向前进，必须走清洁生产的道路，也就是说水泥的加工制造既要满足当代人们的需要，又要合理地使用自然资源和能源并能保护环境，清洁生产是我国水泥工业可持续发展的必由之路。

1. 清洁生产在水泥工业中的作用

① 随着水泥工业生产的发展，水泥的产量和产品品种不断增加，人们的环境意识逐渐提高，对水泥生产所排放污染物的种类检测越来越多，规定控制的污染物的排放标准也越来越严格。为达到排放的要求，企业要花费大量的资金，大大提高了治理费用；即使如此，一些要求还难以达到，水泥工业生产面临巨大的环保压力。实施清洁生产可以使水泥工业的环保起到事半功倍的效果，有效减轻水泥工业的环境负荷。

② 由于污染治理技术有限，治理污染实质上很难达到彻底消除污染的目的。因为一般末端治理污染的办法必须通过一系列的物理、化学方法处理后再排放。而这些处理过程不是在理想状态下而是在不断的变化状态下进行，有的甚至是在很不利的状态下进行。如立窑及烘干机的除尘就在很不利的工况状态下进行，容易造成结露和腐蚀，甚至使除尘系统不能正常工作。有的治理方法不当还会造成二次污染，如某些简易水除尘，治理很难达标；还将污染物转移，废气变废水、废灰渣，废水超标排放到地面水体，废灰渣乱堆放，风吹飞扬，污染空气、土壤和地表水，形成恶性循环，破坏生态环境。实施清洁生产可以在源头预防，避

繁就简、去难就易，使水泥工业的环保工作技术难度减小。

③ 用清洁生产的方法预防污染比仅用末端治理的方法治理污染可大量节省资金。根据日本环境厅 1991 年的报告，从经济上计算，在污染前采取防治对策比在污染后采取措施治理更为节省。例如就整个日本的硫氧化物造成的大气污染而言，排放后不采取对策所产生的受害金额是现在预防这种危害所需费用的 10 倍。以水俣病而言，其推算结果则为 100 倍。可见两者之差极其悬殊。

④ 只着眼于末端处理的办法，不仅需要大量投资，而且使一些可以回收的资源（包含未反应的原料）得不到有效的回收利用而流失，致使企业原材料消耗增高，资源浪费。用清洁生产的方法预防污染可以节约资源、能源，降低产品成本，提高企业经济效益，从而提高了企业治理污染的积极性和主动性。

实践证明，清洁生产预防污染优于末端治理，必须以“预防为主”，将污染物减降或消除在生产过程之中，实行水泥厂生产全过程控制，实施清洁生产将有助于水泥工业生产与环境和谐共容，对提高水泥工业的环境绩效将发挥重要作用。

⑤ 清洁生产是循环经济的基础。从全社会这个层面（大循环）来讲，循环经济的“减量化、再利用、再循环利用（资源化）”原则的重要性并不是并列的，而是要先减少资源和能源的输入、尽可能多次再使用各种物品、尽量减少废弃物产生，再实施废弃物循环利用。循环经济以资源利用最大化和污染排放最小化为主线，逐渐将清洁生产和废弃物的综合利用融为一体。实际上，循环经济的每一项原则都与清洁生产息息相关，即使是“再循环利用”原则也离不开清洁生产。因有的废弃物不便利用，要用清洁生产手段改变废弃物特性，使之可再循环利用。

2. 清洁生产对水泥工业的意义

清洁生产彻底改变了过去那种被动的、滞后的污染控制手段，清洁生产全方位，全过程地将产品的生产、使用和环境减负、污染预防融为一体，以降低在整个生命周期内对环境的负荷和对环境不良影响。它强调在污染产生前进行综合预防，有效地防止或减少污染的产生和对环境的不利影响。这一主动行动经国内外许多实践证明既能节约资源、能源，产生经济效益，又能减少排污，带来环境效益。因而实行清洁生产是从根本上控制污染、降低整个工业活动对人类和环境风险、促进工业生产和环境协调发展最有效的手段。

直观地说，清洁生产就是全方位、全过程地将产品的生产、使用和环境污染预防、环境减负融为一体，减少废物和污染物的生成和排放，节能、降耗、节水，节约和合理利用自然资源，减缓资源的耗竭，使生产过程与环境相容，实现环境与经济双赢。

清洁生产在水泥工业中所起的作用是什么？

6.1.4　国内外清洁生产简介

1. 国外清洁生产状况

发达国家首先把清洁生产定位在一个较高层面上，全方位广泛地开展清洁生产活动。

① 1974 年，美国 3M 公司提出与清洁生产相关的“污染预防”计划，提出污染物质就

是未被利用的原料，污染物质加上创新技术就是有价值的资源。

② 20世纪80年代以来，荷兰在防止污染和回收废物方面取得了明显的进展，例如：

a. 95%的煤灰料已被利用作为水泥和建材原料；

b. 85%的废油回收作为水泥厂或其他工厂燃料；

c. 65%的污泥用作肥料或作为水泥厂原料；

d. 50%以上家庭的废纸和废玻璃被收集分类和再生利用。

③ 20世纪90年代以来，加拿大开展了“3R”运动，“3R”为Reduce，Reuse，Recycle，三单词的词头，即减少、再生、循环利用。加拿大不列颠哥伦比亚省在全省动员开展“3R”运动，这个运动的范围相当广泛，从省制订的计划到民间组织自发的活动，形式多种多样。

④ 丹麦的海滨城镇卡伦堡是世界上最典型的生态工业园，内含几个即不相同又能互补的大企业。如火电厂、炼油厂、制药厂、石膏厂、水泥厂和农场、养殖场等，彼此之间在自愿协议的基础上通过“从副产物（废弃物）到原料”的交换，互相利用废料，减少了废弃物的产生和处理费用，实现资源总体增值，产生经济效应。大大减少对环境的废物排放，基本实现废物的“零排放”，实现经济发展、资源利用和环境的良性循环。

国外在再资源化、再能源化和减少环境负荷等方面已有了很多研究，并且垃圾分类分选、重金属分离、防止二次污染、生态水泥与生态混凝土性质等课题，已成为研究的热门课题。

国外水泥工业清洁生产的综合发展动态如下：

a. 最大限度减少粉尘、NO_x、SO_2、重金属等对环境的污染；

b. 实现高效余热回收，最大程度减少水泥电耗；

c. 不断提高替代燃料的替代率，最大程度减少水泥热耗；

d. 开发生态水泥，减少自然资源的使用量。

2. 国内清洁生产状况

自1993年以来，我国开始推行清洁生产工作，1994年成立国家清洁生产中心之后，全国相继有20家地方和行业成立了清洁生产中心，并通过开展国际合作开拓了新领域，促进了我国清洁生产的快速发展。

2002年6月29日，我国颁布了中华人民共和国第72号主席令-中华人民共和国清洁生产促进法，并于2003年1月1日起实施。

2003年12月，国务院在“关于加快推行清洁生产意见的通知”中，要求提高清洁生产技术开发水平和创新能力，用先进适用技术改造传统产业，科技开发计划应将清洁生产作为重点领域。到1997年底，全国开展清洁生产审核的企业已超过250家，废水削减了10%～20%，污染物削减了8%～15%。现在开展清洁生产的企业已包括了十几个行业，如：化工、轻工、建材、冶金、石化、铁路、电子、医药、采矿、钢铁、制革、造纸、酿酒等，2004年我国建材行业也开始编制清洁生产规范。

目前，我国水泥工业的清洁生产刚刚起步，有的企业还没有开始，与国际发达国家相比，有很大的差距。

3. 国际上清洁生产的特点

从总体上看，国际上推进清洁生产活动概括起来有下面这样一些特点：

① 把推进清洁生产和推广ISO 14000认证有机地结合在一起。

② 通过政府和工业部门自愿协议达成契约，要求在规定的时间内各自负责污染物达到削减目标，从而推动清洁生产。

③ 把中小企业当作宣传和推广清洁生产的主要对象。

④ 依靠经济政策推进清洁生产。

⑤ 要求社会各部门广泛参与清洁生产。

⑥ 在高等教育中增加清洁生产课程。

⑦ 科技支持是发达国家推行清洁生产的重要支撑力量。

6.2　水泥厂清洁生产审核

清洁生产审核是一套对正在运行的生产过程进行系统分析和评价的程序：是通过对一家公司（工厂）的具体生产工艺、设备和操作的诊断，找出能耗高、物耗高、污染重的原因，掌握废物的种类、数量以及产生原因的详尽情况，提出减少有毒和有害物料的使用、产生以及废物产生的方案，研究降低能耗、物耗以及废物产生的方案，经过对备选方案的技术经济及环境可行性分析，选定可以实施的清洁生产方案的分析过程。如图 6-1 所示。

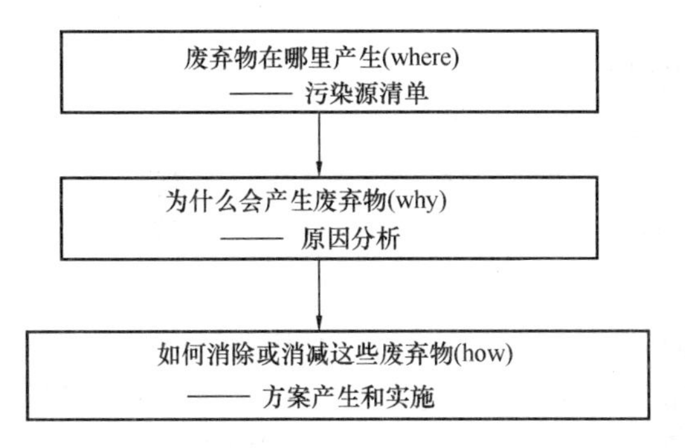

图 6-1　清洁生产审核思路

清洁生产审核作为推行清洁生产最主要、最具操作性的方法，通过一整套系统而科学的程序，重点是对企业的生产过程进行预防污染的分析和评估，从而发现问题，判定出企业中不符合清洁生产的地方和做法，从而提出方案，解决问题，并通过清洁生产方案的实施实现清洁生产，实现减污、降耗、节能。

清洁生产审核大体上分为审核的准备、预审核、审核、清洁生产方案的产生和筛选、清洁生产方案的论证和确定、编写清洁生产审核报告等阶段。

什么是清洁生产审核?

6.2.1　清洁生产审核的目的、原则、方式和类型

1. 清洁生产审核的目的

① 掌握投入和产出的有关数据和资料。

② 确定废物来源、数量、特征和类型，确定废物削减的目标，制定经济有效的废物削减对策。

③ 提高企业对由削减废物获得效益的认识，强化污染预防的自觉性。

④ 判定企业效率低的瓶颈部位和管理不善的地方。

⑤ 提高企业经济效益和产品质量。

⑥ 强化科学量化管理，规范单元操作。

⑦ 获得单元操作的最优工艺、技术参数。

⑧ 全面提高职工的素质和技能。

2. 清洁生产审核的原则

清洁生产审核是一般以企业为主体，遵循企业自愿审核与国家强制审核相结合，企业自主审核与外部协助审核相结合的原则，因地制宜、有序开展、注重实效。

3. 清洁生产审核方式

按照审核过程有无外部专家的参与及参与程度，清洁生产审核可分为：

① 企业自我审核。

② 外部专家指导审核。

③ 清洁生产审核咨询机构审核。

4. 清洁生产审核的类型

清洁生产审核有强制型和自愿型两种类型。

① 有下列情况之一的，应当实施强制性清洁生产审核：

a. 污染物排放超过国家和地方排放标准，或者污染物排放总量超过地方人民政府核定的排放总量控制指标的严重污染企业。

b. 使用有毒有害原料进行生产，或者在生产中排放有毒有害物质的企业。

有毒有害原料或者物质，主要指《危险货物品名表》(GB 12268—2012)、《危险化学品名录》、《国家危险废物名录》和《剧毒化学品目录》中的剧毒、强腐蚀性、强刺激性、放射性（不包括核电设施和军工核设施）、致癌、致畸等物质。

实施强制清洁生产审核的企业，应当在名单公布后两个月内开展清洁生产审核。两次审核的间隔时间不得超过五年。

② 自愿性清洁生产审核，就是企业为了全面提升企业素质，上升企业档次，提高企业环境绩效及企业经济效益，而积极主动开展的清洁生产审核。它通过一整套系统而科学的程序，对自身生产过程存在的深层次的潜力严格进行诊察发掘，并产生提高型清洁生产方案，以便改进提高，进一步消减环境污染物和环境负荷，帮助企业节约原材料和能源。实现减污，降耗、节能、增产、增效、实现环境、经济双赢，增强企业发展后劲。自愿性清洁生产审核，可以向有管辖权的发展改革（经济贸易）行政主管部门和环境保护行政主管部门提供拟进行清洁生产审核的计划，并按清洁生产审核计划的内容、程序组织清洁生产审核。

不管哪种清洁生产审核，其审核范围都是对生产或服务自始至终的全过程。

清洁生产审核的目的有哪些?

6.2.2　清洁生产审核的内容

清洁生产审核的内容就是围绕减污、增效，从原料、产品、工业技术、设备，过程控制、废弃物特性、员工素质、管理八个方面对企业的生产过程进行分析评估；找出物料流失、资源浪费和污染物产生的环节及原因；审核原料产品是否有有毒有害物质。提出减少有毒有害物质的使用、产生，降低能耗，物耗以及废物产生的清洁生产方案，并进行筛选、论证。分析和评估分为预评估、评估两个阶段。如图 6-2 清洁生产审核内容所示。

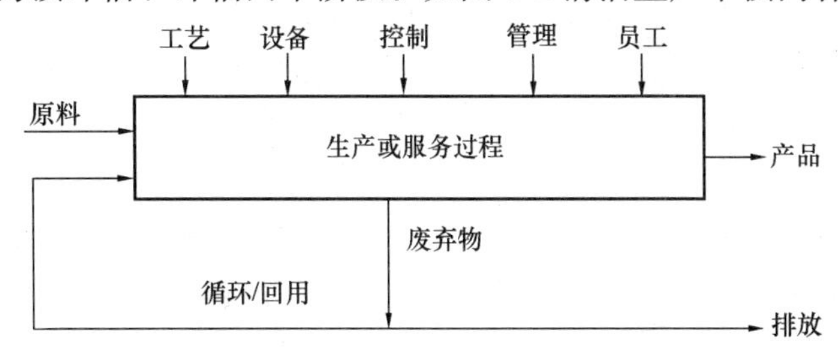

图 6-2　清洁生产审核内容

6.2.3　清洁生产审核的实施

1. 审核的准备

审核的准备阶段主要是成立由企业管理人员和技术人员组成的清洁生产审核工作小组，明确任务、制定审核工作计划，开展清洁生产思想的宣传和教育等工作。制定的审核工作任务、计划要报给当地环保局和发改委。按照清洁生产审核计划的内容、程序组织清洁生产审核。如图 6-3 所示。

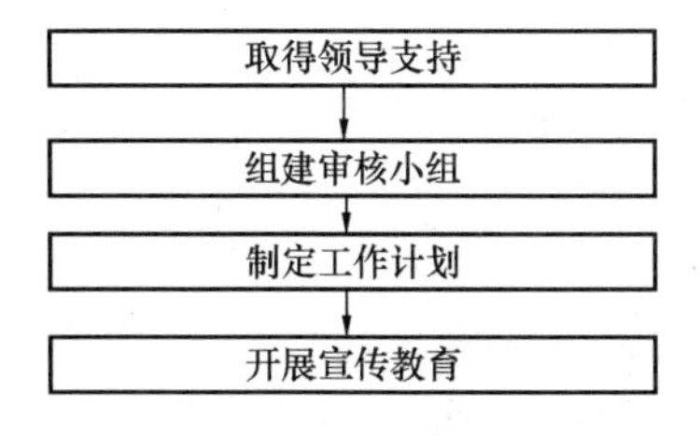

图 6-3　审核的准备流程图

2. 预审核

预评估阶段主要是摸清企业情况，在预审核阶段首先深入现场，把生产过程中每一个不良现象和问题都认真记录在案，发动企业的有关员工磋商讨论。对全线工艺过程、能耗、产品质量进行初步评估和分析。在对企业基本情况进行全面调查的基础上，对全线污染现状和产污原因进行初步评估和定性、定量分析，并对全线工艺过程、能耗，质量进行初步评估和分析，在此基础上确定清洁生产审核重点和企业清洁生产目标。如图 6-4 所示。

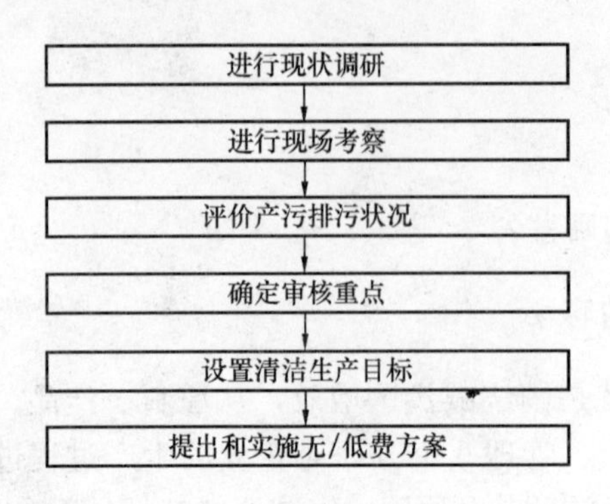

图 6-4　预审核流程图

3. 审核

审核阶段主要是通过对审核重点生产过程的投入产出进行分析，建立物料平衡、水平衡、资源平衡以及污染因子平衡，找出物料流失、资源浪费环节和污染物产生的原因；同时对工艺过程、能耗、产品质量等审核重点进行深入的评估和分析，从原料、产品、工艺技术、设备、过程控制、废弃物特性、员工素质、管理八个方面分析废弃物产生的深层次原因。这个阶段要进行物料、水、污染物投入（产生）产出（排出）的测定。测定是为了摸清家底，是审核的重要手段。审核阶段主要是通过对审核重点进行测定和平衡计算（包括对物料、能源、水、污染物）。图 6-5 是以某车间为审核重点，编制的审核重点工艺流程图。

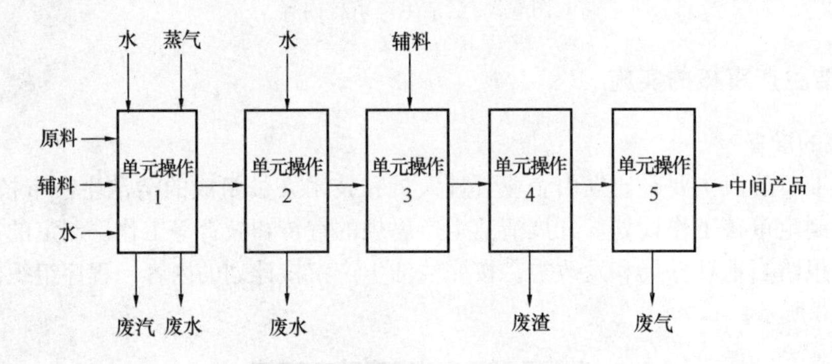

图 6-5　审核重点工艺流程图

4. 清洁生产方案的产生和筛选

方案产生和筛选阶段主要是在深入分析物料流失、资源浪费、能耗高、污染物产生的原因及排放的基础上，提出清洁生产实施方案，包括无/低费方案和中/高费方案，低费、中费，高费的标准可根据企业经济状况来确定，一般低费 1～3 万元，中费 3～5 万元，高费 5～10 万元。方案产生后进行方案的初步筛选，筛选出可行、初步可行、不可行方案，不好确定的可作为储备方案搁置；筛选后就要推荐可行的无/低费方案和初步可行的 2 个以上的中/高费方案。最后编写清洁生产中期审核报告。

5. 清洁生产方案的论证和确定

对初步筛选可行的中/高费清洁生产方案进行技术、经济和环境可行性分析，可按可行性研究报告的方法、步骤进行，以选择最佳的、可实施的清洁生产方案。深度可根据技术难度和投资额大小来掌握，可行性分析后在确定企业拟实施的清洁生产方案。

(1) 技术评估

① 方案设计中采用的工艺路线、技术设备在经济合理的条件下的先进性、适用性。

② 与国家有关的技术政策和能源政策的相符性。

③ 技术引进或设备进口符合我国国情、引进技术后要有消化吸收能力。

④ 资源的利率和技术途径合理。

⑤ 技术设备操作上安全可靠。

⑥ 技术成熟（例如国内有实施的先例）。

(2) 经济评估

① 清洁生产经济效益的统计方法。

② 经济评估方法。

③ 经济评估指标及其计算。

④ 经济评估准则。

(3) 环境评估

① 资源的消耗与资源可永续利用要求的关系。

② 生产中废弃物排放量的变化。

③ 污染物组分的毒性及降解情况。

④ 污染物的二次污染。

⑤ 操作环境对人员健康的影响。

⑥ 废弃物的复用，循环利用和再生回收。

6. 清洁生产方案的实施

清洁生产方案实施目的：通过推荐方案（经分析可行的中/高费最佳可行方案）实施，实现技术进步，获得显著的经济和环境效益；通过评估已实施的清洁生产方案成果，激励企业推行生产。重点：① 总结前几个审核阶级已实施的清洁生产方案的成果；② 统筹规划推荐方案的实施。

清洁生产方案的评估依据有哪些？

7. 持续清洁生产

持续清洁生产目的：使清洁生产在企业内长期、持续地推行下去。

持续清洁生产重点如下：

(1) 建立清洁生产的组织机构

① 明确任务：组织协调并监督实施本次审核提出的清洁生产方案；经常性地组织对企业职业工清洁生产教育和培训；选择下一轮清洁生产审核重点，并启动新的清洁生产审核；负责清洁生产活动的日常管理。

② 落实归属：单独设立清洁生产办公室，直接归属厂长领导；在环保部门设立清洁生产机构；在管理部门或技术部门中设立清洁生产机构。

③ 确定专人负责：熟练掌握清洁生产审核知识；熟悉企业的环保情况；了解企业的生

产和技术情况；较强的工作协调能力；较强的工作责任心和敬业精神。

(2) 建立促进实施清洁生产的管理制度

① 把审核结果纳入企业的日常管理：把清洁生产审核提出加强管理的措施管理的措施文件化，形成制度；把清洁生产审核提出岗位操作的岗位操作改进措施，写入岗位的操作规程，并要求严格遵守执行；把清洁生产审核提出工艺过程控制的改进措施，写入企业的技术规范。

② 建立和完善清洁生产激励机制：可操作的奖惩措施；环境意识的教育和培养。

③ 保证稳定的清洁生产资金来源：清洁生产效益单独建账；清洁生产收益的妥善使用。

(3) 制定持续清洁生产计划

清洁生产审核工作计划；清洁生产方案的实施计划；清洁生产新技术的研究与开发计划；企业职工的清洁生产培训计划。

8. 清洁生产审核报告的编写

清洁生产审核报告的编写包括：清洁生产中期审核报告、清洁生产审核报告的编写。

(1) 清洁生产中期审核报告

清洁生产中期审核报告的编写目的：汇总分析筹划和组织、预评估、评估及方案产生和筛选这四个阶段的清洁生产审核工作成果，及时总结经验和发现问题，为在以后阶段的改进和继续工作打好基础。

编写时间是在方案产生的筛选工作完成之后，部分无/低费方案已实施的情况下编写。

(2) 清洁生产审核报告

编写清洁生产审核报告是在本轮审核完成之时进行，目的是总结本轮企业清洁生产审核成果，汇总分析各项调查、实测结果，寻找废物产生原因和清洁生产机会，实施并评估清洁生产方案，建立和完善持续推行清洁生产机制。

清洁生产审核报告应当包括企业基本情况、清洁生产审核过程和结果、清洁生产方案汇总和效益预测分析、清洁生产方案实施计划等。

清洁生产审核的流程有哪些?

6.3 水泥厂清洁生产机会识别

在水泥厂生产过程中存在着清洁生产机会，清洁生产机会识别是一项关联性、内涵性很强的系统工程，它不是“头痛医头”“脚痛医脚”，而是由此及彼、由表及里、由浅入深、辩证施查、理性识别。识别清洁生产机会是进行清洁生产审核的中心环节，是实行清洁生产的必要前提。

6.3.1 识别清洁生产机会的必要性

水泥生产过程中存在着很多有悖于清洁生产的问题和现象，他们的起因有的很直观，有的却隐藏很深，要查找不那么简单。但是，这些原因肯定存在于生产过程中潜在的“不良反应链网”之中，所谓“反应链”就是水泥生产过程各过程因子之间连锁式的相互联系，相互作用、相互影响的反应关系，“反应链网”就是“反应链”的扩大延伸，即生产过程中各“发应链”的相互作用，相互影响的关联。“不良反应链”自然是其中负面影响关系。要查问题的深层次原因，识别清洁生产机会就要从这种复杂的负面影响关系入手。捕捉到这种机会，就能产生清洁生产方案，解决存在问题，收到事半功倍的效果。

6.3.2　识别清洁生产机会的方法

为了给清洁生产机会识别提供一种具体的、可操作性强的查寻方法，在中国—荷兰清洁生产国际合作项目中发明了一种清洁生产机会识别技术，就是用“不良反应链查寻法”查寻生产过程致污、致劣和低效能产生的原因，识别、发掘生产过程清洁生产机会。“不良反应链查寻法”是一种可操作化、技术化的方法。它综合运用信息论、控制论、系统论等横断科学有关知识和清洁生产的思想及行业技术，以物质流信息输入、输出为导向，将生产过程中连锁式的不良影响载于“不良反应链”这一载体中，将致污、致劣和低效能原因的查寻过程融入此载体，运用系统工程方法——递推法、辅以检测、查验等手段，查出致污和低效能深层次的原因，并提出解决问题的技术方案。这种分析查询方法有两种；一是“反证分析法”，二是“直接分析法”。

1. 反证分析法

“反证分析法”就是由原因推论结果的假定反证查寻分析方法。

如发现的某一不良现象，先假定它是产生某中不良问题的原因，以原因为不良“反应链”起点，再按照不良“反应链”的链式进行一环套一环的客观逻辑分析查询，用反正法来证实假定原因成立。所分析的不良“反应链”的一个环节称之“链素点”，它有两种属性——Y 属性或 N 属性，如呈现 Y 属性则具有延伸性，继续查寻；如呈现 N 属性则不具有延伸性，并与产生的不良问题相吻合，可终结链式查寻，则“链起点”即为“主链疵点”。

2. 直接分析法

“直接分析法”，就是直接由结果追溯原因的逻辑递进查寻分析方法。

如发现某一不良问题直接用逻辑递进的方法，按照不良“反应链”的链式进行一环套一环的客观逻辑分析，直接追溯其产生的原因。如分析的不良“反应链”的一个环节同样称之为“链素点”，同样有两种属性——Y 属性或 N 属性，如呈现 Y 属性具有延伸性，继续查询；如呈现 N 属性则不具有延伸性，终结查寻，此“链素点”为“链终点”，此“链终点”即待查的“主链此点”。以此揭示某些隐藏很深的致污和低效能的原因。展示“环境致污点”和“产品致劣点”内在联系。

企业进行清洁生产机会识别的方法?

6.3.3　识别清洁生产机会的示例及效果介绍

1. 实例——“直接技术分析查寻法”应用

某水泥厂石灰石二破车间粉尘弥漫、产生严重污染。其原因：有人说是除尘器选型小了，主张要推倒并重上一台除尘器；有人说是除尘器系统没设计好，主张要重建新除尘系统（那得花费 30 多万元）。通过“直接技术分析查寻法”查寻分析，查出反击式破碎机除尘风机传动胶带松弛是石灰石二破车间污染产生原因。针对查出的原因设置传动胶带防松机构后，保证了除尘系统有足够的抽吸力。二破车间弥散的粉尘不见了，石灰石二破车间严重污染消除了，避免了重新购买除尘器、重新建设除尘系统，节省 30 多万元，为工厂的生产赢得宝贵的时间，收回了弥散的粉尘 300kg/h。

2. 实例——“技术反证查询法”和“直接技术分析查寻法”的综合应用

某水泥厂生料磨车间粉尘弥散，车间能见度很低，对外排放也严重超标，ϕ2.2×7.5m 生料烘干磨（与 LS4.0m 选粉机闭路）产量较低，台式产量只有 19t/h 左右（设计产量 25～30t/h）。运用“不良反应链查寻法”来查寻车间污染产生和磨机产量低的原因。和前一例不同，这个车间问题较多。如单一用某一种查询方法查清复杂的原因有困难，于是综合运用“直接技术分析查寻法”和“技术反证查询法”分两个支链分别进行查询。用“直接技术分析查寻法”查寻车间污染产生的诱导原因，用“技术反证法查寻法”查寻磨机产量低的诱导原因。查出热风炉接入磨头的方式不对，不符合流体的特性，热风较难进入磨机，由此得出磨机产量低和车间污染最终的原因是热风炉接入方式不对。

针对查出的原因改进热风炉布置和管道接入方式，修复主排风机和袋除尘器，生料粉磨系统正常运转，磨机台时产量达 25t/h，袋除尘器排放达标，经济效益和环境效益显著。

列举你知道的清洁生产机会识别的例子。

6.4 水泥工业清洁生产实施途径

一般来说，水泥产品的生命周期包括如下几个环节：原料、燃料—生产制造—包装出厂—工程应用—废弃。水泥工业的清洁生产范围是从石灰石原料矿山（其他原料是从到达厂内）开始，直到产品出厂为止，包括了生产的全过程。

实行清洁生产是可持续发展战略的要求，关键因素是要求水泥生产提高能效，开发更清洁的技术，消纳工业废渣和城市垃圾等对环境有害的废弃物，实现环境和资源的保护和有效管理。

水泥工业清洁生产工作中的重点：

① 按照从源头抓治理的思路，体现生产全过程的生产控制和污染预防控制的原则，使清洁生产由末端治理污染控制向生产全过程控制转变。

② 珍惜有限的自然资源和能源，减少石灰石等天然矿物及煤炭、电力的消耗，因此应采用先进生产技术和装备，在推广新型干法水泥的同时，加快淘汰落后的水泥工艺技术，特别是立窑生产线。

③ 污染物排放控制要完全符合国家和地方的各种环保标准要求。

④ 将废弃物减量化、资源化和无害化或消灭于水泥生产过程中，对人类社会做出重大贡献。

6.4.1　原、燃料替代

1. 用工业废渣作原料制备生料或作水泥混合材

用煤矸石、粉煤灰、钢渣、铜渣、磷渣、铅锌渣、电石渣、碳化渣、选矿尾矿、城市生活污水处理的污泥等工业废渣和固体废物生产水泥。如用煤矸石、粉煤灰替代黏土配料，节约黏土和石灰石资源；用粉煤灰、钢渣作为水泥混合材，降低环境负荷，同时降低水泥成本、提高经济效益。如前所述，我国水泥行业年利用工业废渣超过 2 亿 t。

2. 用劣质煤烧制水泥熟料节约优质煤

使用新型燃烧器燃用低挥发分、低热值煤节约优质煤。为保证低挥发分燃煤在回转窑内的正常着火和稳定燃烧，同时又要控制 NO_x 的生成，最简便又经济的途径是增加火焰内循环量，使下游炽热的燃烧产物回流到火焰根部以提高该处一次风和煤粉温度。

还可采取分解炉部分离线，使初始燃烧区有合适的氧浓度和燃烧温度，适当加大分解炉炉容，适当延长煤粉停留时间；采用流态化床型分解炉，以保证燃料充分裂解，提高燃烧效率和燃尽率。还可通过增加煤粉细度，提高煅烧速率，缩短燃尽时间来实现。

3. 用可燃废弃物作燃料节约煤炭

采用新型多通道混合燃烧器，促进燃用各种工业可燃废料废液、可燃性垃圾。如北京水泥厂于 1999 年 5 月开始利用水泥回转窑试烧废油墨渣、树脂渣、油漆渣、有机废液，测得窑尾废弃中有机有害物及重金属的排放浓度和排放量远远低于允许排放标准，丝毫不影响其水泥和混凝土的物理化学性能和环境功效，消除了二次污染、实现了工业废弃物处理的无害化、资源化和产业化处理。

4. 将工业废弃灰渣细磨成“功能调节型材料”

开发“超细粉磨”技术与装备，将同硅酸盐水泥成分近似的高炉矿渣、电厂粉煤灰、煤矸石等激活改性成为“功能调节性材料”。不仅将这些废渣、废料作为代替和减少熟料用量的单纯混合材，而且可以改善水泥的性能，生产高质量的水泥。

还有哪些工业废物可以代替水泥工业中的原、燃料?

6.4.2　生产工艺的优化

清洁生产技术与工艺参数、工艺操作、工艺布置、工艺系统密切相关，生产工艺的优化是实施清洁生产的重要途径之一，具体如下。

① 减少石灰石夹带黏土，提高配料准确性，提高生料质量，提高资源利用率。

② 调整磨机装球量改进研磨体级配，调整闭路磨系统的物料循环量，提高粉磨效率，降低粉磨电耗。

③ 进一步优化完善“生料均化链”，改善均化效果，提高生料质量，做好窑前工艺，促进烧成系统均匀煅烧，提高熟料质量，提高资源利用率。

④ 优化烧成系统配煤、配风，降低烧成热耗，节煤、节电。

⑤ 粉料输送、提升过程转落处降低落差，必要的高落差放料采用“软着陆”，可大幅度

减降扬尘生产量。

⑥ 加强工艺系统密封，杜绝“跑”“冒”“滴”“漏”，可明显减降水泥厂的产尘点和扬尘无组织排放，如安徽冶山水泥公司某生料车间一年回收流失粉料 2000t，平均按 80 元/t 计算，年创 16 万元经济效益。实际料耗从 1.68kg 生料/kg 熟料降到 1.61kg 生料/kg 熟料。减降水泥厂的污染源——粉尘，减少石灰石消耗和 CO_2 的排放。

⑦ 回转窑筒体、烘干机筒体两端动态连接改善密封，减少事故性跑料、跑灰、减少漏风、减少废气量和物料流失。

⑧ 每个工艺操作单元进料、出料都要设置计量装置，准确监控每个工艺操作单元的物料流失；提高资源利用效率，减降水泥厂的污染源粉尘。

⑨ 水泥卸、装、运、储、用注意密封方式，注意减少破包，可减少水泥粉尘排放。

⑩ 预分解窑系统优化。根据系统工程学原理，将预分解窑系统中的旋风筒、换热管道、分解炉、回转窑、冷却机五位一体全面优化，并且力求采用高级合金材料，耐热、耐磨、耐火、隔热、保温材料，电子计算机，自控信息系统，高效除尘装备及精密的装备制造技术，将全窑系统优化成为一个完整的、高效配合的热工系统工程体系。再辅以现代化管理，确保水泥生产中最重要的熟料煅烧过程实现优质、高效、节能、环保和均衡稳定生产。

水泥生产工艺流程和特点？

6.4.3 水泥新产品的开发

1. 开发绿色水泥新品种

开发绿色水泥新品种是实施清洁生产的重要途径之一，如：

① 复合胶凝材料产生技术。

② 其他特种水泥及特种工程材料的生产及应用技术。

③“生态水泥”及以节能和环保为显著特征的新型熟料矿物体系的研发技术，如 C_2S-$C_{11}A_7 \cdot CaF_2$、C_2S-C_4A_3S 和 C_2S-C_4A_3S-C_4AF 等节能矿物体系在相关“生态水泥”生产技术中应用。

2. 开发高性能水泥新品种

开发高性能水泥新品种也是实施清洁生产的重要途径之一，如高贝利特水泥生产技术及硫铝酸盐水泥生产及应用技术等。

提高水泥熟料强度意味着提高水泥熟料的实物质量，从而为提高混凝土的强度等级和耐久性提供保障。我国混凝土的平均强度等级大多为 C25 和 C30，如果混凝土的强度等级可以提高到 C50，据测算可节约水泥用量 30%左右，则每年可少消耗水泥约 2 亿 t。此外，如果能最大限度地减少水泥中的有害成分，如 R_2O，则可大大提高混凝土的耐久性，从而延长建、构筑物的生命周期。因此，提高水泥熟料质量，对于节约资源、节约能源，延长下游产品的生命周期具有十分重要的意义。

6.4.4　生产设备的改造革新

生产设备的革新是实施清洁生产的重要途径之一，如一些老式除尘器除尘效率低，是产生物料损失和粉尘排放超标的一个重要原因。要把它改造成新型高效率除尘器，以提高除尘效率、减少生产中物料损失，这样的例子不胜枚举。

所以国家在水泥产业结构调整中规定 ϕ1.83m 以下的磨机、ϕ2.2m 以下的机立窑这些效率低、能耗高、污染重的设备要进行淘汰更新，推荐使用立磨、新型干法窑这些效率高、能耗低的清洁型设备。国家经贸委已公布了三批《淘汰落后生产能力、工艺和产品的目录》。当然更新是不断进行的，如新型干法窑是先进技术装备、但其常规分解炉还将被脱氮型分解炉替代。

水泥制备工艺中的主要设备有哪些?

6.4.5　生产过程控制的更新

生产过程控制的革新是实施清洁生产的重要途径之一，因为好的控制系统可以降低水泥厂自动化系统的建设投资，提高系统的控制性能和可靠性。可以稳定水泥生产过程，提高大型干法水泥窑的运转率。可以减低水泥烧成能耗，降低生产成本，减少设备维修保养费用和生产人员的费用。

用新开发的生产过程优化和信息化控制管理系统来更新老的过程控制系统，这些系统包括在线定量检测技术、分散控制集中管理系统和专家系统软件等。

① 在线物料流计量和成分检测技术。如在线 X 射线衍射仪测定熟料 f-CaO 技术；碱金属发射光谱检测回转窑烧成带温度技术等。

② 分散控制集中管理系统。如 QCS 生料配料计算机控制系统和 DCS 中控管理系统。

③ DCS 计算机中控管理系统，包括现场信息采集、设备开闭环控制、过程控制和系统控制、工厂管理和公司管理等多种功能，根据工厂规模也可采用现场总线或 PLC 控制。

④ 还将要开发基于兼容清洁生产操作经验和模糊逻辑原理的窑系统自动控制程序；开发基于兼容清洁生产过程数学模型的数值模的磨系统优化作业程序。

⑤ 开发新型的控制仪器仪表，提高控制系统档次，使过程控制准确、可靠。特别要提高生料配料、窑头窑尾系统的计量控制的准确性、可靠性。

6.4.6　水泥厂废弃物利用

水泥厂的废弃物主要是窑灰、烘干机烟尘、不合格的水泥产品、锅炉炉渣、废弃的耐火材料和保温材料、矿山开采中产生的剥离土、破损的滤袋、废油等，前四种一般是适量地掺到相应工序中回收利用，但窑灰中含有大量的碱，可以用来处理酸性污染物。破损的滤袋和废油通过废旧物资回收加以利用，剥离土可用来回填开采区。

水泥生产过程产生大量的气态废弃物—— CO_2，因 CO_2 是温室气体，给环境造成不利影响，而成为水泥厂重要的环境负荷。国内已有企业开展了从水泥窑尾废气中提取二氧化碳气体的工作，并利用二氧化碳生产全降解塑料，生产一次性医用设备、餐具、食品包装袋等产品。

6.4.7 技术与装备的创新

技术与装备的创新是实施清洁生产的灵魂所在，原国家经贸委已发布了三批《国家重点行业清洁生产技术导向目录》。新型干法水泥窑纯余热发电技术；新型干法水泥采用低挥发分燃煤技术；挤压联合粉磨工艺技术；立磨技术；开流高细、高产管磨技术；快递沸腾式烘干系统；高浓度、防爆型煤粉收集技术；散装水泥装、运、储、用技术；利用工业废渣制造复合水泥技术均已列入其中。

新的技术与装备还将不断涌现，举例如下。

① 大破碎比的锤式破碎机和反击式破碎机。从原矿破碎到入磨粒度的破碎比约40～60，采用单转子和双转子两大类单段锤式破碎机，噪声小于90dB。

② 研制开发满足5000t/d熟料以上新型干法水泥生产线要求的国产化大型节能技术装备。如完全代替进口的大型立式磨、辊压机、选粉机；并研究与之相适应的粉磨技术和配套设备，达到粉磨系统单位电耗≤14kW·h，实现生料和水泥粉磨作业高效节能话生产，降低电耗和提高产品质量。

③ 利用现代流体力学，燃烧动力学，以及热工学、热力学等现代科学理论，指导新型悬浮预热、分解炉系统的研制开发和优化工程。提高气固换热效率、入窑物料分解率以及全烧成系统的热效率，为回转窑优质、高效、低耗提供充分的保障条件。同时研究减少 SO_2、NO_x 的排放措施，减少对环境的污染。

④ 第四代高效冷却机，节能≥25×4.18kJ/(kg熟料)，节电≥1.3kW·h/(kg熟料)，篦板寿命4～5年，增产5%～10%。

⑤ 新的纯低温余热发电技术，充分利用预热器，篦冷机排出的250～350℃废气中的热焓，实现能源充分回收，吨熟料发电量达到35kW·h/(t熟料)以上，吨熟料成本下降约10元。

⑥ 大风量、低排放、高效率、低阻力、长寿命窑尾除尘器，除尘器出口排放浓度<10mg/Nm^3，达到欧洲先进标准，滤袋寿命≥4年，除尘器运行阻力<1000Pa。

⑦ 推广散装水泥，减少破袋及拆袋时水泥的浪费和产生粉尘污染、节约优质牛皮纸，节约木材。集储存、均化、散装、包装和发送于一体的多功能库是一种比较好的设施。大中型水泥厂可考虑采用。

6.4.8 生态化创新

水泥工业实现生态化创新是水泥工业实现清洁生产的重要途径。水泥工业的生态化不仅要求水泥工业自身实现优质、低耗、节约资源和能源、消除或尽量减少环境污染，还必须充分利用自身的优势，统筹考虑人类生产和生活活动中产生的一切废弃物，最大限度地综合利用各类自然资源和能源，尽量减少自然资源和能源的消耗，使水泥工业真正成为同地球环境相容、协调的生态化产业。水泥工业除了可以大量利用工业废渣外，在处理城市生活垃圾

(包括城市污泥、危险废弃物、垃圾焚烧灰等）方面存在巨大潜力。和别的行业组成生态型工业园区，落实循环经济战略，实现区域层面上的“中循环”不仅为人类提供最为重要的建筑材料，而且可以为人类创造良好的生存环境做出贡献。

6.4.9　企业管理的改善

强化企业管理是实施清洁生产的重要环节，如原燃料质量把关、生产调度管理、设备维护管理、物料储运堆放管理、能源消耗计量管理、材料购买与发放管理、安全保卫等都与清洁生产密切相关，改善管理就能减少能源浪费、资源浪费和污染物的产生。

6.4.10　提高员工素质

员工素质的提高与实施清洁生产密切相关。世界上什么事情都要人去做，人的因素第一。清洁生产也要通过人来实现，员工素质的高低直接影响到清洁生产的实施，清洁生产同样要坚持以人为本的理念，先做好人的工作，调动人的积极性，企业要加强对员工的培训，提高员工的素质。要制订切实可行的培训计划，培训可以采取请进来的办法，请专家进厂讲课，也可以采取走出去的办法，把员工送出去培训。

水泥工业清洁生产可从哪些方面着手?

6.5　水泥工业清洁生产等级指标

6.5.1　评价指标

清洁生产等级评价指标涵盖了资源和能源利用、生产过程控制、污染物排放、产品质量和环境管理等环节。按资源和能源利用效率、生产过程控制水平、污染物排放限值、产品品质要求和环境管理五大类考核评价指标。每一指标按国际先进水平、国内先进水平和国内清洁生产基本水平，分一级、二级、三级三个档次进行考核，暂不进行考核的指标有可燃废弃物重金属元素限值（mg/kg）和水泥与熟料中重金属限值（mg/kg）。这两项指标只提出参考数值而不进行考核，待条件成熟时再进行此项工作。具体评价指标将由水泥工业清洁生产技术规范确定。凡属于国家实行能源效率管理的产品，应采用有能源效率标识产品或达到国家能源效率要求的产品。

6.5.2　指标要求

表 6-1　水泥工业清洁生产指标要求

清洁生产指标等级	一级	二级	三级
一、生产工艺与装备要求			
1. 水泥生产			

续表

清洁生产指标等级		一级	二级	三级
(1) 规模	水泥熟料生产线（t/d）	≥4000	≥2000	
	水泥粉磨站（万 t/a）	≥100	≥60	≥40
(2) 装备	窑系统	窑外分解新型干法窑，袋收尘或电收尘		窑外分解新型干法窑及产业政策允许的其他窑，袋收尘或电收尘
	生料粉磨系统	立式磨，袋收尘或电收尘	磨机直径≥4.6m 圈流球磨机，袋收尘或电收尘	产业政策允许的其他磨机，袋收尘或电收尘
	煤粉制备系统	立式磨或风扫磨，袋收尘或电收尘		
	水泥粉磨系统（含粉磨站）	磨机直径≥4.2m 辊压机与球磨机组合的粉磨系统或立式磨，袋收尘	磨机直径≥3.8m，辊压机与球磨机组合的粉磨系统或带高效选粉机的圈流球磨机，袋收尘	2.6≤磨机直径<3.8m，圈流球磨机或高细磨，袋收尘
	动力配置	高、低压变频	暂波调整或滤波调整或水电阻调整	
(3) 生产过程控制水平		采用现场总线或 DCS 或 PLC 控制系统、生料质量控制系统、生产管理信息分析系统，窑头、窑尾安装大气污染物连续监测装置		采用了 DCS 或 PLC 操作控制系统
(4) 收尘设备同步运转率（%）		100		
(5) 包装（袋装水泥）	包装方式	机械化，袋收尘		半机械化，袋收尘
	破包率（‰）	≤1	≤2	≤3
(6) 装卸及运输		机械化装卸与输送；装卸过程采取有效措施防止扬尘；运输中全部封闭或覆盖。散装采用专用散装罐车（包括火车及汽车）运输		半机械化或人工装卸与输送；装卸过程应采取有效措施防止扬尘；运输中全部封闭或覆盖。散装应采用专用散装罐车（包括火车及汽车）运输
2. 石灰石矿山开采、破碎及运输				
(1) 开采		采用矿山计算机模型软件技术；采用自上而下分水平开采方式；在矿山地形和矿体赋存条件许可的情况下，采用横向采掘开采法；中径深孔爆破技术；采用自带空压机的穿孔设备、液压挖掘机或轮式装载机；有供电条件的采用电动挖掘机		采用自上而下分水平开采方式；在矿山地形和矿体赋存条件许可的条件下，采用横向采掘开采法；中径深孔爆破技术或浅眼爆破技术；采用自带空压机的穿孔设备或移动式空压机供气的穿孔设备，液压挖掘机或轮式装载机，有供电条件的采用电动挖掘机

续表

清洁生产指标等级		一级	二级	三级
（2）破碎		单段破碎系统，袋收尘		二段破碎系统，袋收尘
（3）运输（矿区至厂区）		采用胶带输送机或溜井-胶带联合运输或汽车-胶带联合运输等运输方式。各转运点配备除尘净化设施		采用矿用汽车或非矿用汽车运输。各转运点配备除尘净化设施
二、资源能源利用指标				
1. 可比熟料综合煤耗（折标煤）(kg/t)		≤106	≤115	≤120
2. 可比熟料综合能耗（折标煤）(kg/t)		≤114	≤123	≤134
3. 可比水泥综合能耗（折标煤）(kg/t)		≤93	≤100	≤110
4. 可比熟料综合电耗[a][(kW·h)/t]		≤62	≤65	≤73
5. 可比水泥综合电耗[b][(kW·h)/t]	生产水泥的水泥企业	≤90	≤100	≤115
	水泥粉磨企业	≤35	≤38	≤45
6. 单位熟料新鲜水用量（t/t）		≤0.3	≤0.5	≤0.75
7. 循环水利用率（%）		≥95	≥90	≥85
8. 水泥散装率（%）		≥70	≥40	≥30
9. 原料配料中使用工业废物[c]（%）		≥15	≥10	≥5
10. 窑系统废气余热利用率（%）		≥70	≥50	≥30
三、产品指标				
1. 质量指标		水泥、熟料产品质量应符合 GB 175、GB 13590、GB/T 21372、JC 600 和《水泥企业质量管理规程》的有关要求，产品出厂合格率，28d 抗压富余强度、袋装重量、均匀性等质量指标合格率均应达到 100%		
2. 放射性		对用于Ⅰ类民用建筑主体材料的矿渣硅酸盐水泥、复合硅酸盐水泥和钢渣硅酸盐水泥，其产品中天然放射性比活度的内、外照射指数 IRa、Ir 应满足 GB 6566 标准要求		
四、污染物产生指标[d]（末端处理前）				
1. 二氧化硫产生量（kg/t）	燃料用煤的全硫量≤1.5%	≤0.20	≤0.30	
	燃料用煤的全硫量＞1.5%	≤0.30	≤0.50	
2. 氮氧化物(以 NO_2 计) 产生量(kg/t)		≤2.00	≤2.40	
3. 氟化物(以总氟计) 产生量(kg/t)		≤0.006	≤0.008	≤0.01
五、废物回收利用指标				
窑灰、粉尘、废弃料回收利用率（%）		100		
六、环境管理要求				

续表

清洁生产指标等级		一级	二级	三级
1. 环境法律法规标准		符合国家和地方有关环境法律、法规，污染物排放（包括焚烧危险废物和生活垃圾）应达到国家和地方排放标准、总量减排和排污许可证管理要求		
2. 组织机构		建立健全专门环境管理机构和专职管理人员，开展环保和清洁生产有关工作		
3. 环境审核		按照《清洁生产审核暂行办法》要求进行了审核；按照GB/T 24001建立并运行环境管理体系并通过认证	按照《清洁生产审核暂行办法》要求进行了审核；按照GB/T 24001建立并运行环境管理体系，环境管理手册、程序文件及作业文件齐备，原始记录及统计数据齐全有效	
4. 生产过程环境管理	岗位培训	所有岗位进行过严格培训		主要岗位进行过严格培训
	各岗位操作管理、设备管理	建立完善的管理制度并严格执行，设备完好率达100%	建立完善的管理制度并严格执行，设备完好率达98%	建立较完善的管理制度并严格执行，设备完好率达95%
	原料、燃料消耗及质检	建立原料、燃料质检制度和原料、燃料消耗定额管理制度，安装计量装置或仪表，对能耗、物料消耗及水耗进行严格定量考核	建立原料、燃料质检制度和原料、燃料消耗定额管理制度，对能耗、物料消耗及水耗进行定量考核	建立原料、燃料质检制度和原料、燃料消耗定额管理制度，对能耗、物料消耗及水耗进行计量
	颗粒物、无组织排放控制	生产线的物料处理、输送、装卸、储存过程应封闭，所有物料均不得露天堆放，对粉尘、无组织排放进行控制并定期监测，其中窑系统须安装并实施连续在线监测装置；同时对块石、粘湿物料、浆料以及车船装卸料过程进行有效的控制。建立污染事故的应急程序		生产线对干粉料的处理、输送、装卸、贮存应封闭；对粉尘、无组织排放进行控制；露天储料场应当采取防起尘、防雨水冲刷流失的措施；装、卸料时，采取有效措施防止扬尘
	氯化氢、汞、镉、铅、二恶英类、厂界恶臭（氨、硫化氢、甲硫醇和臭气浓度）[e]	焚烧工业固体废物和生活垃圾的水泥窑，焚烧工业固体废物和生活垃圾时作好废物和垃圾的预处理，焚烧危险废物窑或窑磨一体机的烟气处理宜采用高效布袋除尘器		
5. 原料矿山降尘要求		露天采矿场有洒水除尘设备，对爆堆、采矿工作面，运输道路和其他扬尘点喷水降尘		
6. 固体废物处理处置		建有固废储存、处置场，并有防止扬尘、淋滤水污染、水土流失的措施		

续表

清洁生产指标等级	一级	二级	三级
7. 土地复垦	符合国家土地复垦的有关规定，具有完整的复垦计划，复垦管理纳入日常生产管理。矿山开采的表层土要全部回用，采终后受破坏植被绿化率 100%	符合国家土地复垦的有关规定，具有完整的复垦计划，复垦管理纳入日常生产管理。矿山开采的表层土要全部回用，采终后受破坏植被绿化率 70%	符合国家土地复垦的有关规定，具有完整的复垦计划。矿山开采的表层土要全部回用，采终后受破坏植被绿化率 50%
8. 相关方环境管理	服务协议中明确原辅材料的供应方、协作方、服务方的环境要求		

a　只生产水泥熟料的水泥企业。

b　不包括钢渣粉制备的电耗。

c　废物资源条件不能满足的地区不执行此指标。

d　指在水泥窑及窑磨一体机的污染物产生量。

e　仅适用于焚烧工业固体废物和生活垃圾的水泥窑。

清洁生产评价指标有哪些?

6.5.3　评价方法

① 清洁生产指标的计分是用基本分值乘以权重值，采用百分值。

② 清洁生产指标分为 A、B、C 三个基本分值标准（三个档次），即为 A＝100 分，B＝80 分和 C＝60 分。

③ 达不到 C 等级指标的，在没有被确定为不能参加清洁生产考核时，企业可以参加考核，但该项指标没有分值。

6.5.4　具体评价方法

首先对 40 项评价指标按 A、B、C 基本分值标准分别打分，然后乘以各自的权重值，最后累加起来得到总分。

清洁生产评价指标的权重分值反映了该指标在整个清洁生产评价指标体系中所占的比重，原则上是根据该项指标对水泥行业清洁生产实际效益和水平的影响程度大小及其实施的难易程度来确定的。

清洁生产是一个相对概念，它将随着经济的发展和技术的更新而不断完善，达到新的更高、更先进水平，因此清洁生产评价指标及指标的基准值，也应视行业技术进步趋势进行不定期调整，其调整周期一般为 3 年，最长不应超过 5 年。

各项考核指标权重值见表 6-2，仅供参考，具体将由水泥工业清洁生产技术规范确定。

表 6-2 考核指标权重值

指标分类	指标项目号	评价指标	权重值
资源和能源利用（21）	1	采用<45%CaO石灰石	5
	2	采用代用黏土（如砂岩、页岩、粉煤灰等）	2
	3	采用岩质煤	3
	4	采用可燃废弃物燃料替代率	5
	5	使用工业废弃物等作为水泥混合材	2
	6	工业废弃物在配料中使用	2
	7	窑系统废气余热利用率	2
生产过程控制（18.5）	8	水泥综合能耗（标准煤耗）	10
	9	新鲜水用水量	2
	10	循环水利用率	0.5
	11	出厂水泥散装率	3
	12	使用计算机控制系统	3
污染物排放限值（49.5）	13	受破坏植被绿化率（复垦）	4
	14	采石场除尘要求	0.5
	15	废石处理	2
	16	矿山废水处理	1
	17	矿山破碎机等颗粒物排放限值	2
	18	水泥窑、烘干机、煤磨、冷却机、窑磨联合系统颗粒物排放限值	5
	19	破碎机、磨机、包装机及其他颗粒排放限值	3
	20	水泥库及其他通风设备颗粒物排放限值	3
	21	水泥窑窑磨联合系统 SO_2 排放限值	3
	22	水泥窑 NO_x 排放限值	3
	23	水泥窑氟化物排放限值	3
	24	粉尘无组织排放	3
	25	生产线物料粉尘防治	1
	26	生产设备排气筒最低允许高度	0.5
	27	锅炉排放物限值与烟囱高度要求	0.5
	28	水污染物排放（厂内）	0.5
	29	含油废水排放	0.5
	30	化验室废液处理	0.5
	31	厂界噪声限值	3
	32	高强噪声源指标	0.5
	33	一般废渣治理	0.5
	34	厂内污泥处理	0.5
	35	耐火材料质量要求与镁咯砖处理	2
	36	焚烧危险废物排放污染物控制指标	4
	37	焚烧生活垃圾排放污染物控制指标	4

续表

指标分类	指标项目号	评价指标	权重值
产品品质（3）	38	水泥和熟料质量	2
	39	水泥中放射性	1
环境管理（8）	40	环境管理指标	8
		总权重值	100

6.5.5　清洁生产企业分值

表 6-3　清洁生产企业分值

清洁生产企业等级	总分（W）	清洁生产企业等级	总分（W）
一级（国际先进） 二级（国内先进）	90～100 70～89	三级（国内一般）	60～69

复习思考题

1. 什么是清洁生产？
2. 我国推行清洁生产的原则？有哪些鼓励政策？
3. 实施清洁生产的基本途径主要有哪些？
4. 清洁生产机会识别中要重点考察哪八个基本环节？
5. 什么是清洁生产审核？
6. 清洁生产审核的步骤？
7. 预审核阶段的工作内容？
8. 审核阶段的目的是什么？
9. 环境可行性评估应包括哪些内容？
10. 清洁生产审核报告应包括哪些方面？
11. 水泥工业清洁生产的评价指标有哪些？
12. 清洁生产的评价方法有哪些？

实训题　生料磨的过程控制

一、目的

1. 了解水泥工业清洁生产实施途径。
2. 掌握水泥工业清洁生产过程控制的更新。

二、过程控制

工厂名称：广西平南县水泥厂

问题：从 1994 年到 1998 年，配备 4m 高效离心选粉机和 $8m^2$ 高压静电收尘器的 2.4m×7m 生料磨的产量一直徘徊在 27～29t/h 左右。

原因分析：首先绘制了 2.4m×7m 生料磨的筛余曲线。筛余曲线分析结果表明，磨的破碎能力差是由于平均球径过低造成的。由于一仓能力不足，造成较大、较粗的粗粒进入二仓，致使二仓粉磨能力下降，出现近 2m 长细度几乎不变的现象，且细度值偏大。经多次测定，结果为：出磨、回料、成品三细度各为 43%～44%，56%～58%，8.5%。计算循环负荷率为 K=246%，选粉效率为 E=46.4%。从负荷率和选粉效率上来看，效率明显偏低，这是由于出磨生料细度过大，致使回料过多造成的。因此，必须降低出磨物料细度，重新级配。

方案一：调整一仓平均球径，适当增加填充系数，增强研磨能力。

方案二：增设管道锁风装置，并去掉一级旋风收尘器，提高磨机通风能力。

方案三：在磨机物料入口内、螺旋输送机前增加一块导料板，伸入内螺旋 15cm。

结果：1998 年 4 月对上述方案进行了实施，结果表明：出磨、回料、成品三细度各为 39%，63%，7%。计算循环负荷率为 K=133%，选粉效率为 E=65.4%。同时，磨机的产量维持在 35t/h 以上，较改造前提高了 21.2%；能耗则降低了 10.7%。

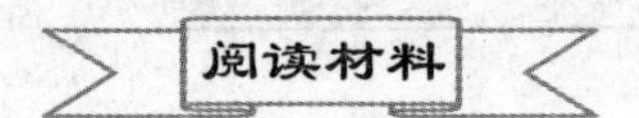

绿色水泥——吃碳能手

英国《卫报》2009 年公布的数据显示，全世界每年生产 20 亿 t 水泥，每生产 1t 普通水泥，就释放出近 1t 二氧化碳。水泥的生产占据了世界二氧化碳总排放量的 5%，并且，人们对水泥的需求量还在直线上升。那么，万丈高楼平地起，万吨废气何处去?

就在各国面对水泥引发的环保问题一筹莫展的时候，英国诺瓦西姆公司另辟蹊径，研发出不同的材料，以替代传统的普通水泥的原料。于是，绿色水泥诞生了!

绿色水泥采用镁硅酸盐取代先前的基础原料石灰岩。它的独特之处在于它是碳负性的，这是因为镁硅酸盐不仅在制造过程中比标准水泥需要的热量少，而且在硬化过程中还能够有效吸收空气中大量的二氧化碳，所以，在生产过程中，绿色水泥排放出的二氧化碳量就会远远小于它在被使用时吸收的空气中的二氧化碳量。

绿色水泥产品在整个生命周期中每吨可吸收 0.6t 的二氧化碳，它就像植物一样将二氧化碳吸入，却完全不会产生碳足迹。并且，在这种新型工艺下，生产水泥所需的原料用量将大大减少，另外，生产过程所需的温度低于 300℃，而传统水泥生产通常需要约 1450℃的高温环境，这样就大幅地降低了能源的消耗。

第7章　环境保护措施与可持续发展

了解环境管理的内涵和基本职能；了解环境质量评价、环境质量现状评价和环境影响评价的内涵及工作步骤；了解可持续发展的定义与内涵；了解中国可持续发展的战略与对策；熟悉循环经济的内涵；熟悉我国水泥工业与世界水泥工业的差距；熟悉水泥工业生态设计的定义、要素、内容及原则；熟悉水泥工业“四零一负”的主要内容和进展情况。

能力目标

掌握水泥工业在循环经济中的典型案例。

7.1　环境管理

环境管理是环境科学的一个重要分支也是一个工作领域，是环境保护工作的重要组成部分。它是指各级人民政府的环境管理部门依据国家的环境政策、法律、法规和标准，坚持宏观综合决策与微观执法监督相结合，从环境与发展综合决策入手，运用各种有效管理手段，调控人类的各种行为，协调经济、社会发展同环境保护之间的关系，限制人类损害环境质量的活动以维护区域正常的环境秩序和环境安全，实现区域社会可持续发展的行为总体。其中，管理手段包括法律、经济、行政、技术和教育五个手段，人类行为包括自然、经济、社会三种基本行为。

7.1.1　我国环境管理的发展历程

我国环境管理工作是在1972年之后，特别是十一届三中全会和第二次全国环境保护工作会议之后才得到迅速发展，并取得了很大成就。

1. 创建阶段（1972年～1982年8月）

1972年，我国环境代表团参加了在斯德哥尔摩召开的联合国“人类环境会议”。第一次提出了“全面规划、合理布局、综合利用、化害为利、依靠群众、大家动手、保护环境、造福人民”的32字环境保护工作方针。1979年3月，在成都召开的环境保护工作会议，提出了“加强全面环境管理，以管促治”；同年9月，公布了《中华人民共和国环境保护法（试行）》，使环境管理在理论和实践方面不断深入。1980年3月，在太原市召开了中国环境管理、环境经济与环境法学学会成立大会，提出“要把环境管理放在环境保护工作的首位”。环境保护有两大方面，一是环境管理，一是环境工程，在我国当前的情况下应该把环境管理放在首位。

2. 开拓阶段（1982年8月～1989年4月）

1983年底召开的第二次全国环境保护会议，制定了我国环境保护事业的大政方针：一是明确提出环境保护是我国的一项基本国策；二是确定了“经济建设、城乡建设、环境建设、同步规划、同步实施、同步发展，实现经济效益、社会效益和环境效益相统一”的环保战略方针；三是确定了符合国情的三大环境政策“预防为主、谁污染谁治理、强化环境管理”。从此，中国的环境管理进入崭新的发展阶段，首先是环境政策体系初步形成；其次是环境保护法规体系初步形成；再是初步形成了我国的环境标准体系。在这一阶段，环境管理组织体系基本建成，管理机构的职能得到加强，并开始进行环境管理体系的改革。

3. 改革创新阶段（1989 年 5 月～）

1989 年 4 月底、5 月初召开的第三次全国环境保护会议明确提出：“努力开拓有中国特色的环境保护道路”。

1992 年联合国召开的环境与发展大会，对人类必须转变发展战略、走可持续发展道路取得了共识。在新的形式下，我国环境管理发生了突出变化：① 环境管理由末端管理过渡到全过程管理；② 由以浓度控制为基础过渡到总量控制为基础的环境管理；③ 环境管理走向法制化、制度化、程序化。

1994 年 3 月，国务院通过了《中国 21 世纪议程》，即《中国 21 世纪人口、环境与发展》白皮书。

1996 年 7 月，第四次全国环境保护会议提出了《“九五”期间全国主要污染物排放总量控制计划》和《跨世纪绿色工程规划》两项重大举措。

1997～1999 年，中央就人口、资源和环境问题多次召开座谈会，强调：环境保护工作必须党政一把手“亲自抓、负总责”，做到责任到位、投入到位、措施到位；建立和完善环境与发展综合决策制度、公众参与制度、统一监管和分工负责、环保投入制度。使宏观环境管理通过决策、规划协调发展与环境的关系，进一步明确环境保护是可持续发展的关键，为环境管理的发展开拓了一个更为广阔的天地。

2005 年，在十六届三中全会上，中央提出科学发展观，即“坚持以人为本，树立全面、协调、可持续的发展观，促进经济社会和人的全面发展”，按照“统筹城乡发展、统筹区域发展、统筹经济社会发展、统筹人与自然和谐发展、统筹国内发展和对外开放”的要求推进各项事业的改革和发展。

近几年来，我国在世界环境日到来之际，发布上一年度的《中国环境状况公报》，对环境保护的目标完成情况以及主要河流水体、自然资源利用、生态环境、海洋环境、固体废物利用等向公众发布。

7.1.2 环境管理的类型

1. 从环境管理的范围划分

（1）流域环境管理

以特定流域为管理对象，以解决流域环境问题为内容的一种环境管理。例如，我国针对淮河、太湖、辽河、长江、黄河等流域开展的环境管理就是典型的跨省域的流域环境管理，而滇池和巢湖流域的环境管理就是省域内的跨市域、跨县域的流域环境管理。

（2）区域环境管理

以行政区划为归属边界，以特定区域为管理对象，以解决该区域内环境问题为内容的一种环境管理。

（3）行业环境管理

以特定行业为管理对象，以解决该行业内环境问题为内容的环境管理。由于行业不同，行业环境管理可分为几十种类型，如钢铁行业环境管理、建材行业环境管理等。

（4）部门环境管理

以具体的单位和部门为管理对象，以解决该单位或部门内的环境问题为内容的一种环境管理。例如，企业环境管理就是一种部门环境管理。

2. 从环境管理的属性划分

（1）资源环境管理

资源环境管理是指依据国家资源政策，以资源的合理开发和持续利用为目的，以实现可再生资源的恢复与扩大再生产、不可再生资源的节约使用和替代资源的开发为内容的环境管理。例如，流域环境管理就是一种典型的资源环境管理。这是因为，可以把一个流域的水环境容量根据发展的公平性原则看成是面对整个流域可以重新进行优化分配的一种“资源”。

（2）质量环境管理

质量环境管理是一种以环境质量标准为依据，以改善环境质量为目标，以环境质量评价和环境监测为内容的环境管理。这种管理是一种标准化的环境管理。

（3）技术环境管理

技术环境管理是一种通过制定环境技术政策、技术标准和技术规程，以调整产业结构、规范企业的生产行为、促进企业的技术改革与创新为内容，以协调技术经济发展与环境保护关系为目的的环境管理。

从广义上讲，环境保护技术可分为环境工程技术（具体包括污染治理技术、生态保护技术）、清洁生产技术、环境预测与评价技术、环境决策技术、环境监测技术等方面。技术环境管理要求有比较强的程序性、规范性、严谨性和可操作性。

3. 从环保部门的工作领域划分

（1）计划环境管理

计划环境管理是依据规划或计划而开展的环境管理。这是一种超前的主动管理，也称为环境规划管理。其主要内容包括：制定环境规划；将环境规划分解为环境保护年度计划；对环境规划的实施情况进行检查和监督；根据实际情况修正和调整环境保护年度计划方案；改进环境管理对策和措施。

（2）建设项目环境管理

建设项目环境管理是一种依据国家的环保产业政策、行业政策、技术政策、规划布局和清洁生产工艺要求，以管理制度为实施载体，以建设项目为管理内容的一类环境管理。建设项目包括新建、扩建、改建和技术改造项目四类。

（3）环境监督管理

环境监督管理是从环境管理的基本职能出发，依据国家和地方政府的环境政策、法律、法规、标准及有关规定对一切生态破坏和环境污染行为以及对依法负有环境保护责任和义务的其他行业和领域的行政主管部门的环境保护行为依法实施的监督管理。

7.1.3　环境管理的基本职能

环境管理的对象是“人类—环境”系统，工作领域如前所述非常广阔，涉及各行各业和各个部门。通过预测和决策，组织和指挥，规划和协调，监督和控制，教育和鼓励，保证在推进经济建设的同时，控制污染，促进生态良性循环，不断改善环境质量。

1. 宏观指导

政府的主要职能就是加强宏观指导调控功能。环境管理部门宏观指导职能主要体现在政策指导、目标指导、计划指导等方面。

2. 统筹规划

这是环境管理中一项战略性的工作，通过统筹规划，实现人口、经济、资源和环境之间的关系相互协调平衡。环境规划既对国家的发展模式和方式、发展速度和发展重点、产业结构等产生积极的影响，又是环保部门开展环境管理工作的纲领和依据。主要包括环境保护战略的制定、环境预测、环境保护综合规划和专项规划的内容。

3. 组织协调

环保部门的一条重要职能就是参与或组织各地区、各行业、各部门共同行动，协调相互关系。其目的在于减少相互脱节和相互矛盾，避免重复，建立一种上下左右的正常关系，以便沟通联系，分工合作，统一步调，积极做好各自的环保工作，带动整个环保事业的发展。其内容包括环境保护法规的组织协调、政策方面的协调、规划方面的协调和环境科研方面的协调。

4. 监督检查

环保部门实施有效的监督把一切环境保护的方针、政策、规划等变为人们的实际行动，才是一种健全的、强有力的环境管理。在方式上有联合监督检查、专项监督检查、日常的现场监督检查、环境监测等。通过这些方式才能对环保法律法规的执行、环保规划的落实、环境标准的实施、环境管理制度的执行等情况检查、落实。

5. 提供服务

环境管理服务职能是为经济建设、为实现环境目标创造条件，提供服务。在服务中强化监督，在监督中搞好服务。服务内容包括技术服务、信息咨询服务、市场服务。

从20世纪40年代起，人们开始大量生产和使用六六六、DDT等剧毒杀虫剂以提高粮食产量。

到了20世纪50年代，这些有机氯化物被广泛使用在生产和生活中。这些剧毒物的确在短期内起到了杀虫的效果，粮食产量得到了空前的提高。

然而，这些剧毒物的制造者和使用者们却全然没有想到，这些用于杀死害虫的毒物会对环境及人类贻害无穷。它们通过空气、水、土壤等潜入农作物，残留在粮食、蔬菜中，或通过饲料、饮用水进入畜体，继而又通过食物链或空气进入人体。这种有机氯化物在人体中积存，可使人的神经系统和肝脏功能遭到损坏，可引起皮肤癌，可使胎儿畸形或引起死胎。同时，这些药物的大量使用使许多害虫已产生了抵抗力，并由于生物链结构的改变而使一些原本无害的昆虫变为害虫。人类制造的杀虫剂，无异于为自己种下了一颗毒果。

7.2　环境质量评价

近几十年来，世界各国都不同程度受到环境问题的严重挑战。当今人们越来越意识到，人类社会的经济发展，自然生态系统的维持，以及人类本身的健康状况都与本地区的环境质量状况密切相关。人们更加意识到人类的行为特别是人类社会经济发展行为，会对环境的状态和结构产生很大的影响，会引起环境质量的变化。这种环境质量与人类需要之间客观存在的特定关系就是环境质量的价值，它所探讨的环境质量的社会意义。

环境质量评价是按照一定的评价标准和评价方法，评估环境质量的优劣，预测环境质量的发展趋势和评价人类活动的环境影响。环境质量评价是一种有方向性的评定过程，该过程包括环境评价因子的确定、环境监测、评价标准、环境识别等。

7.2.1　环境质量评价的分类及工作步骤

1. 环境质量评价的类型

① 按时间域可分为环境质量回顾评价、环境质量现状评价、环境影响评价。

② 按空间域可分为局地环境质量评价、区域环境质量评价、流域环境质量评价、全球环境质量评价。

③ 按环境要素可分为大气环境质量评价、水体环境质量评价、土壤环境质量评价、噪声环境质量评价等。

④ 按评价规模可分为单个基本建设项目环境影响评价和区域性的环境质量综合评价。

2. 环境质量评价的步骤

① 收集、整理、分析环境监测数据和调查材料。

② 根据评价目的确定环境质量评价的要素及参评参数的选定。

③ 选择评价方法或建立评价的数学模型制定环境质量系数或指数。

④ 利用选择或制定的评价方法或环境质量系数或指数，对环境质量进行等级或类型划分，绘制环境质量图，以表示空间分布规律。

⑤ 提出环境质量评价的结论，并在其中回答评价的目的和要求。

7.2.2　环境质量现状评价

由于人们近期和当前的活动而引起该地区环境质量发生变化，并引起人们与环境质量之间的价值关系发生变化，对这些变化进行的评价称为环境质量现状评价。它包括单个环境要素质量评价（如大气、水、土壤环境质量评价等）和整体环境质量综合评价，前者是后者的基础。

通过这种形式的评价，可以阐明目前的环境污染现状，为进行区域环境污染综合防治提供科学依据。例如有些部门对葛洲坝水利枢纽在工程施工期间进行过环境质量现状评价，找出施工噪声危害及中华鲟过坝等许多主要影响项目以及解决这些问题的基本途径。

1. 环境质量现状评价工作程序

① 确定评价对象、明确评价目的；

② 环境质量现状调查；

③ 环境质量综合评价；

④ 环境污染趋势预测；

⑤ 评价结论与对策。

2. 环境质量现状评价的方法

（1）环境污染评价方法

其目的在于分析现有的污染程度、划分污染等级、确定污染类型，经常使用的是污染指数法。分为单因子评价指数和综合评价指数两大类。

（2）生态学评价方法

通过各种生态因素的调查研究，建立生态因素与环境质量之间的效应函数关系，评价自然景观破坏、物种灭绝、植被减少、作物品质下降与人体健康和人类生存发展需要的关系。

（3）美学评价法

从审美准则出发，以满足人们追求舒适安逸的需求为目标，对环境质量的文化价值进行评价。

7.2.3 环境影响评价

环境影响评价是指对规划和建设项目实施后可能造成的环境影响进行分析、预测和评估，提出预防或者减轻不良环境影响的对策和措施，进行跟踪监测的方法与制度。其目的是为了实施可持续发展战略，预防因规划和建设项目实施后对环境造成不良影响，促进经济、社会和环境的协调发展。

1. 环境影响评价的工作程序

① 准备阶段：包括任务提出、组织队伍、制定评价方法、模拟论证和审定。

② 实施阶段：包括资料收集、工程分析、现场调查、模拟计算等，并进行环境影响预测和评价环境影响。

③ 总结阶段：包括资料汇总、专题报告、总体报告等。

环境影响评价方法有定性分析法、数学模型法、系统模型法和综合评价法。由于影响环境质量的因素过多，模型建立困难大、费时长，故常用的是分析法和综合法。

根据《环境影响评价法》的规定，环境影响评价的对象包括法定应当进行环境影响评价的规划和建设项目两大类，下面主要阐述建设项目的环境影响评价。

2. 建设项目的环境影响评价

（1）建设项目的环境影响评价的目的

① 确保在规划中，对建设项目的环境影响后果以及环境对项目的制约因素给予全面地考虑。

② 改善建设项目决策的效果。

③ 减少建设项目费用和设计时间。

④ 在项目有多个地址和考虑多种替代方案的情况下，环境影响评价提供了进行决策的基础。

（2）建设项目的环境影响评价的形式

① 环境影响报告书。能造成重大环境影响的，对产生的环境影响进行全面评价。

② 环境影响报告表。可能造成轻度环境影响的，对产生的环境影响进行分析或者专项评价。

③ 环境影响登记表。对环境影响很小、不需要进行环境影响评价的。

环境影响报告书主要内容包括：a. 建设项目概况；b. 建设项目周围环境现状；c. 建设项目对环境可能造成影响的分析、预测和评估；d. 建设项目环境保护措施及其技术、经济论证；e. 建设项目对环境影响的经济损益分析；f. 对建设项目实施环境监测的建议；g. 环境影响评价的结论。

（3）建设项目的环境影响评价和审批的程序

① 由建设项目单位或主管部门采取招标的方式签订合同委托评价单位进行调查和评价工作。

② 评价单位通过调查和评价，编制《环境影响报告书（表）》。评价工作要在项目的可行性研究阶段完成和报批。铁路、交通等建设项目经主管环保部门同意后，可以在初步设计完成前报批。

③ 建设项目的主管部门负责对建设项目的环境影响报告书（表）进行预审。

④ 报告书经由有审批权的环保部门审查批准后，提交设计和施工。

小资料　　环境影响评价机构

为建设项目环境影响评价提供技术服务的机构，应当经国务院环境保护行政主管部门考核审查合格后，颁发资质证书，按照资质证书规定的等级和评价范围，从事环境影响评价服务，并对评价结论负责。从事环境影响评价的工程师必须具有中华人民共和国环境影响评价工程师职业资格证书。

有下列情况的报国家环保总局审批：

① 跨省、自治区、直辖市行政区域的建设项目。

② 核设施、绝密工程等特殊性质的建设项目。

③ 由国务院审批的或者由国务院授权有关部门审批的建设项目。

对环境问题有争议的项目，其报告书（表）提交上一级环保部门审批。

对未经批准环境影响报告书（表）的建设项目，计划部门不办理设计任务书的审批手续，土地管理部门不办理征地手续，银行不予贷款。未经批准擅自施工的，除责令停止施工、补办审批手续外，对建设单位及其有关单位负责人处以罚款。

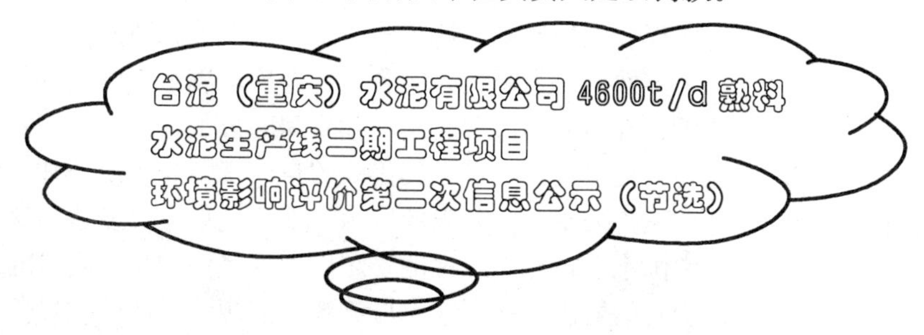

发布单位：重庆市环境科学研究院　　　　[日期：2008－6－20]

一、项目概况

二、排放的主要污染物及拟采取的污染控制措施

① 含尘废气的治理。原料破碎、烘干、均化、输送、磨粉、进出仓、熟料和水泥储存、水泥产品散装或包装工序等产尘点均设置了技术可靠、效率高的袋收尘器收集粉尘，共计 49 台（不含窑头窑尾除尘器），其中高浓度防爆型袋收尘器 2 台，用于煤粉制备，除尘效率均≥99.95%，其余 47 台均为气箱脉冲袋收尘器，除尘效率均≥99.9%，满足排放标准的要求。

② 窑尾和窑头废气的治理。窑尾和窑头废气分别采用高效脉冲袋收尘器和电收尘器，除尘效率均≥99.9%，满足排放标准的要求。窑尾和窑头废气烟气量大、温度高、烟气含尘浓度高，所以必须选择耐高温和除尘效率高的除尘器除尘。由于高效脉冲袋收尘器具有耐高温烟气和抗结垢的能力，且除尘效率高，所以采用高效脉冲袋收尘器收尘即可满足达标排放要求。

三、环境影响评价结论

采用了国内先进的工艺技术和设备，清洁生产特征明显，只要落实本报告书所提出的环保治理措施，污染物可实现达标排放，对环境不会造成明显不利影响，不会改变区域环境功能。因此，从环境保护角度看，拟建项目建设选址合理，建设方案可行。

什么是环境影响评价？为什么要进行环境影响评价？

7.3 环境保护与可持续发展

控制人口，节约资源，保护环境。实现可持续发展，这是中国环境与生态学者及中国政府对全球性发展资源、生态环境的锐减、污染和破坏以及中国国情为解决全球性环境问题而提出一句极为科学而鲜明的行动纲领。

7.3.1 可持续发展的定义与内涵

可持续发展的概念最早在 1980 年提出，直至 1987 年世界环境与发展委员会向联合国提交的《我们共同的未来——从一个地球到一个世界》的著名报告中给予明确："既满足当代人的需求，又不对后代人满足其需求的能力构成危害的发展。"这一定义在其内涵的阐述中从生态的可持续发展转入社会的可持续性，提出了消灭贫困、限制人口、政府立法和公众参与的社会政治问题。

可持续发展的内涵主要体现公平性原则、持续性原则和共同性原则。

公平性原则主要包括三个方面。一是当代人的公平，即要求满足当代全球各国人民的基本要求，予以机会满足其要求较好生活的愿望。二是代际间的公平，即每一代人都不应该为着当代人的发展与需求而损害人类世世代代满足其需求的自然资源与环境条件。而应给予世世代代利用自然资源的权利。三是公平分配有限的资源，即应结束少数发达国家过量消费全球共有资源，给予广大发展中国家合理利用更多的资源以达到经济增长和发展的机会。

持续性原则要求人类对于自然资源的耗竭速率应该考虑资源与环境的临界性，不应该损害支持生命的大气、水、土壤、生物等自然系统。持续性原则的核心是对人类经济和社会发展不能超越资源和环境的承载能力。"发展"一旦破坏了人类生存的物质基础，"发展"本身也就衰退了。

共同性原则强调可持续发展一旦作为全球发展的共同总目标而定下来，对于世界各国所表现的公平性和持续性原则都是共同的。实现这一总目标必须采取全球共同的联合行动。

可持续发展的理论认为：人类任何时候都不能以牺牲环境为代价去换取经济的一时发展，也不能以今天的发展损害明天的发展。要实现可持续发展，必须做到保护环境同经济、社会发展协调进行。二者的关系是人类的生产、消费和发展，不考虑资源和环境，则难以为继；孤立就环境论环境，没有经济发展和技术进步，环境的保护就失去了物质基础。另外，可持续发展的模式是一种提倡和追求“低消耗、低污染、适度消费”的模式，用它取代人类工业革命以来所形成的“高消耗、高污染、高消费”的非持续发展模式，扼制当今小部分人为自己的富裕而不惜牺牲全球人类现代和未来利益的行为。显然可持续发展思想将给人们带来观念和行为的更新。

7.3.2 中国可持续发展的战略与对策

中国作为一个发展中国家，深受人口、资源、环境、贫困等全球性问题的困扰，联合国环境与发展会议（UNCED）之后，中国政府重视自己承担的国际义务，积极参与全球可持续发展理论的建设和健全工作。中国制定的第一份环境与发展方面的纲领性文件就是1992 年8 月党中央、国务院批准转发的《环境与发展十大对策》。

1. 实行可持续发展战略

① 加速我国经济发展、解决环境问题的正确选择是走可持续发展道路。20 世纪 80 年代末，中国由于环境污染造成的经济损失已达 950 亿，占国民生产总值的 6%以上。这是传统的以大量消耗资源的粗放经营为特征的发展模式，投入多、产出少、排污量大。另一方面，传统发展模式严重污染环境，且资源浪费巨大，加大资源供需矛盾，经济效益下降。因此，必须由“粗放型”转变为“集约型”，走持续发展的道路，是解决环境与发展问题的唯一正确选择。

② 贯彻“三同步”方针。“经济建设、城乡建设、环境建设同步规划，同步实施，同步发展”，是保证经济、社会持续、快速、健康发展的战略方针。

2. 可持续发展的重点战略任务

1）采取有效措施，防治工业污染

坚持“预防为主，防治结合，综合治理”和“污染者付费”等指导原则，严格控制新污染，积极治理老污染，推行清洁生产实现生态可持续发展。主要措施如下。

（1）预防为主、防治结合

严格按照法律规定，对初建、扩建、改建的工业项目，要求先评价、后建设，严格执行“三同时”制度，技术起点要高。对现有工业结合产业和产品结构调整，加强技术改造，提高资源利用率，最大限度地实现“三废”资源化。积极引导和依法管理，坚决防治乡镇企业污染，严禁对资源滥挖乱采。

（2）集中控制和综合管理

这是提高污染防治的规模效益，实行社会化控制的必由之路。综合治理要做到：合理利用环境自净能力与人为措施相结合；集中控制与分散治理相结合；生态工程与环境工程相结合；技术措施与管理措施相结合。

（3）转变经济增长方式，推行清洁生产

走资源节约型、科技先导型、质量效益型工业道路，防治工业污染。大力推行清洁生产开发绿色产品，全过程控制工业污染。

2）加强城市环境综合整治，认真治理城市“四害”

城市环境综合整治包括加强城市基础设施建设，合理开发利用城市的水资源、土地资源及生活资源，防治工业污染、生活污染和交通污染，建立城市绿化系统，改善城市生态结构和功能，促进经济与环境协调发展，全面改善城市环境质量。当前主要任务是通过工程设施和管理措施，有重点地减轻和逐步消除废气、废水、废渣和噪音这城市“四害”的污染。

3）提高能源利用率，改善能源结构

通过电厂节煤，严格控制热效率低、浪费能源的小工业锅炉的发展，推广民用型煤，发展城市煤气化和集中供热方式，逐步改变能源价格体系等措施提高能源利用率，大力节约能源。调整能源结构，增加清洁能源比重，降低煤炭在我国能源结构中的比重。尽快发展水电、核电，因地制宜地开发和推广太阳能、风能、地热能、潮汐能、生物能等清洁能源。

4）推广生态的农业，坚持植树造林，加强生物多样性保护

中国人口众多，人均耕地少，土壤污染、肥力减退、土地沙漠化等因素制约了农业生产发展，出路在于推广生态农业，从而提高粮食产量，改善生态环境。植树造林，确保森林资源的稳定增长，可控制水土流失，保护生态环境。通过扩大自然保护区面积，有计划地建设野生珍稀物种及优良家禽、家畜、作物、药物良种的保护和繁育中心，加强对生物多样性的保护。

3. 可持续发展的战略措施

发展知识经济和循环经济是实现经济增长的两大趋势。其中发展循环经济、建立循环型社会是实施可持续发展战略的重要途径和实现方式。

(1) 大力推进科技进步，加强环境科学研究，积极发展环保产业

解决环境与发展的问题根本出路在于依靠科技进步。加强可持续发展的理论和方法的研究，总量控制及过程控制理论和方法的研究，生态设计和生态建设的研究，开发和推广清洁生产技术的研究，提高环境保护技术水平。正确引导和大力扶植环保产业的发展，尽快把科技成果转化为现实的污染防治控制的能力，提高环保产品质量。

(2) 运用经济手段保护环境

应用经济手段保护环境，促进经济环境的协调发展。做到排污收费；资源有偿利用；资源核算和资源计价；环境成本核算。

(3) 加强环境教育，提高全民族环境意识

加强环境教育提高全民族的环保意识，特别是提高决策层的环保意识和环境开发综合决策能力，是实施可持续发展的重要战略措施。

(4) 健全环保法制，强化环境管理

中国的实践表明，在经济发展水平较低，环境保护投入有限的情况下，健全管理机构，依法强化管理是控制环境污染和生态破坏的有效手段。“经济靠市场，环保靠政府”。建立健全使经济、社会与环境协调发展的法规政策体系，是强化环境管理，实现可持续发展战略的基础。

4. 可持续发展的行动计划

我国有关实施可持续发展战略的对策、方案及行动计划见表 7-1。

2000 年 9 月 6 日开幕的以“把绿色带入 21 世纪”为宗旨的 2000 年中国国际环境保护博览会，充分展现了中国政府致力于保护环境的决心：国家继续加强和完善环保政策，扩大环保投资，加快环保技术和实施的国产化、专业化，推行环保产业化和污染治理市场化。

表 7-1　中国有关实施可持续发展战略的对策、方案及行动计划（1992 年 8 月～1996 年 9 月）

序号＼项目	名称	批准机关及日期	主要内容
1	中国环境与发展十大对策	中共中央、国务院，1992 年 8 月	指导中国环境与发展的纲领性文件
2	中国环境保护战略	国家环保局、国家计委，1992 年	关于环境保护战略的政策性文件
3	中国逐步淘汰破坏臭氧层物质的国家方案	国务院，1993 年 1 月	履行《蒙特利尔议定书》的具体方案
4	中国环境保护行动计划（1991～2000 年）	国务院，1993 年 9 月	全国分领域的 10 年环境保护行动计划
5	中国 21 世纪议程	国务院，1994 年 4 月	中国人口、环境与发展的白皮书，国家级的《21 世纪议程》
6	中国生物多样性保护行动计划	国务院 1994 年	履行《生物多样性公约》的行动计划
7	中国城市环境管理研究（污水和垃圾部分）	国家环境保护局、建设部，1994 年	围绕城市污水和垃圾的环境管理研究
8	中国温室气体排放控制问题与对策	国家环境保护局、国家计委，1994 年	对中国温室气体排放情况及削减费用的分析研究，提出控制对策
9	中国环境保护 21 世纪议程	国家环境保护局，1994 年	部门级的《21 世纪议程》
10	中国林业 21 世纪议程	林业部，1995 年	部门级的《21 世纪议程》
11	中国海洋 21 世纪议程	国家海洋局，1996 年 4 月	部门级的《21 世纪议程》
12	中国跨世纪绿色工程规划	国家环保总局，1996 年 9 月	至 2010 年的重点环保项目、工程的规划

我国可持续发展战略的总体目标是：① 用 50 年的时间，全面达到世界中等发达国家的可持续发展水平，进入世界可持续发展能力前 20 名行列；② 在整个国民经济中科技进步的贡献率达到 70％以上；③ 单位能量消耗和资源消耗所创造的价值在 2000 年基础上提高 10～12倍；④ 人均预期寿命达到 85 岁；⑤ 人文发展指数进入世界前 50 名；⑥ 全国平均受教育年限在 12 年以上；⑦ 能有效克服人口、粮食、能源、资源、生态环境等制约可持续发展的瓶颈；⑧ 确保中国的食物安全、经济安全、健康安全、环境安全和社会安全；⑨ 2030 年实现人口数量的“零增长”，全面实现进入可持续发展的良性循环。

为什么走可持续发展之路是人类的必然选择？

7.3.3 循环经济与水泥工业可持续发展

1. 循环经济概述

循环经济是运用生态学规律来指导人类社会经济活动，以物质资源和能量资源的最低消耗、最高效利用和最多的循环使用为核心，遵循资源的“减量化、再利用、再循环”原则，旨在实现以尽可能少的资源消耗和尽可能小的环境代价获得尽可能大的社会经济发展效益。

循环经济就是要克服传统的线性经济发展模式的弊端，实现可持续发展的循环型经济发展模式，在获得经济不断增长的同时，始终保持人类和自然之间的生态平衡与和谐发展。

现代水泥工业是近代科学技术的产物，也是社会物质文明和经济增长的支撑之一。根据现今科技发展成果及其应用趋势来判断，水泥在今后相当长的时期内仍是一种难以被替代的经济实用的大宗建筑材料。

水泥工业作为现代工业生态系统和经济生态系统中的一员，因为其生产工艺的固有特点，使其在发展全社会的循环经济中自然地具有较显著的“链接”作用。更何况现代水泥工业科技成果的研发和应用，近年来也取得较大进展，水泥企业在循环经济系统的自身“小循环”中已颇显效益；同时在与其他工业行业“链接”，实现多个产业之间的互补、互用、互利等“中循环”方面成效卓越；而且还可以在全社会的大系统中，为实现“大循环”做出相应的贡献。

传统水泥工业向生态化转型，即从不可持续发展的传统工业转向可持续发展的生态工业，意味着水泥工业正在努力实现与资源、环境、经济和社会的全面协调发展。

2. 水泥工业在循环经济中的典型案例

① 山东淄博的煤—电—氧化铝—水泥联产，水泥厂可消纳电厂的粉煤灰和铝氧厂的赤泥。

② 内蒙古蒙西高新技术集团，采用如图 7-1 所示流程。此外，拟筹建的还有从粉煤灰中提取氧化铝，利用其残渣硅钙渣制造水泥的联产。

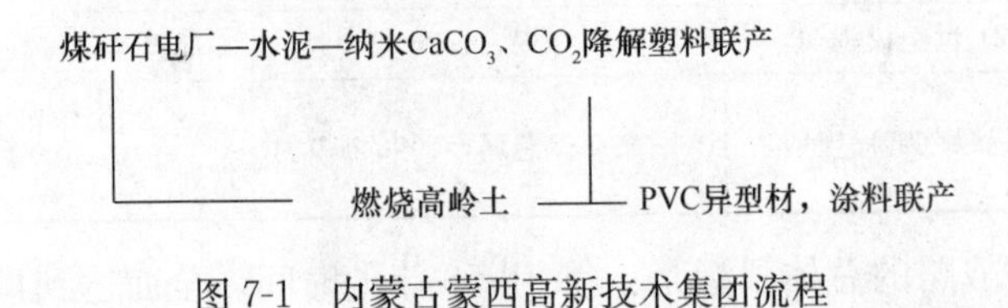

图 7-1　内蒙古蒙西高新技术集团流程

③ 山东鲁北集团，这是已经得到国家批准的“国家生态工业示范园区”。它利用一种主要原料——磷矿石，同时生产三种产品：磷铵、硫酸、水泥。磷矿石经硫酸萃取反应后，得到磷酸，排出磷石膏废渣，利用磷酸生产磷铵，磷石膏废渣配入黏土等辅助材料制成水泥生料，经回转窑煅烧成为水泥熟料，加入石膏和锅炉炉渣粉磨成水泥产品。而回转窑中含 SO_2 的尾气经净化、干燥转化为 SO_3，与水化合吸收制得硫酸。硫酸循环利用作为生产磷铵的原料。该条产业链的特点：利用一种主要原料——磷矿石，消除了两种污染——生产磷铵排放的磷石膏废渣、生产硫酸排放的硫铁矿渣；避免了两大矿山的开采——生产硫酸的硫铁矿、生产水泥的石灰石矿；得到三种主要产品——磷铵、硫酸、水泥，实现了三个效益——经济效益、社会效益和环境效益。

④ 北京金隅集团（原北京水泥厂）和上海万安集团（原金山水泥厂）是我国水泥工业利用可燃工业废物作为二次燃料的先驱，但当初的替代率很低。刚投产的北京金隅集团 3000t/d PC窑系统，可消纳废机油、废溶剂、废油墨，废白土、污泥、垃圾类烧炉灰渣等各种可燃工业废物 10 万 t/年，二次燃料替代率可达 30% 以上，设计废气排放：粉尘 $<30mg/Nm^3$，$SO_2<300mg/Nm^3$，$NO_x<500mg/Nm^3$。这是我国水泥厂烧可燃废物的一个质的飞跃，一次工业规模的突破。某些大型城市也在筹划类似的水泥生产线。

⑤ 安徽皖维集团采用电石渣、废石灰、石灰石夹层、粉煤灰、焦炭粉等工业废渣在 1000t/d 和 2000t/d 的熟料生产线上运行很成功，年消纳废渣达 30～60 万 t。2004 年又投产了一台 5000t/d PC 窑，效益显著，成为我国水泥厂利用电石渣典范。这样的化工—电力—水泥联产方式在全国还有不少。

⑥ 炼铁的高炉矿渣和电厂的粉煤灰一样，一直就是上等的水泥混合材，深受水泥工业欢迎。近年来，我国开始推广采用比表面积 $4300cm^2/g$ 左右的细磨矿渣，掺入混凝土中可替代 30%～50%的水泥，大大提高升了矿渣的经济价值。许多钢铁企业纷纷兴建了自己的矿渣粉磨车间，至今我国已有现代化的立式辊磨系统超过 30 台套，全部是进口辊磨，再加上许多国产的球磨系统，年生产能力达 2000 万 t 以上，这种趋势仍在发展之中。看来，以前把矿渣用作水泥混合材是“大材小用”了。现在水泥工业已把目光转向炼钢炉钢渣的开发利用方面，有望取得突破。

⑦ 上海联合水泥公司（原上海水泥厂）在利用浦江泥沙为硅铝质水泥原料方面是很有经验的。现在浙江三狮集团在治理太湖污泥淤积方面也成效较大。该集团所属的潮州强达建材公司的约 13000t/d 4 条熟料生产线上，每年消纳太湖污泥约 100 万 t，为保护太湖环境和水质做出了一份贡献。这种江河湖淤泥治理，水泥厂在全国其他地方也正在逐步发挥作用。

⑧ 法国法拉基（Lafarge）水泥集团在全球设有约 140 家水泥厂，2004 年的水泥产量达 1.11 亿 t，利用各种废物作为二次原料，二次燃料与混合材的总量达 2000 万 t 以上。该集团已将其水泥厂为所在地区循环经济发展的贡献率、列作可持续发展的考核内容，意在充分发挥水泥工业的比较优势，为当地的循环经济做出更大贡献。同时拉法基集团自身也由此获得更好的经济效益、环境效益和社会效益。

有人设想，根据循环经济的理念，在符合建厂基本条件的前提下，每一定方圆内（譬如 400km×400km）的重化工区域内，或者每一定人口（譬如 500～1000 万以上）的大城市附近都应该设有一座相应规模的新型干法窑水泥厂，用以消纳本地区的工业废物和生活垃圾。这样的想法能否实现，尚不好说。但这的确反映了水泥工业独特的利废优势。

水泥企业如何在循环经济中实现自身的“小循环”？举例说明。

3. 我国水泥工业的可持续发展

世界水泥技术发展趋势是以节能化、资源化、环境保护为中心，实现清洁生产和高效集约化生产，在保证高质量水泥的同时、加强水泥生态化技术研究与开发，逐步减少天然资源和天然能源的消耗和提高废弃物的再循环技术，最大程度地减少环境污染和最大限度地接收消纳工业废物和城市垃圾等，达到与生态环境完全相容、和谐共存。主要采取的手段是不断进行技术创新，开发新技术新装备和进行装备大型化、运用信息技术和网络化、加强水泥生产控制与水泥生产管理。

1）我国水泥工业与国外的差距

我国也已开始了水泥生态化技术的研究与开发工作，但还处于初始阶段，与国外先进水平相比有一定的差距，必须加大力度迎头赶上。

（1）新型干法水泥

通过结构调整，新型干法水泥生产能力占全部水泥比重已由2000年不足12%提高到40%，截止2010年底，国内新型干法水泥已占水泥生产总量的80%以上。大型企业集团迅速成长，产业集中度日益提高。特别是新型干法水泥工艺技术与装备的开发，通过优化设计已形成1000～12000t/d高质量生产线系列，水泥技术和装备成套出口快速增长，在国际市场上的份额已达20%以上。

但我国新型干法水泥的综合指标与国际相比，还有一定差距。如电耗、热耗、劳动生产率和各种污染物排放限制等；此外在大型节能粉磨设备、大型减速机，计量装备等方面，国内还需要加强开发和研究的力度。

（2）环境保护与可持续发展

从20世纪90年代中期开始，我国水泥工业提高了对环保问题的重视，由于我国水泥工业存在着严重的产业结构问题，故在环境保护与可持续发展方面进展缓慢，一些技经指标与国外相比差距较大，进入21世纪之后我国加强了力度，已在如下方面取得进展：

① 采用低品位石灰石，使用替代黏土原料和采用工业废渣配料，无烟煤和低挥发分煤煅烧技术都已成熟。

② 用回转窑焚烧可燃废弃物和有毒有害物、污泥配料等工业实验已在几家水泥厂进行，如北京水泥厂和上海金山水泥厂等。

③ 对新型干法水泥厂窑尾NO_x排出量的调查已完成，正在深入研究NO_x产生的机理及降低生成量的方法。

④ 对细掺合料（如超细矿渣）与水泥强度的关系、水泥颗粒级配颗粒形状与水泥砂浆强度的关系做了较多的实验室研究。

相对于国际上发达国家来说，我国在焚烧工业废弃物、城市垃圾等方面还有较大差距，仍处于试验和起步阶段。

（3）过程控制自动化及网络技术

国内在水泥生产过程检测与控制技术以及水泥厂信息管理系统、高低压供配电综合自动化系统方面都取得了较大成绩，天津水泥院开发的DCS控制系统应用软件，不单在国内而且在国外都得到了客户好评。但国内在工业控制用计算机硬件和一些软件方面、水泥厂生产管理信息系统、水泥厂电子商务平台系统等，与国外比还有一定差距。

2）我国水泥工业生态化的发展方向

一般来说，我国水泥工业要实现可持续发展，必须经过如下三个步骤，但这三个步骤不是截然分开的，而是交织在一起的，是相辅相成的。

① 我国水泥工业要继续加大力度进行产业结构调整，淘汰落后水泥工艺，提高水泥质量，控制水泥总产量，在全行业内开展清洁生产。

② 努力发展新型干法水泥生产技术和装备，提高现代化水平，主要是高效率的熟料烧成系统与高效节能的粉磨设备、新一代篦式冷却机、大型高效除尘设备、综合优化在线控制技术与装置等。

③ 开展生态设计工作，加强生态技术开发，使水泥工业与环境全面友好和谐发展，迈入“绿色水泥”之路。

我们从现在起就要努力进行的工作是：最大限度地提高自然资源综合利用率，充分利用自然界可以提供的低品位矿石和燃料，提高对水泥厂内废气余热的利用率，在国家环保部门的积极组织与支持下，大量使用再生资源和再生能源，开发废弃物的资源化处理技术，使废弃物成分的均匀度和物理性能符合水泥生产的工艺要求，提高可燃废弃物的焚烧技术水平。此外，还要全面评估水泥工业使用工业废弃物和城市垃圾、对水泥质量的影响和对环境的影响，从而逐步实现水泥工业的可持续发展。

4. 水泥工业的生态设计

水泥工业要走循环经济的发展道路，其中重要的一环就是“生态设计”。众所周知，水泥产品及生产过程的环境特性在很大程度上决定于设计阶段，而水泥工业生态设计就是要把生态环境意识贯穿或渗透到水泥产品和生产工艺的设计之中，生态设计有着丰富的内涵和外延，其实质是摒弃人类以无限消耗自然资源、污染环境为代价的发展，代之以人、社会和自然的和谐、友好的可持续发展。

1）生态设计的技术含义

该技术领域属硅酸盐水泥的生产工艺与机械装备的设计开发，但主要指采用生态化技术，进行的现代水泥工业生产工艺与装备的设计开发，以及使用这些技术和装备的系统工程设计和控制。该技术领域主要包括各种工业废弃物（含有毒有害物）及城市垃圾、下水污泥的再循环利用，低品位原燃料的利用，减少 CO_2、NO_x、SO_2、粉尘与重金属排放技术，污染物监测技术与装置以及生态水泥、混凝土的性能研究与开发等。

2）水泥工业生态设计的定义

水泥工业的生态设计就是提高环境效率（ecoefficiency）的水泥产品和生产工艺的设计，即水泥工厂生态设计。一个工厂生态设计水平主要由以下叙述的生态设计技术要素水平、生态设计控制内容和水泥产品的环境协调性决定的。

3）生态设计的技术要素水平

生态设计的技术要素水平具体如下：工艺技术方法的先进性、符合生态化要求的原燃料、生产规模与产品质量要求、生产与环保设备选型、生产过程控制及计算机网络系统的应用等。

4）生态设计的控制内容

① 资源和能源的有效利用。例如，采用低品位石灰石、采用代用黏土、使用工业废弃物、使用可燃废弃物、窑系统废气余热利用等。

② 生产过程控制。例如，生料粉磨系统电耗、熟料热耗、熟料电耗、水泥粉磨系统电耗、水泥综合电耗、新鲜水用水量、循环水利用率、出厂水泥散装率，计算机与网络系统应用等。

③ 污染物排放控制。例如，各种设备颗粒物排放限值、回转窑窑磨联合系统 SO_2 排放限值、回转窑 NO_x 和氟化物排放限值、粉尘无组织排放、生产设备排气筒最低允许高度、锅炉排

放物限值与烟囱高度要求，水污染物排放（厂内）、含油废水排放、化验室废液处理、厂界噪声限值、高强噪声源指标、一般废渣治理、厂内污泥处理、耐火材料质量要求与镁铬砖处理、焚烧危险废弃物排放污染物控制指标、焚烧生活垃圾排放污染物控制指标等，随着环保指标的严格化，还会有可燃废弃物重金属元素限值、水泥和熟料中重金属等限值的规定。

④ 水泥产品品质要求，例如水泥和熟料质量、水泥中放射性是否符合标准等。

⑤ 环境管理，例如环境管理要求，是否有 ISO 14001 认证等。

5）水泥产品的环境协调性

水泥产品的生命周期有如下几个环节：原料—燃料—生产制造—包装出厂—工程应用—废弃物的利用。

在生态设计中，主要提出的是水泥工厂生态设计，水泥的应用是以混凝土或水泥制品的形式完成的，因此产品的使用对环境负荷的影响，不在水泥产品的工艺范围之内。废旧的混凝土作为混凝土骨材的再循环使用，或完全废弃对环境负荷的影响，目前正在研究中，其他工业废弃物以及城市垃圾等，已逐步在水泥工业得到了采用。

① 原料、燃料。能否使用低品位的原料、燃料及使用替代燃料和原料，是有效利用资源的关键。

② 生产制造。在加工生产过程中，若能采用先进技术和装备，可以降低各种消耗指标和减少排放或不排放污染物，即从源头上进行有效控制，解决末端治理存在的问题。在生产控制设计上，要使中央控制室 24h 都对废气废水排放、噪声、振动等进行环境检测与管理，同时工厂对环境有无超标影响（如粉尘、SO_2、NO_x、CO_2等），都能远程监察，以利当地环保部门对水泥厂的监督管理。

③ 包装出厂。中央化验室要对产品严格检测，产品要符合工业标准和不含有毒有害物质。尽量散装出厂，可节省大量制袋所需的木材等原料以及造纸用水。

④ 工程应用。用户将按照自己的需要使用产品，只要选择使用的是出厂合格的产品，将能满足用户的要求。

⑤ 废弃物的利用。废弃的建筑物，可能产生大量的混凝土垃圾，或称为建筑垃圾，用其作为新混凝土的骨材或水泥的代用原料，以减少环境负荷。

6）生态设计的基本原则

要清楚理解生态设计的原则，必须首先认识以下产品三个要素的关系。

（1）产品三个要素

① C（cost）——产品成本：包括原料成本、制造成本、环保措施与设备成本、运输成本、废弃物再利用成本等费用。

② I（impact）——环境影响：包括资源枯竭，环境粉尘、酸雨、地球温室效应等对地球环境造成的影响。

③ P（performance）——性能：包括水泥强度及其他性能、安全性等。

（2）由上述要素可分析出如下指标

① 传统设计。经济价值法产品的价值指标为：

$$W_{\text{传统}} = P/C \tag{7-1}$$

② 生态设计。考虑到环境影响的产品综合价值指标为：

$$W_{\text{生态}} = P/IC \tag{7-2}$$

由式（7-1）可知：排除环境影响 I，只去考虑 P/C，即追求产品的性能最好，成本最低，这是多年来产品设计经济价值观方法。我们必须摆脱传统的经济价值观，设法使 P/IC 趋于最大，这就是生态设计的方法；若在式（7-2）中排除成本因素 C，用式（7-3）衡量水泥产品的综合价值指标，即为产品的环境效率：

$$W_{效率}=P/I \tag{7-3}$$

水泥工业生态设计的基本原则是：采用可提高环境效率的水泥生产工艺和技术，生产环境协调性产品，使水泥产品的综合价值指标最大。

7）生态设计的范围

① 范围。水泥工业的生态设计范围是从石灰石原料矿山（其他原料是从到达厂内）开始，直到产品出厂为止，包括了生产的全过程。

② 内容。生态设计的内容包括两方面，水泥生产工艺和水泥产品。生态设计的技术和工程内容与一般传统设计没有什么不同，只是在设计中贯彻环境意识，控制水泥产品在原料、燃料准备、生产过程和水泥产品质量的环境负荷。

对一个生产水泥产品的企业来说，是否进行环境经营、是否按生态设计来生产环境协调性产品，可能在不久的将来是评价企业成绩与水平的主要依据，因为人们正在转变观念，即人们逐步认识到不是通过生态设计的产品就不是工业产品。

5. 实例介绍

（1）直接处理城市垃圾的水泥生产工艺

这种方法的优点是城市垃圾不用事先经过焚烧处理，也就是说垃圾收集后就可运到水泥厂，通过发酵处理便可作为水泥的补充原料和燃料而入窑煅烧成水泥熟料。这种处理方式是受到美国高密性回转窑处理城市垃圾发酵成为有机肥料的启发，把城市垃圾（袋装）送入低速回转的回转窑内，经过 3d，有机物可以完全分解，废气排出，再经磁选、破碎和筛分，提高可处理性，然后进入窑尾预热器系统，可燃成分成为替代燃料补充热值，而焚烧灰可进入熟料中成为水泥的替代原料。

此技术由日本太平洋水泥公司开发，在埼玉水泥厂进行工业实验，年处理垃圾量为 1.5 万 t。因为日本的垃圾是分类装袋的，所以用于水泥厂的是可燃的一般垃圾，没有玻璃、罐壳类物品，但垃圾分解时要进行脱臭，其气体可由熟料冷却机进入回转窑，如图 7-2 所示。

（2）处置工业废弃物的示范工程

北京金隅集团委托天津水泥工业设计研究院设计一条用水泥窑处理城市工业废弃物的生产线，年处理量约 10 万 t。废弃物有 6 大类，如垃圾焚烧飞灰、垃圾焚烧灰渣、工业污泥、废白土类、乳化剂等液态废弃物以及其他需破碎的固体废物，废物含有大量对水泥生产有害的组分，如钾、钠、氯、硫和重金属等。设计方案总的目标是：3000t/d 熟料（处理 10×10^4 t/年工业废弃物），废气排放 $NO_x<400mg/Nm^3$，$SO_2<30mg/Nm^3$，粉尘$<30mg/Nm^3$。三方案如下：

① 窑头采用处理低 NO_x 型燃烧器，液态废弃物在窑头喷入，窑尾烟室投入其他废弃物。

② 基本同上，但在窑尾塔架旁增设流态化预烧炉，工业污泥可以从此处喂入窑系统。

③ 基本同上，但增设流态化分解炉（喂入工业污泥），与原主分解炉组成组合式分解炉，窑头采用处理废弃物的低 NO_x 型燃烧器，窑尾烟室预留废弃物入口（图 7-3）。

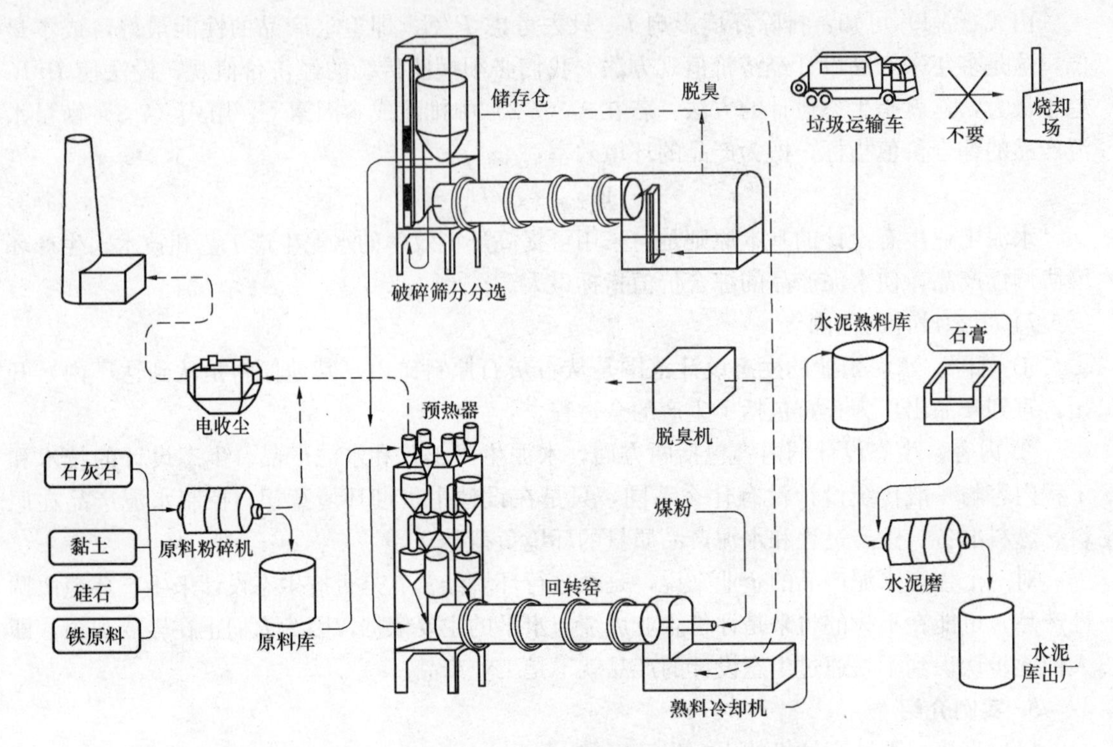

图 7-2　垃圾的水泥资源化系统

6. 水泥工业生态设计的评价

一般被认为是生态设计的产品，要在水泥生命周期的原料、燃料，生产控制和产品出厂等阶段的如下技术要素中，存在明显的优势。

(1) 原料、燃料

① 节省能源。成功地减少了由于能源消耗造成的地球环境负荷。

② 节省资源。使用工业废弃物与城市垃圾作为代用原料与代用燃料，用细磨工业废弃物作为混合材，采用余热发电、散装水泥等减少天然资源消耗。

③ 替代原料和替代燃料符合废弃物的质量要求，重金属含量要在国际水泥界控制指标之内。

(2) 生产全过程

清洁生产，不向环境释放超标有害物质。如粉尘、SO_2、NO_x符合排放标准；使用循环水、污水经过处理排放；采用废弃物时有重金属回收装置，不得有二次污染等。

(3) 产品

① 散装水泥。节约木材、水以及制作包装袋时的能源消耗。

② 产品符合工业标准，无毒无害，制成混凝土和水泥制品后寿命长，满足使用要求。

7. 结语

水泥工业从不可持续发展的传统工业转向可持续发展的生态工业，意味着水泥工业正在努力实现与资源、环境、经济和社会的全面协调发展。但是，这件工作不单是水泥工业的事情，它是社会经济的一项系统工程，它需要全社会的综合平衡与考虑，需要全国环保和有关行业部门的共同参与。例如工业废弃物、城市垃圾等的管理与供给系统应该建立全新的模式，国家要制定相关的政策，在外部环境上给水泥工业创造生态化的条件，当然，水泥工业与其他部门还要从技术上开发生态化的工艺和装备。采用循环经济发展模式，是中国和全世界经济的发展趋势。实现生态工业，其中重要的一环就是要实施水泥工业的“生态设计”。“生态设计”是很重要的工作，必将成为各方面关心和要解决的问题，水泥工业生态设计对水泥工业的可持续发展将起到不可估量的作用。

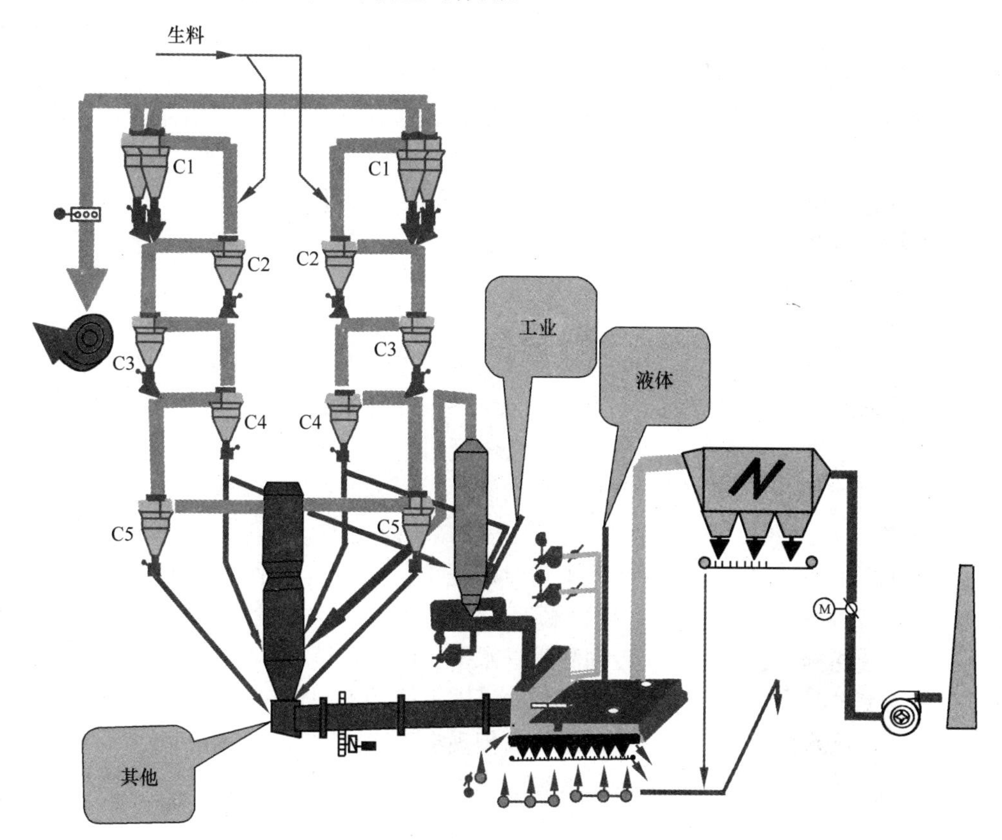

图 7-3　处理工业废弃物的烧成系统

什么是水泥工业生态设计？对水泥工业可持续发展具有什么作用？

7.3.4　水泥工业的“四零一负”

1. “四零一负”的提出及其主要内容

20 世纪 90 年代初期，高长明教授在欧洲和美国、日本、加拿大、澳大利亚等地访问考察期间，调研分析了各国水泥工业可持续发展的理念及其战略策略方针，结合国际水泥工业科技发展和应用的实践经验，综合归纳后，于 1996 年提出了一个大胆的假想和奋斗目标，将水泥工业可持续发展的战略目标概括为“四零一负”，其具体内容如下。

① 水泥工业和生态环境和谐共存，水泥企业对其周围生态环境完全实现零污染。首先

是要将水泥生产过程中的各种污染物的排放尽量地减到最少，符合或少于法定的排放标准，使它们在自然的生态环境中足以及时被“消化”掉，不会致使周围的生态平衡遭受显性或潜在的破坏。实际上，要求水泥企业实现对废气和污染物的零排放是不可能的，但是实现零污染则是必须追求的。

② 创新水泥工艺和余热回收技术，降低单位水泥电耗，提高单位熟料余热发电量，力争两者能尽量地持平。生产水泥基本上无需外购电，达到水泥生产企业对外界电能的零消耗。实现水泥企业对外界电能的零消耗。

③ 水泥企业不能向厂区外排放任何形式的废料、废渣和废水，达到对废料、废渣、废水的零排放。

④ 创新熟料煅烧技术，降低单位熟料热耗；同时开发利用各种替代燃料、可燃性工业废料和生活垃圾等，争取完全取代熟料的煅烧用煤，达到熟料生产对天然矿物燃料（煤、油、天然气）的零消耗。

⑤ 节约资源，扩大利废功能，消纳各种废物，减轻环境负荷，为全社会的循环经济服务。水泥工业要充分发挥优势，尽量地综合利用各种工业废渣、废料作为原料、混合料、掺合料或燃料，与其他工业组成仿生群乐体（生态工业园），协同处理利用各种废料、废渣、生活垃圾，为实现循环经济以及为全社会废渣、废料的负增长做出应有的贡献。

他的这个“四零一负”构想，当时就得到国外同行多数专家学者原则上的认同，得到吴中伟、朱祖培、刘公诚、高士雄等前辈专家学者的赞赏和鼓励。之后有一些同仁认为，这种提法可能适用于发达国家，但是距离我国当时水泥工业的现实似乎“太遥远了”。然而随着时间的推移，特别是 21 世纪以来，我国水泥工业预分解 PC 窑生产线的蓬勃发展，其生产技术指标及环境指标大都达到或接近国际先进水平。因而近年来“四零一负”的基本内容逐步获得广大专家、学者、企业家和政府部门的不同形式、不同程度的认可或赞同，大家的共识就是：为了我国水泥工业的可持续发展，我们现在就应该朝着“四零一负”的方向共同努力。这是我国水泥界在发展理念上的重大转折和进步，影响深远。

2. 第一个十年“四零一负”的进展

从 1996 年提出“四零一负”构想到 2006 年已有 10 年了，在这期间国际水泥科技发生了许多变化，尤其是我国的技术进步更为迅猛。

(1) 水泥企业对其周围生态环境完全能够达到零污染

为了考察水泥生产过程中随废气排放的各种污染物对水泥厂周围生态环境的影响，德国水泥工业研究院协同国家环保局分别在德国中部和南部选择了若干对比试验区域，对比区域内的各项自然生态环境基本一致；所不同的就是，在一个区域内有水泥厂在生产中，而另一区域内则没有水泥厂，基本上是农业与畜牧业区域。从 1970 年开始，他们对对比区域内的大气、水、土壤、植物、动物、微生物、人群以及食物链、生物链等各方面的信息进行了连续 30 年的检测监察。这项庞大持续的研究工作，2001 年公布的研究结论是：在德国现行的水泥工业污染物允许排放极限值标准（表 7-2）的条件下，水泥厂废气向其周围大气所排放的污染物种类很少，所含有毒成分极微量或没有，污染物浓度及数量较少，通常仅为当地大气综合排放量的百分之一到万分之一，或更低，完全可以被自然环境所消纳澄清。水泥 PC 窑废气中排出的各种重金属元素，最后进入工厂附近土壤中的数量极少，一台 2000t/d PC 窑废气中，各种重金属 30 年累计的排放量仅为土壤中各该金属允许含量的 0.01%（锌）～

2.7%（汞），其他的大都在 0.2%左右，这远低于极限允许值。水泥厂对各该区域的水系和水质没有任何不良影响。从原燃料中带入水泥窑中的各种重金属或微量有毒元素，在熟料煅烧过程中，均被彻底消解，除了极少量随废气逸入大气中外，其余的都被固定在熟料矿物或玻璃体结构中，不致外泄污染环境。所以，水泥工业完全可以做到对其附近区域生态环境的零污染。这是一项重大的研究成果和技术进展。如果说在 1995～1996 年，这仅是人们的期望或预测的话，那么现在已可以认为有了肯定的结论。

表 7-2　水泥工业污染物允许排放极限值　　mg/Nm³

<table>
<tr><th rowspan="3">序号</th><th rowspan="3">国别</th><th rowspan="3">实施时间</th><th rowspan="3">粉尘</th><th rowspan="3">二氧化硫</th><th rowspan="3">氮氧化物</th><th rowspan="3">有机碳总量TOC</th><th rowspan="3">氯化氢</th><th rowspan="3">氟化氢</th><th rowspan="3">氨气</th><th rowspan="3">二噁英+呋喃[ngTE/Nm³]</th><th colspan="6">重金属</th><th rowspan="3">备注</th></tr>
<tr><th colspan="2">Ⅰ级</th><th colspan="2">Ⅱ级</th><th colspan="2">Ⅲ级</th></tr>
<tr><th>Cd+Ti</th><th>Hg</th><th>Se+Te</th><th>As+Co+Ni</th><th>Sb+Pb+Cr+Cu+Mn+V+Sn</th><th>Cm+F+Pt+Pb+Rh</th></tr>
<tr><td rowspan="2">1</td><td rowspan="2">德国</td><td>1994 年 3 月修订</td><td>50</td><td>400</td><td>500～800</td><td>20</td><td>30</td><td>5</td><td>—</td><td>—</td><td colspan="2">0.2</td><td colspan="2">1</td><td colspan="2">0.5</td><td>TA-Luft</td></tr>
<tr><td>1998 年 5 月修订</td><td>10</td><td>50</td><td>200</td><td>10</td><td>10</td><td>1</td><td>—</td><td>0.1</td><td>0.05</td><td>0.05</td><td>—</td><td colspan="2">0.5</td><td>—</td><td>17. BlmSchV 烧废料时</td></tr>
<tr><td>2</td><td>中国</td><td>2004 年 3 月修订</td><td>30～50</td><td>200</td><td>800</td><td>—</td><td>—</td><td>5</td><td>—</td><td>—</td><td colspan="6">—</td><td>05.1.1 执行</td></tr>
</table>

我国 2004 年修订的《水泥工业大气污染物排放标准》，其中粉尘、SO_2、NO_x和 F 的排放限值优于 1994 年德国 TA-LUFT 标准，与 1998 年德国修订的标准相比有较大的差距。并且对其他诸多污染物均未做限定（表 7-2）。

所幸一般正常情况下，这些污染物的排放量应该是很少的，只要我国水泥厂真实地履行这个新修订的排放标准，其对周围自然环境应该说可以基本达到零污染。

此外还有一个 CO_2 排放问题。虽然 CO_2 并非污染物，但因其对地球的温室效应而备受关注。现今已有不少世界级大型水泥集团，对减少 CO_2 排放做出了不同程度的承诺，水泥工业在这方面应该负有相应的责任和义务。

（2）水泥熟料生产企业对外界电能的零消耗

高长明教授吸取了“太遥远”的宝贵意见，将 1996 年所提出的“水泥企业对外界电能的零消耗”修改为“熟料生产企业对外界电能的零消耗”。亦即将水泥粉磨、储存、包装、发运等工序的用电都剔除了。所谓熟料电耗，实际上是指从原燃料预均化堆场开始，经过生料和煤粉磨、熟料煅烧和冷却，一直到熟料进入储存库为止，这一段生产过程中的电耗。无疑，这样就现实多了，不再那么遥远了。

近 10 年来，由于水泥科技的研发以及装备大型化的进展，现今熟料电耗的国际先进水平已经由 10 年前的 63～66kW·h/t 降低到 52～56kW·h/t，视各厂的原燃料情况和厂址具体条件而异。我国 2002 年投产的铜陵海螺 5000t/d 和池州海螺 5000t/d 的熟料电耗实测值均为 55kW·h/t 左右，今后随着诸多 5000t/d 线的相继投产，各方面技术水平的提高改进以及生产操作的熟练掌握，其熟料电耗可望降低到接近 52kW・h/t。

日本水泥工业在回收余热发电方面是应用最广泛最成功的。2003 年全国投产水泥窑有 64 台，生产能力 8030 万 t，有近 80%的水泥窑都带有纯低温余热发电系统。全国水泥厂余热发电总量是其总耗电量的 48%（1995 年为 42%），即将近一半的电能是自供的。平均熟料发电量 40kW・h/t，占熟料电耗的 70%左右，距高电能"零消耗"的差值还有 15kW・h/t。尚需从两个方面来共同努力。一方面降低熟料电耗，另一方面提高余热回收效率，增加单位熟料发电量。2003 年韩国有一台 5500t/d 窑的余热发电系统达 44kW・h/t，令人鼓舞。

回顾 10 年来，水泥工业在降低熟料电耗方面成绩较显著，大致节约了 10kW・h/t，主要得益于生料立磨，低阻高效预热器，在线成分（配料）分析仪，新型自动控制等以及装备大型化的广泛应用。而在提高余热回收率、增加熟料发电量方面的进展略低于预期。美国电气与电子工程师学会（IEEE）水泥专业委员会 1997 年曾有动议，拟在 2015 年前将熟料单位发电量提高到基本满足水泥生产所需电耗的水平。10 年过去了，始终未见其行动，前景尚有诸多不确定因素。看来真要达到水泥熟料企业对外界电能的零消耗，各方面或多或少都还有一定的难度，但技术障碍不是主要的，关键在于需求和机遇，尚需坚持不懈和等待。我们相信，在不太远的将来是可以实现的。

（3）水泥企业对废料、废渣、废水的零排放

水泥企业生产过程中仅生产极少量的废料、废渣，主要为用过的耐火砖隔热材料和废机油等。这些都完全可以在水泥生产中消纳的，无需外排。水泥厂的一些废金属材料和废电器材料等可以社会回收、循环利用。

水泥企业的生产用水和生活用水，采用适当的处理方式后，大部分可以循环使用，小部分经过二次处理后，在德国据称完全达到饮用水的质量标准。我国都江堰拉法基 3600t/d 水泥厂的排放水质量完全达到《污水综合排放标准》（GB 8978—1996）中的一级标准，完全可以在厂内循环消纳掉，即使偶有外排，其数量也很少，对该区域的水系和水质毫无不良影响。这种情况在国内的 PC 窑水泥厂也都是不难做到的。

所以，水泥企业对废料、废渣、废水的零排放能力，现今已经基本实现。

（4）熟料生产对天然矿物燃料（煤、油、天然气）的零消耗

为了实现这一目标，同样需要两方面努力，其一是降低熟料热耗，其二是提高可燃废料或二次燃料对煤的替代率。十几年前，熟料热耗的国际先进水平约为 780×4.18kJ/kg，而现今已降到了 710×4.18kJ/kg，主要在于低阻高效预热器、高效篦冷机、新型喷煤管、多点多层喂料喂煤分解炉、高效密封装置、新型自动控制系统的研发与应用。事实上，在现今这种预分解窑的技术发展阶段，熟料理论热耗（min，400×4.18kJ/kg），预热器和冷却机废气带走热量（min，180×4.18kJ/kg），表面热损失（min，50×4.18kJ/kg），熟料带走热量（min，8×4.18kJ/kg）等，这些数值都已接近最低值了。即熟料热耗可望还有 10%～15%的下降空间，最多降到（600～650）×4.18kJ/kg 左右，但技术难度较大。

十几年前，国外水泥企业采用二次燃料按全国熟料总热耗计，对天然矿物燃料的替代率也是不太高的。以欧洲诸国为例，当时大都在 15%左右，而现今增长了 3～4 倍，其增势仍然不减。见表 7-3。

主要原因是，首先，水泥回转窑特别适合燃烧处理各种可燃废料，既环保又安全，没有二次污染，没有剧毒物二噁英等排放，没有再生废渣，处理得干净彻底，还很经济。其次，

各国政府全面地进行了组织协调工作，从制定政策法规，完善各项有关的配套措施，修订更严格的排放标准，提高公众环保意识，直至财政投入和税收激励等；全方位地为水泥企业创造有利条件，消纳掉各种可燃废料，最终实现为全社会的环保服务。再次，应市场之需，各国都新建了几十家专业搜集预处理各种可燃废料或工业废渣的大中型公司，研发并采用了一系列的专用装备，将各种废料经过恰当的处理以后，分别送到相应的工厂，循环使用或燃烧回收热量。最后，水泥企业本身就有节约熟料煅烧成本的要求，采用二次燃料的积极性很高。目前欧洲有一些二次燃料替代率高达 80%左右的水泥厂，其燃料成本已降到零，如霍尔西姆公司在比利时奥伯格水泥厂等。

表 7-3　国外水泥工业采用二次燃料的替代率　　%

国别	1995	2000	2005	国别	1995	2000	2005
美国	5	8	8	荷兰	28	72	83
德国	15	30	42（70[2]）	奥地利	11	29	46
比利时	12	30	30	瑞士	16	34	47.8
法国	10	27	34.1	日本[1]	—	2	10
英国	3	6	6				

① 20 世纪末，日本全国新建了近 2000 家烧可燃废料的垃圾焚烧厂，用以处置废料，回收热量。故水泥工业用作二次燃料的数量很少。

② 另有资料称近 70%。

我国水泥工业在采用二次燃料方面，目前正处于起步阶段，我国水泥回转窑烧二次燃料尚处于零星点缀性质。经审批，正在少量或断续地烧二次燃料的水泥厂仅有北京水泥厂、上海万安、内蒙古乌兰厂等少数几家。天津院为北京水泥厂设计的 2500t/d 熟料（烧城市废料 10×10^4t/a）生产试验线，已投入试生产。现在也有一些水泥厂正在酝酿采用二次燃料的计划，仍在市场调研、技术考察中，尚未做出决策。该项工作当前最关键最薄弱的环节是缺乏政府的全面引导协调，所以加强政府与企业之间的沟通与交流，亟待解决。

就我国水泥工业而言，其对天然矿物燃料的零消耗，还有一段较长的路要走，因涉及诸多社会问题，任重而道远。

（5）水泥企业对全社会废料、废渣的负增长做出应有贡献

水泥工业为全社会消纳各种废料、废渣是具有优良传统的，而且每个国家结合其具体国情均各有特色。例如美国素有“汽车王国”之称，现存的废汽车轮胎近 30 亿只，每年新增的有 1.5 亿只，废轮胎到处堆积成灾，因而美国水泥工业采用的二次燃料，绝大多数是烧废轮胎，同时也混烧废机油和医疗垃圾等，这些水泥厂的特色似乎是“以治理消纳废物为主，生产水泥为辅”，协助减轻社会环境负荷。

德国、法国、比利时、荷兰、瑞士、奥地利等国家在利用消纳各种废料、废渣，用作二次燃（原）料方面，替代率高、数量大而且品种繁多。这种特色仍处于日益鲜明的增长之中，对全社会带来的环保效益显著。水泥企业也从中获益，逐步形成多赢的良性循环局面。日本水泥工业在利用消纳工业废渣作为二次原料方面进展较好，特别是将城市水处理后的污泥以及垃圾焚烧炉的炉灰用以生产生态水泥较为成功。以上各国的实践表明，水泥工业协同各行业一起，组成仿生群乐体（生态工业园），共同利用消纳全社会的各种废料、废渣，实现循环经济；水泥工业在这方面的适用范围很广阔，适应性很强，很灵活，消纳量也不少，最主要的是既安全

叉经济。的确，水泥工业对全社会废料、废渣的负增长是可以做出较大贡献的。

据我国环保总局 2003 年的环境状况年报，当年我国对工业废物的综合利用量为 56040 万 t。其中水泥工业用作混合材掺入料的就有近 23400 万 t，用作二次原料的约有 6000 多万 t，合计近 30000 万 t，占总利用量的 53.5%。即全社会工业废料综合利用总量中有一半以上是水泥工业消纳的。这种“功能”在世界水泥工业中是首屈一指的。但在利用消纳二次燃料方面却几乎是空白。这也是我国水泥工业的特色之一，耐人寻味，恐怕症结主要在于结构严重失调。

3. 对“四零一负”的展望

虽然现今水泥工业的技术进展尚未完全达到“四零一负”的目标，但是 10 余年的实践表明，它已经是为期不太远了。我们具有充分而坚定的信心，一定可以实现这些目标。

德国科技部、工业部和环保局 2002 年的一项联合通报中，宣称德国水泥工业在传统重工业中已经率先进入了绿色工业的行列，率先走上可持续发展的道路。这一事实充分表明了水泥工业在这方面的领先地位。所谓“水泥工业是污染大户、耗能大户的不光彩形象”早已不复存在。这种情况不仅在德国，至少在西欧、北欧以及日本等国家，其水泥工业均得以正名，社会形象上乘。

然而现阶段，我国水泥工业仍属污染大户、耗能大户是不争的事实。这是我国水泥工业结构失衡、两极分化的局面所造成的。可以说，普通立窑与先进 PC 窑这两种天壤之别的水泥生产线，分别代表了两个相距百年以上的生产面貌和社会形象。所以在分析研究我国水泥工业时，必须分清这两种截然不同的情况和区别对待，绝对不能混为一谈。为我国先进 PC 窑水泥正名，消除社会误解，建立清洁生产新形象，是当务之急。

展现“四零一负”今后的进程，与 1996 年刚提出这一构想时相比，现在更为乐观而且充满信心。因为，第一个“零污染”和第三个“零排放”已经基本达到第二个和第四个“零消耗”，虽然现在还有一些差距，但是从总体理论和技术上来说，已经可以预感到会有基本肯定的回应。问题主要在于全社会的配套政策和经济发展等方面的客观条件，一旦时机成熟，基本实现这两个“零消耗”应该是不太困难的。至于“一负”，建立仿生群乐体、科技生态园等目标，水泥工业可以不断地开拓利废功能，扩大利废范围，为循环经济多做贡献，潜力也较大，预计在今后的 5～10 年以内，有一些发达国家的水泥工业将基本达到“四零一负”的目标。同时每吨水泥 CO_2 的排放可能会降低到 600～700kg。至于我国水泥工业，随着大幅度的结构改造和调整，则 10 年后可望总体接近“四零一负”一半以上的程度。

展望未来，可以肯定，水泥熟料的煅烧技术绝不会永远停留在预分解窑气固相传热传质的阶段，几种流态化及新能源介入的、气固相紧密接触反应的、新型煅炼法与装备，正在半工业性的研发之中，一旦获得成功并实现工业规模，则熟料热耗和电耗将会降低 1/3 左右，烧成技术相应地上升到一个新的发展阶段。同样物料粉磨技术也绝不会永远停留在立式辊磨、辊压机、滚筒磨的料层间挤压粉碎的阶段，物料粉磨机的有效利用率可能从现今的 10%～15%，实现成倍的提高。几种新型的粉碎理论、粉碎定律及其有关装备正在探索研发之中，试图利用物质内部结构中的各种物理化学应力在新型能源的激发下，物料结晶或晶格间相互胀缩、冲击、劈裂、倾轧、震荡而迅速自行粉碎。如果可行，那么水泥工业用于粉碎的能耗将降低到现今的 1/4～1/5，从而使整个水泥工业最终告别预分解窑时代，而飞跃到一个崭新的时代。另外，在寻求水泥熟料替代品方面，各种硅铝体系的“地聚合物”也在研发之中，如有突破，将会对水泥工业产生重大影响。总之，新理论、新技术、新装备、新目标必将不断地推陈出新，螺旋型上升，发展，永无止境。

“四零一负”观点与循环经济的理念是完全吻合一致的。它准确地阐明了水泥工业在全社会循环经济中的定位与作用，并且在理论上和实践中做出了定量的分析，指明了我国水泥工业的发展方向和奋斗目标。我们完全有信心在不太远的将来，我国水泥工业将基本呈现“四零一负”的光明前景。

复习思考题

1. 环境管理的内容是什么？
2. 环境管理的基本职能是什么？
3. 什么是环境影响评价？
4. 建设项目的环境影响评价有哪三种形式？
5. 简述可持续发展的定义与内涵。
6. 什么是循环经济？
7. 举出两例我国水泥工业在循环经济中的典型案例。
8. 我国水泥工业生态化的发展方向是什么？
9. 生态设计中如何提高环境效率？
10. 水泥工业“四零一负”的主要内容是什么？

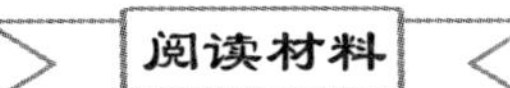

联合国气候变化框架公约与气候变化大会

【《公约》的制定】

《联合国气候变化框架公约》（简称《公约》）是 1992 年 5 月在联合国纽约总部通过的，同年 6 月在巴西里约热内卢举行的联合国环境与发展大会期间正式开放签署。《公约》的最终目标是“将大气中温室气体的浓度稳定在防止气候系统受到危险的人为干扰的水平上”。

《公约》由序言及 26 条正文组成。它指出，历史上和目前全球温室气体排放的最大部分源自发达国家，发展中国家的人均排放仍相对较低，因此应对气候变化应遵循“共同但有区别的责任”原则。根据这个原则，发达国家应率先采取措施限制温室气体的排放，并向发展中国家提供有关资金和技术；而发展中国家在得到发达国家技术和资金支持下，采取措施减缓或适应气候变化。

【《公约》缔约方大会又称“联合国气候变化大会”】（节选）

从 1995 年开始每年举行一次《公约》缔约方大会，简称“联合国气候变化大会”。

1997 年 12 月，第 3 次缔约方大会在日本京都举行，会议通过了《京都议定书》，对 2012 年前主要发达国家减排温室气体的种类、减排时间表和额度等做出了具体规定。

2005 年 2 月 16 日，《京都议定书》正式生效。同年 11 月，第 11 次缔约方大会在加拿大蒙特利尔市举行。尽管美国等国仍然拒绝参与京都议程，尽管在许多议题上进展缓慢，但在一些问题上，本次大会可以说取得了重要成果。大会达成了 40 多项重要决定，其中包括启动《京都议定书》第二阶段温室气体减排谈判。

2009年12月7日至19日，第15次缔约方会议暨《京都议定书》第5次缔约方会议在丹麦哥本哈根举行。大会分别以《联合国气候变化框架公约》及《京都议定书》缔约方大会决定的形式发表了不具法律约束力的《哥本哈根协议》。

2013年11月11日至23日，第19次缔约方会议暨《京都议定书》第9次缔约方会议在波兰首都华沙举行。大会主要有三个成果：一是德班增强行动平台基本体现“共同但有区别的原则”；二是发达国家再次承认应出资支持发展中国家应对气候变化；三是就损失损害补偿机制问题达成初步协议，同意开启有关谈判。然而，三个议题的实质性争议都没有解决。

中国已经承诺要到2020年将单位GDP碳排放量在1990年基础上削减40％～45％，这是非常引人瞩目并受人欢迎的，这意味着中国在应对气候变化领域以及减少碳排放上承担了更大的责任。

附录《水泥工业大气污染物排放标准》GB 4915—2013 摘录

0　前言

本标准规定了水泥制造企业（含独立粉磨站）、水泥原料矿山、散装水泥中转站、水泥制品企业及其生产设施的大气污染物排放限值、监测和监督管理要求。上述企业排放水污染物、环境噪声适用相应的国家污染物排放标准，产生固体废物的鉴别、处理和处置适用相应的国家固体废物污染控制标准。

本标准首次发布于1985年，1996年第一次修订，2004年第二次修订，本次为第三次修订。本次修订的主要内容有：

—— 适用范围增加散装水泥中转站；

—— 调整现有企业、新建企业大气污染物排放限值，增加适用于重点地区的大气污染物特别排放限值；

—— 取消水泥窑焚烧危险废物的相关规定。

新建企业自2014年3月1日起，现有企业自2015年7月1日起，其大气污染物排放控制按本标准的规定执行，不再执行《水泥工业大气污染物排放标准》（GB 4915—2004）中的相关规定。

本标准是水泥工业大气污染物排放控制的基本要求。地方省级人民政府对本标准未作规定的污染物项目，可以制定地方污染物排放标准；对本标准已作规定的污染物项目，可以制定严于本标准的地方污染物排放标准。环境影响评价文件要求严于本标准或地方标准时，按照批复的环境影响评价文件执行。

1　适用范围

本标准规定了水泥制造企业（含独立粉磨站）、水泥原料矿山、散装水泥中转站、水泥制品企业及其生产设施的大气污染物排放限值、监测和监督管理要求。

本标准适用于现有水泥工业企业或生产设施的大气污染物排放管理，以及水泥工业建设项目的环境影响评价、环境保护设施设计、竣工环境保护验收及其投产后的大气污染物排放管理。

利用水泥窑协同处置固体废物，除执行本标准外，还应执行国家相应的污染控制标准的规定。

3　术语和定义

3.14　重点地区：根据环境保护工作的要求，在国土开发密度较高，环境承载能力开始减弱，或大气环境容量较小、生态环境脆弱，容易发生严重大气环境污染问题而需要严格控制大气污染物排放的地区。

4　大气污染物排放控制要求

4.1　排气筒大气污染物排放限值

4.1.1　现有企业2015年6月30日前仍执行GB 4915—2004，自2015年7月1日起执行表1规定的大气污染物排放限值。

4.1.2 自 2014 年 3 月 1 日起，新建企业执行表 1 规定的大气污染物排放限值。

表 1 现有与新建企业大气污染物排放限值 mg/m³

生产过程	生产设备	颗粒物	二氧化硫	氮氧化物（以 NO_2 计）	氟化物（以总 F 计）	汞及其化合物	氨
矿山开采	破碎机及其他通风生产设备	20	—	—	—	—	—
水泥制造	水泥窑及窑尾余热利用系统	30	200	400	5	0.05	10①
	烘干机、烘干磨、煤磨及冷却机	30	600②	400②	—	—	—
	破碎机、磨机、包装机及其他通风生产设备	20	—	—	—	—	—
散装水泥中转站及水泥制品生产	水泥仓及其他通风生产设备	20	—	—	—	—	—

① 适用于使用氨水、尿素等含氨物质作为还原剂，去除烟气中氮氧化物。
② 适用于采用独立热源的烘干设备。

4.1.3 重点地区企业执行表 2 规定的大气污染物特别排放限值。执行特别排放限值的时间和地域范围由国务院环境保护行政主管部门或省级人民政府规定。

表 2 大气污染物特别排放限值 mg/m³

生产过程	生产设备	颗粒物	二氧化硫	氮氧化物（以 NO_2 计）	氟化物（以总 F 计）	汞及其化合物	氨
矿山开采	破碎机及其他通风生产设备	10	—	—	—	—	—
水泥制造	水泥窑及窑尾余热利用系统	20	100	320	3	0.05	8①
	烘干机、烘干磨、煤磨及冷却机	20	400②	300②	—	—	—
	破碎机、磨机、包装机及其他通风生产设备	10	—	—	—	—	—
散装水泥中转站及水泥制品生产	水泥仓及其他通风生产设备	10	—	—	—	—	—

① 适用于使用氨水、尿素等含氨物质作为还原剂，去除烟气中氮氧化物。
② 适用于采用独立热源的烘干设备。

4.1.4 对于水泥窑及窑尾余热利用系统排气、采用独立热源的烘干设备排气，应同时对排气中氧含量进行监测，实测大气污染物排放浓度应按公式（1）换算为基准含氧量状态下的基准排放浓度，并以此作为判定排放是否达标的依据。其他车间或生产设施排气按实测浓度计算，但不得人为稀释排放。

$$C_{基} = \frac{21-O_{基}}{21-O_{实}} \cdot C_{实} \tag{1}$$

式中：$C_{基}$为大气污染物基准排放浓度，mg/m³；$C_{实}$为实测大气污染物排放浓度，mg/m³；$O_{基}$为基准含氧量百分率，水泥窑及窑尾余热利用系统排气为10，采用独立热源的烘干设备排气为8；$O_{实}$为实测含氧量百分率。

4.2　无组织排放控制要求

4.2.1　水泥工业企业的物料处理、输送、装卸、储存过程应当封闭，对块石、粘湿物料、浆料以及车船装卸料过程也可采取其他有效抑尘措施，控制颗粒物无组织排放。

4.2.2　自2014年3月1日起，水泥工业企业大气污染物无组织排放监控点浓度限值应符合表3规定。

表3　大气污染物无组织排放限值　　mg/m³

序号	污染物项目	限值	限值含义	无组织排放监控位置
1	颗粒物	0.5	监控点与参照点总悬浮颗粒物（TSP）1小时浓度值的差值	厂界外20m处上风向设参照点，下风向设监控点
2	氨①	1.0	监控点处1小时浓度平均值	监控点设在下风向厂界外10m范围内浓度最高点

① 适用于使用氨水、尿素等含氨物质作为还原剂，去除烟气中氮氧化物。

4.3　废气收集、处理与排放

4.3.1　产生大气污染物的生产工艺和装置必须设立局部或整体气体收集系统和净化处理装置，达标排放。

4.3.2　净化处理装置应与其对应的生产工艺设备同步运转。应保证在生产工艺设备运行波动情况下净化处理装置仍能正常运转，实现达标排放。因净化处理装置故障造成非正常排放，应停止运转对应的生产工艺设备，待检修完毕后共同投入使用。

4.3.3　除储库底、地坑及物料转运点单机除尘设施外，其他排气筒高度应不低于15m。排气筒高度应高出本体建（构）筑物3m以上。水泥窑及窑尾余热利用系统排气筒周围半径200m范围内有建筑物时，排气筒高度还应高出最高建筑物3m以上。

6　实施与监督

6.2　在任何情况下，水泥工业企业均应遵守本标准规定的大气污染物排放控制要求，采取必要措施保证污染防治设施正常运行。各级环保部门在对企业进行监督性检查时，可以现场即时采样或监测的结果，作为判定排污行为是否符合排放标准以及实施相关环境保护管理措施的依据。

参考文献

[1] 焦永道．水泥工业大气污染治理[M]．北京：化学工业出版社，2006.

[2] 郭静，阮宜纶．大气污染控制工程[M]．北京：化学工业出版社，2001.

[3] 王金梅，丁颖．环境保护概论[M]．北京：高等教育出版社，2006.

[4] 陈全德．新型干法水泥技术原理与应用[M]．北京：中国建材工业出版社，2004.

[5] 唐敬麟，张禄虎．除尘装置系统及设备设计选用手册[M]．北京：化学工业出版社，2003.

[6] 刘建寿，赵红霞．水泥生产粉碎过程设备[M]．武汉：武汉理工大学出版社，2005.

[7] 杨永杰．化工环境保护概论[M]．3版．北京：化学工业出版社，2012.

[8] 张益，陶华．垃圾处理处置技术及工程实例[M]．北京：化学工业出版社，2002.

[9] 栾智慧，王树国．垃圾卫生填埋实用技术[M]．北京：化学工业出版社，2004.

[10] 魏立安．清洁生产审核与评价[M]．北京：中国环境科学出版社，2005.

[11] 周惠群．水泥厂噪声污染分析及综合治理[J]．水泥工程，2006，4.

[12] 刘后启．水泥窑系统有害气体 SO_2 的防治[J]．中国水泥，2006，11.

[13] 李晓燕，胡芝娟等．水泥生产过程自脱硫及 SO_2 排放控制技术[J]．水泥，2010，6.

[14] 张凯，李多松，蒋滔．城市生活垃圾渗滤液处理方案及工艺分析[J]．环保科技，2007，4.

[15] 张峰，薛晓虎．垃圾渗滤液处理工艺现状浅析[J]．山西建筑，2005，31(15).

[16] 魏永胜．活性污泥工艺在生活污水处理中的应用[J]．滁州职业技术学院学报，2004，9.

[17] 高长明．抓住 CDM 机遇促进水泥工业整体提升[N]．中国建材报，2006-03-30(1).

[18] 高长明．水泥厂纯低温余热发电 CO_2 减排额度可国际销售[N]．中国建材报，2006-02-08(1).

[19] 高长明．水泥工业“四零一负”战略对循环经济的奉献[N]．中国建材报，2006-08-30(1).

[20] 高长明．循环经济与水泥工业“四零一负”战略．第二届“发展循环经济实现水泥工业原燃料战略转移会议”交流材料[C]．北京：建筑材料工业技术情报研究，中国硅酸盐学会科普工作委员会，2005，5.

[21] 张烨．我国固体废弃物现状[N]．江苏环境报，2013，11.

[22] 周北海．中国工业固体废物的现状和对策探讨．环境科学[J]，2008.

[23] 王伟．我国的固体废物处理处置现状与发展．环境科学[J]，2013.

[24] 崔素萍．废物在水泥工业中的利用．中国水泥协会会议文集[C]．2006.

[25] 蒋明麟．大力推进水泥回转窑处理和利用废弃物技术的应用发展[C]．会议论文．2006.

[26] 张建新，吴承杰．一种处置废弃物的有效途径[J]．中国水泥．2006，3.

[27] 牛樱，陈季华．污泥处理技术进展[J]．中国纺织大学学报．2000，8.

[28] 马勇，卢波，刘加荣．水泥厂协同利用城镇污水处理厂处理污泥的探讨[J]．环保与节能，2009.

[29] 饶姗姗，汪喜生，邹庐泉，蒲敏．干法水泥窑处理市政污泥的运行分析[J]．给水排水，2008

[30] 施惠生．利用水泥窑处理污水厂污泥的应用研究[J]．水泥，2002，7.

[31] 宋忠元，廖正彪，王云龙．水泥窑协同处理城市污泥[J]．中国水泥，2013，4.

[32] 朱大来，宋立华．目前水泥厂协同处理城市生活垃圾的几种方式[J]．中国水泥．2010，7.

[33] 韩仲琦．清洁生产与我国水泥工业的可持续发展[J]．中国水泥，2004，12.

[34] 吴萱．水泥行业清洁生产分析[J]．环境保护与循环经济，2008，5.

[35] 陶德，程妍东，李健，吴娟，王莉．浅析水泥行业中的清洁生产机会[J]．北方环境，2010，4.

[36] 中华人民共和国主席令．中华人民共和国环境影响评价法[S]. 2003-09-01.
[37] 国家发展和改革委员会，国家环境保护总局．清洁生产审核暂行办法[S]. 2004-08-16.
[38] 国家发展和改革委员会，国家环境保护总局．国家重点行业清洁生产技术导向目录[S]. 2003-02-27.
[39] 环境保护部．水泥工业污染防治技术政策[S]. 2013-05-24.
[40] 中国环境科学研究院，中国水泥协会. 附件 3 水泥工业污染防治技术政策(征求意见稿)编制说明[S].
[41] 环境保护部. 附件 4 环境保护技术文件 水泥工业污染防治最佳可行技术指南(征求意见稿)[S].
[42] 中国环境科学学会，环境保护部. 附件 5 水泥工业污染防治最佳可行技术指南(征求意见稿)编制说明[S].
[43] 国家环境保护总局，国家质量监督检验检疫总局. GB 4915－2004，水泥工业大气污染物排放标准[S]. 2004-12-29.
[44] 环境保护部，国家质量监督检验检疫总局. GB 4915－2013，水泥工业大气污染物排放标准[S]. 2013-12-27.
[45] 环境保护部，国家质量监督检验检疫总局. GB 3095－2012，环境空气质量标准[S]. 2012-02-29.
[46] 环境保护部，国家质量监督检验检疫总局. GB 3096－2008，声环境质量标准[S]. 2008-08-19.
[47] 环境保护部，国家质量监督检验检疫总局. GB 12348－2008，工业企业厂界环境噪声排放标准[S]. 2008-08-19.
[48] 环境保护部. HJ 633—2012，环境空气质量指数(AQI)技术规定[S]. 2012-02-29.
[49] 环境保护部，国家质量监督检验检疫总局. GB 18485—2014，生活垃圾焚烧污染控制标准[S]. 2014-05-16.
[50] 环境保护部. HJ/T 467－2009，清洁生产标准 水泥工业[S]. 2009-03-25.
[51] 国家发展和改革委员会．水泥行业清洁生产评价指标体系[S].